아이스크림 더 실전

차례

왜, 더 실전 일까요?

AI 데이터로 구성한 교재입니다.

『**더 실전**』은 누적 체험자 수 130만 명의 선택을 받은
아이스크림 홈런의 **학습 데이터를 기반**으로 만들었습니다.
AI가 추천한 문제들을 난이도별로 배열한 **단원 평가를 총 4회 구성**하여
실전 시험에 충분히 대비할 수 있도록 하였습니다.
또한 AI를 활용하여 정답률 낮은 문제를 선별하였으며 **'틀린 유형 다시 보기'**를 통해
정답률 낮은 문제를 이해하는 기초를 제공하고 반복하여 복습할 수 있도록 하여
빈틈없이 **실전을 준비**할 수 있도록 하였습니다.

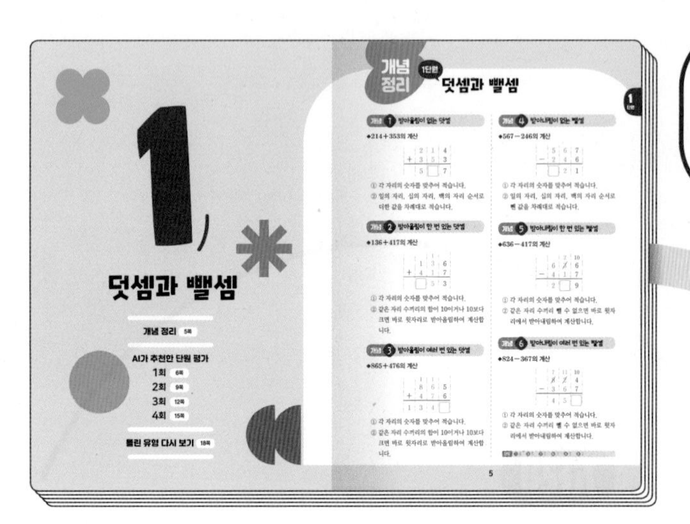

개념을 먼저 정리해요.

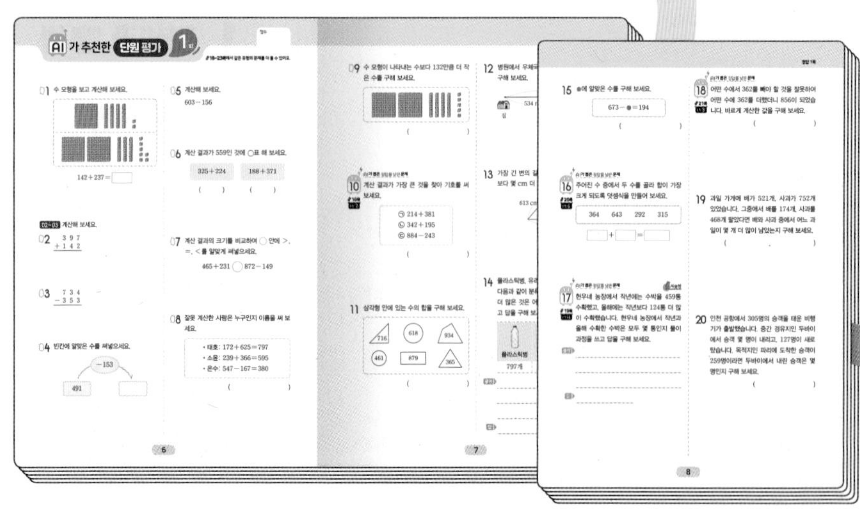

단원 평가 1회 ~ 4회로 실전 감각을 길러요.

더 실전은 아래와 같은 상황에 더 필요하고 유용한 교재입니다.

- ☑ 내 실력을 알고 싶을 때
- ☑ 단원 평가에 대비할 때
- ☑ 학기를 마무리하는 시험에 대비할 때
- ☑ 시험에서 자주 틀리는 문제를 대비하고 싶을 때

『더 실전』이 적합합니다.

틀린 유형 다시 보기로 집중 학습을 해요.

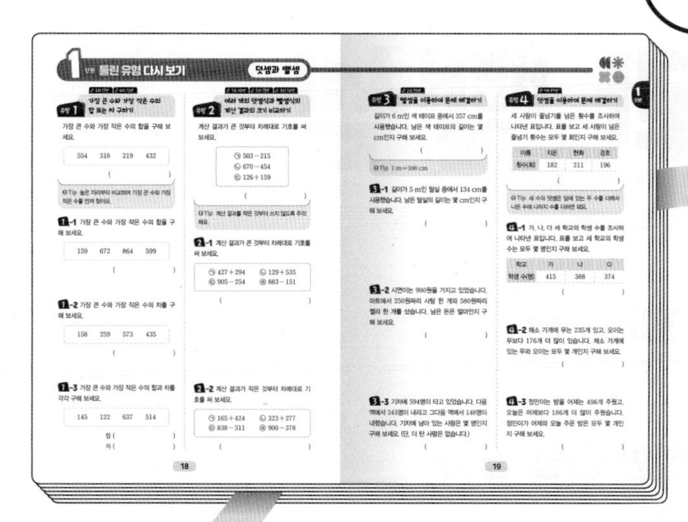

정답 및 풀이로 확인하고 점검해요.

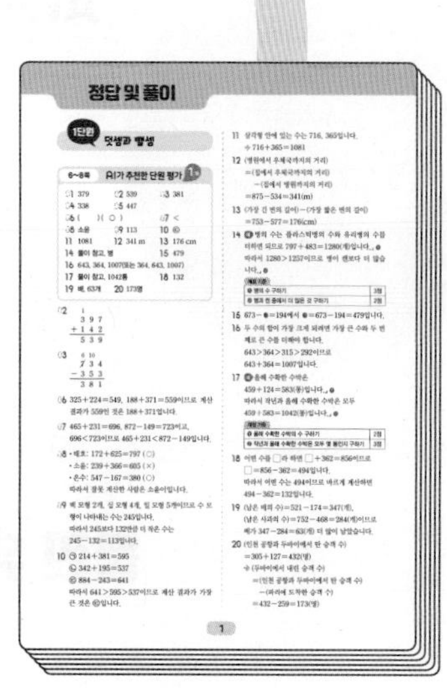

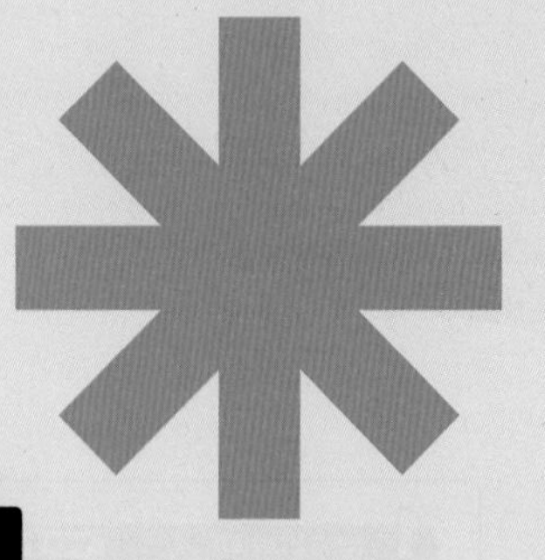

덧셈과 뺄셈

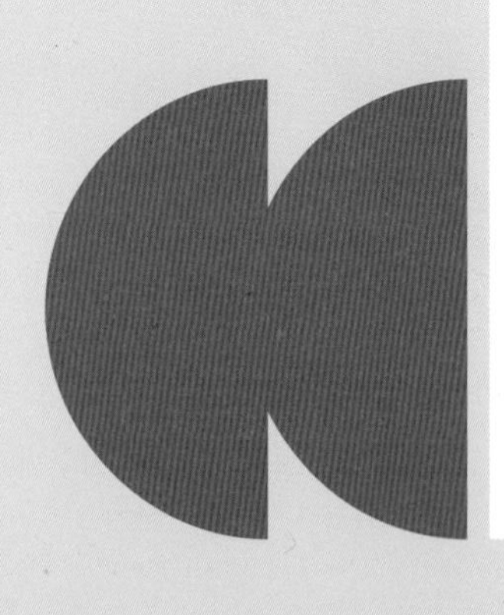

개념 정리 1단원

덧셈과 뺄셈

개념 1 받아올림이 없는 덧셈

◆214＋353의 계산

	2	1	4
＋	3	5	3
	5	□	7

① 각 자리의 숫자를 맞추어 적습니다.
② 일의 자리, 십의 자리, 백의 자리 순서로 더한 값을 차례대로 적습니다.

개념 2 받아올림이 한 번 있는 덧셈

◆136＋417의 계산

		1	
	1	3	6
＋	4	1	7
	□	5	3

① 각 자리의 숫자를 맞추어 적습니다.
② 같은 자리 수끼리의 합이 10이거나 10보다 크면 바로 윗자리로 받아올림하여 계산합니다.

개념 3 받아올림이 여러 번 있는 덧셈

◆865＋476의 계산

	1	1	
	8	6	5
＋	4	7	6
1	3	4	□

① 각 자리의 숫자를 맞추어 적습니다.
② 같은 자리 수끼리의 합이 10이거나 10보다 크면 바로 윗자리로 받아올림하여 계산합니다.

개념 4 받아내림이 없는 뺄셈

◆567－246의 계산

	5	6	7
－	2	4	6
	□	2	1

① 각 자리의 숫자를 맞추어 적습니다.
② 일의 자리, 십의 자리, 백의 자리 순서로 뺀 값을 차례대로 적습니다.

개념 5 받아내림이 한 번 있는 뺄셈

◆636－417의 계산

		2	10
	6	~~3~~	6
－	4	1	7
	2	□	9

① 각 자리의 숫자를 맞추어 적습니다.
② 같은 자리 수끼리 뺄 수 없으면 바로 윗자리에서 받아내림하여 계산합니다.

개념 6 받아내림이 여러 번 있는 뺄셈

◆824－367의 계산

	7	11	10
	~~8~~	~~2~~	4
－	3	6	7
	4	5	□

① 각 자리의 숫자를 맞추어 적습니다.
② 같은 자리 수끼리 뺄 수 없으면 바로 윗자리에서 받아내림하여 계산합니다.

정답 ❶6 ❷5 ❸1 ❹3 ❺1 ❻7

AI가 추천한 단원 평가 1회

점수

18~23쪽에서 같은 유형의 문제를 더 풀 수 있어요.

01 수 모형을 보고 계산해 보세요.

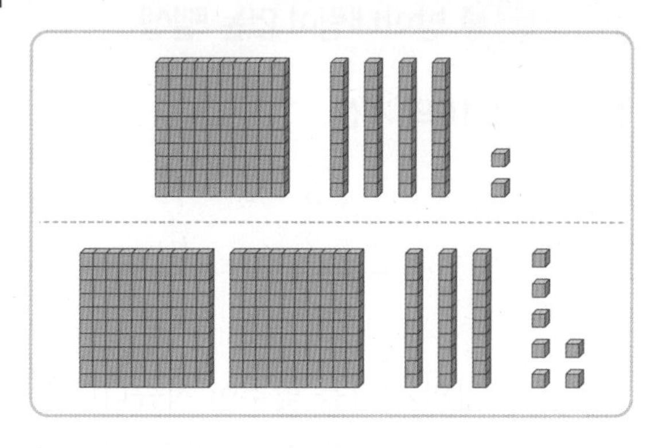

142＋237＝□

02~03 계산해 보세요.

02
$$\begin{array}{r} 397 \\ +\ 142 \\ \hline \end{array}$$

03
$$\begin{array}{r} 734 \\ -\ 353 \\ \hline \end{array}$$

04 빈칸에 알맞은 수를 써넣으세요.

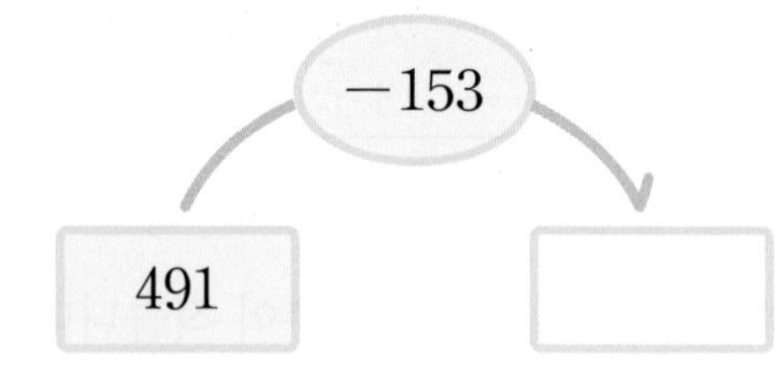

05 계산해 보세요.

603－156

06 계산 결과가 559인 것에 ○표 해 보세요.

325＋224	188＋371
(　　　)	(　　　)

07 계산 결과의 크기를 비교하여 ○ 안에 >, ＝, <를 알맞게 써넣으세요.

465＋231 ○ 872－149

08 잘못 계산한 사람은 누구인지 이름을 써 보세요.

- 태호: 172＋625＝797
- 소윤: 239＋366＝595
- 은수: 547－167＝380

(　　　　　　　　)

09 수 모형이 나타내는 수보다 132만큼 더 작은 수를 구해 보세요.

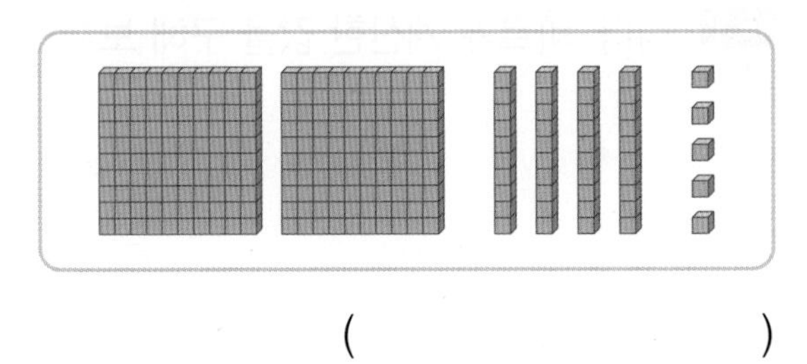

( )

AI가 뽑은 정답률 낮은 문제

10 계산 결과가 가장 큰 것을 찾아 기호를 써 보세요.

18쪽 유형 2

㉠ $214+381$
㉡ $342+195$
㉢ $884-243$

( )

11 삼각형 안에 있는 수의 합을 구해 보세요.

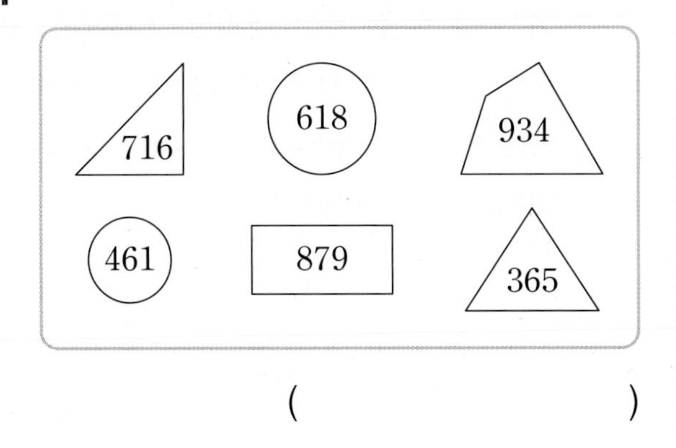

( )

12 병원에서 우체국까지의 거리는 몇 m인지 구해 보세요.

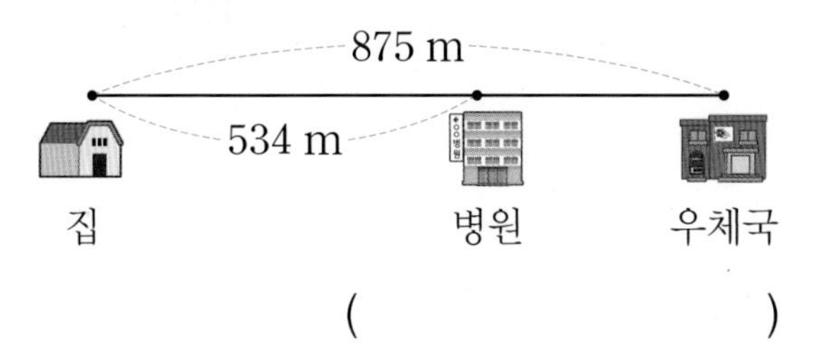

( )

13 가장 긴 변의 길이는 가장 짧은 변의 길이보다 몇 cm 더 긴지 구해 보세요.

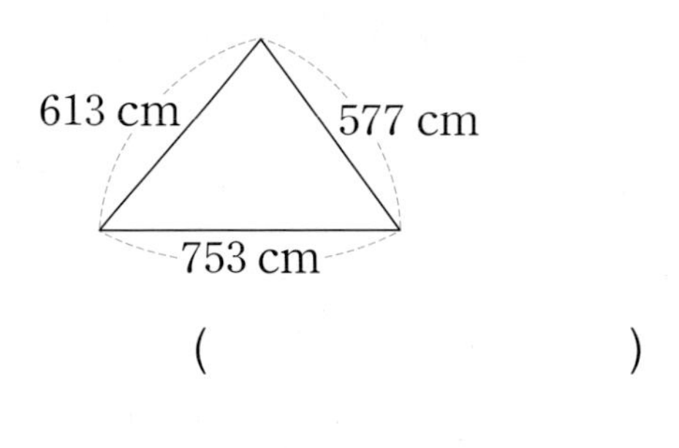

( )

서술형

14 플라스틱병, 유리병, 캔을 재활용하기 위해 다음과 같이 분류했습니다. 병과 캔 중에서 더 많은 것은 어느 것인지 풀이 과정을 쓰고 답을 구해 보세요.

플라스틱병	유리병	캔
797개	483개	1257개

풀이

답

15 ●에 알맞은 수를 구해 보세요.

$673-●=194$

( )

AI가 뽑은 정답률 낮은 문제

16 주어진 수 중에서 두 수를 골라 합이 가장 크게 되도록 덧셈식을 만들어 보세요.

20쪽 유형 6

364 643 292 315

AI가 뽑은 정답률 낮은 문제 서술형

17 현우네 농장에서 작년에는 수박을 459통 수확했고, 올해에는 작년보다 124통 더 많이 수확했습니다. 현우네 농장에서 작년과 올해 수확한 수박은 모두 몇 통인지 풀이 과정을 쓰고 답을 구해 보세요.

19쪽 유형 4

풀이

답

AI가 뽑은 정답률 낮은 문제

18 어떤 수에서 362를 빼야 할 것을 잘못하여 어떤 수에 362를 더했더니 856이 되었습니다. 바르게 계산한 값을 구해 보세요.

21쪽 유형 8

( )

19 과일 가게에 배가 521개, 사과가 752개 있었습니다. 그중에서 배를 174개, 사과를 468개 팔았다면 배와 사과 중에서 어느 과일이 몇 개 더 많이 남았는지 구해 보세요.

(,)

20 인천 공항에서 305명의 승객을 태운 비행기가 출발했습니다. 중간 경유지인 두바이에서 승객 몇 명이 내리고, 127명이 새로 탔습니다. 목적지인 파리에 도착한 승객이 259명이라면 두바이에서 내린 승객은 몇 명인지 구해 보세요.

( )

01 수 모형을 보고 계산해 보세요.

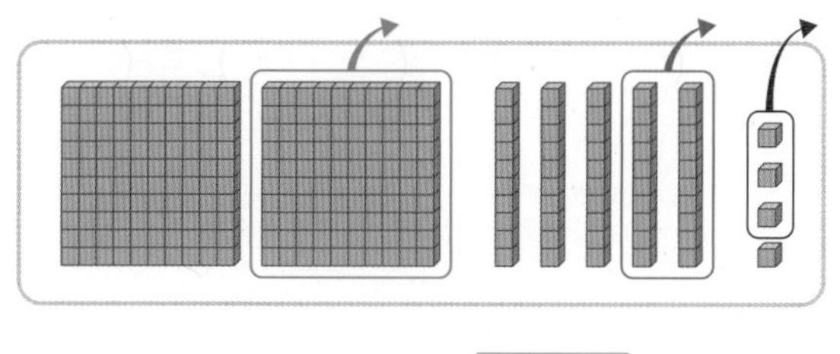

254－123＝☐

02 덧셈식에서 ☐ 안의 수가 실제로 나타내는 값은 얼마인가요? (　　　)

	1	
	4 7 5
+	2 8 3
	7 5 8

① 1　② 10
③ 100　④ 150
⑤ 410

03~04 계산해 보세요.

03 894＋128

04 652－341

05 ☐ 안에 알맞은 수를 써넣으세요.

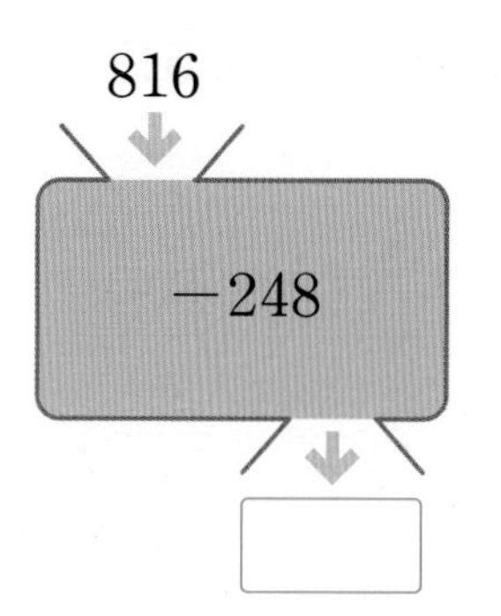

06 빈칸에 두 수의 합을 써넣으세요.

539	385

07 수 카드에 적힌 두 수의 차를 구해 보세요.

(　　　　　　　)

08 계산 결과가 더 큰 것의 기호를 써 보세요.

㉠ 535＋174
㉡ 321＋308

(　　　　　　　)

09 641보다 158만큼 더 작은 수는 얼마인가요? (　　　)

① 383　② 413　③ 483
④ 513　⑤ 517

10 그림을 보고 □ 안에 알맞은 수를 써넣으세요.

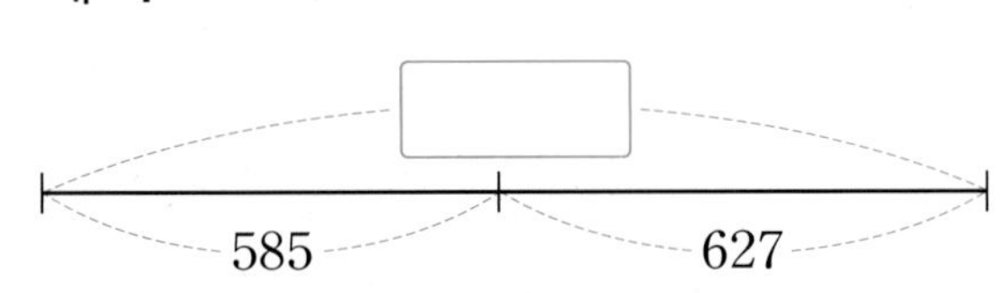

11 어느 가게에 딸기 맛 아이스크림이 212개, 초콜릿 맛 아이스크림이 186개 있습니다. 이 가게에 있는 아이스크림은 모두 몇 개인지 구해 보세요.

(　　　　　　　)

12 계산 결과가 다른 하나에 ○표 해 보세요.

789－339	678－288	142＋248
(　　)	(　　)	(　　)

AI가 뽑은 정답률 낮은 문제

13 계산 결과가 작은 것부터 차례대로 기호를 써 보세요.

18쪽 유형 2

㉠ 637－261
㉡ 136＋264
㉢ 989－548

(　　　　　　　)

14 두 수의 합을 아래의 빈칸에 써넣으세요.

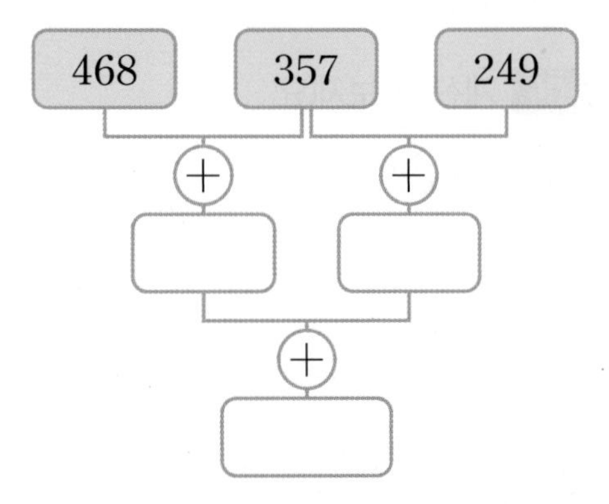

AI가 뽑은 정답률 낮은 문제

15 윤호는 색종이를 408장 가지고 있었습니다. 그중에서 173장을 동생에게 주고 186장을 누나에게 주었습니다. 윤호에게 남은 색종이는 몇 장인지 구해 보세요.

19쪽 유형 3

(　　　　　　　　)

16 동물원에서 놀이공원까지 가려고 합니다. 잔디 마당을 지나가는 길과 카페를 지나가는 길 중에서 거리가 더 가까운 길은 몇 m인지 풀이 과정을 쓰고 답을 구해 보세요.

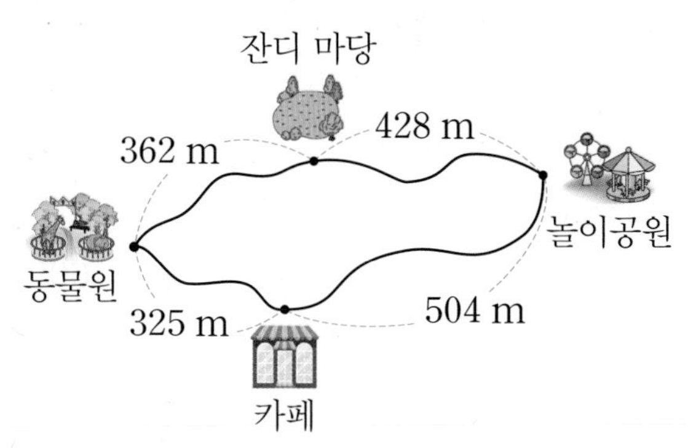

풀이

답

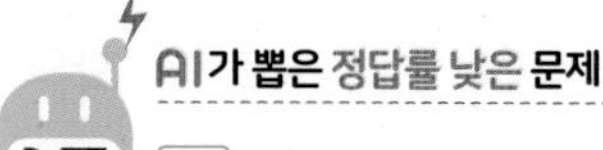

17 □ 안에 알맞은 수를 써넣으세요.

22쪽 유형 9

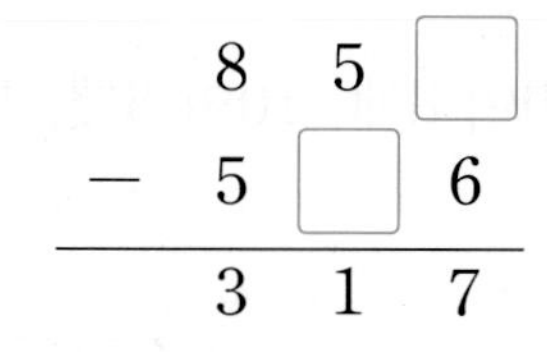

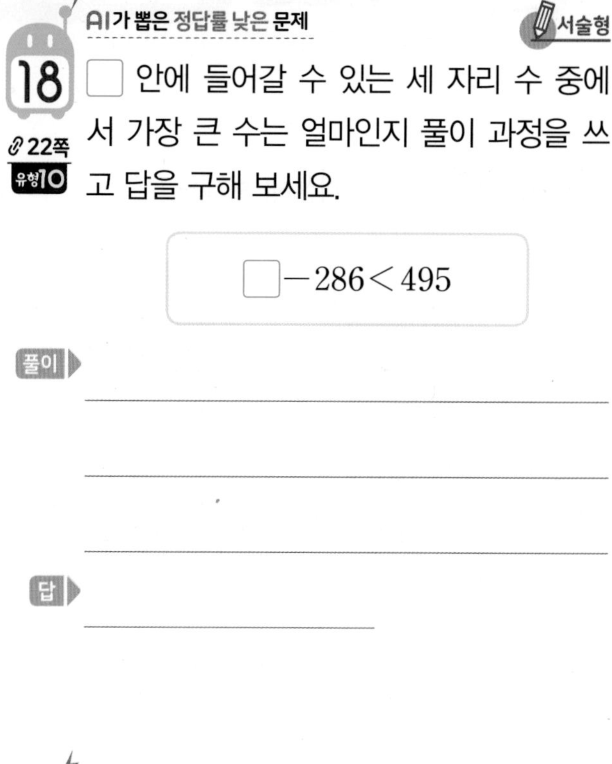

AI가 뽑은 정답률 낮은 문제 서술형

18 □ 안에 들어갈 수 있는 세 자리 수 중에서 가장 큰 수는 얼마인지 풀이 과정을 쓰고 답을 구해 보세요.

22쪽 유형 10

$\square - 286 < 495$

풀이

답

AI가 뽑은 정답률 낮은 문제

19 수 카드 4장 중에서 3장을 골라 한 번씩만 사용하여 세 자리 수를 만들려고 합니다. 만들 수 있는 가장 큰 수와 267의 차를 구해 보세요.

23쪽 유형 11

(　　　　　　　　)

20 어느 동물원에 양서류는 포유류보다 112마리 더 많이 있고, 조류는 양서류보다 117마리 더 많이 있습니다. 이 동물원에 있는 포유류와 조류가 517마리일 때 포유류는 몇 마리 있는지 구해 보세요.

(　　　　　　　　)

점수

18~23쪽에서 같은 유형의 문제를 더 풀 수 있어요.

01 수 모형을 보고 계산해 보세요.

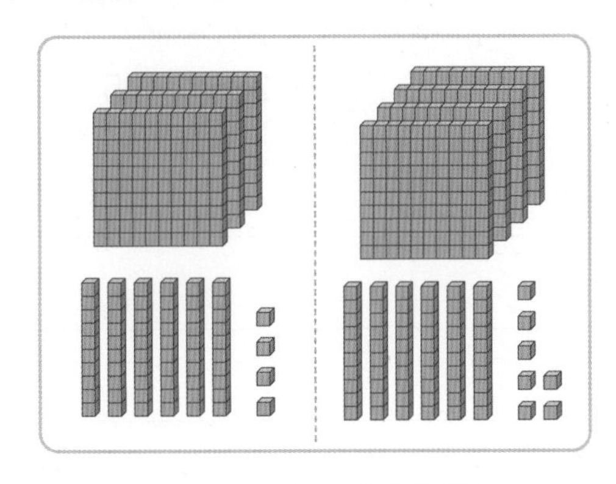

364+467= □

02~03 계산해 보세요.

02
$$\begin{array}{r} 2\ 6\ 5 \\ +\ 4\ 1\ 3 \\ \hline \end{array}$$

03
$$\begin{array}{r} 4\ 7\ 9 \\ -\ 1\ 8\ 2 \\ \hline \end{array}$$

04 빈칸에 두 수의 차를 써넣으세요.

805	288

05 받아올림이 세 번 있는 덧셈에 ○표 해 보세요.

635+527	376+858
( )	( )

06 계산 결과를 찾아 선으로 이어 보세요.

175+364	459
856−247	539
106+353	609

07 계산 결과의 크기를 비교하여 ○ 안에 >, =, <를 알맞게 써넣으세요.

148+272 ○ 712−329

08 다음이 나타내는 수보다 274만큼 더 작은 수를 구해 보세요.

100이 8개, 10이 6개, 1이 5개인 수

( )

09 빈칸에 알맞은 수를 써넣으세요.

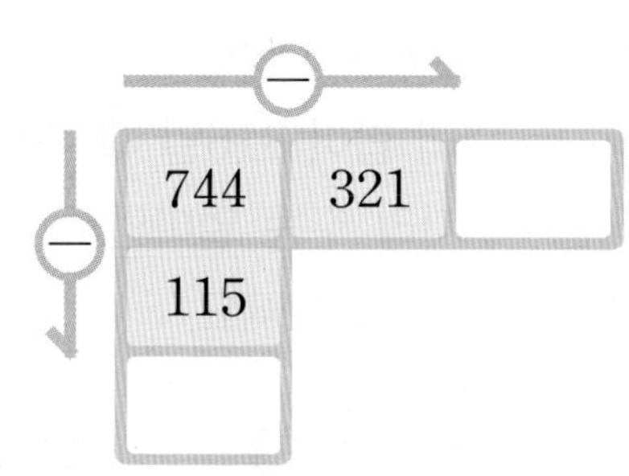

10 그림을 보고 □ 안에 알맞은 수를 써넣으세요.

651

176

서술형

11 잘못 계산한 곳을 찾아 이유를 쓰고, 바르게 계산해 보세요.

$$\begin{array}{r} 429 \\ +\,168 \\ \hline 587 \end{array}$$

이유

12 두 막대의 길이의 합은 몇 cm인지 구해 보세요.

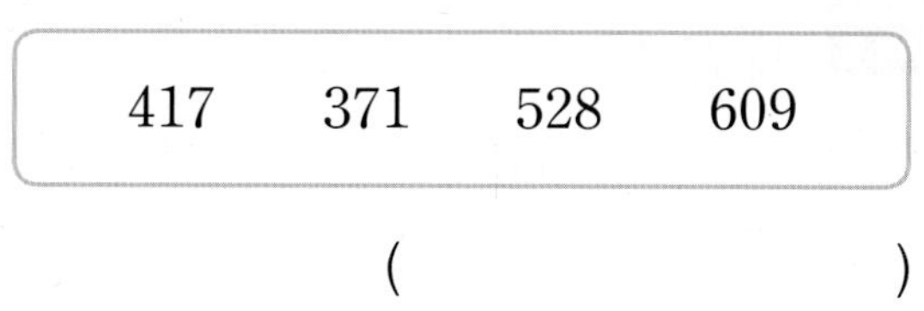

(　　　　　　　　)

AI가 뽑은 정답률 낮은 문제

13 가장 큰 수와 가장 작은 수의 합을 구해 보세요.

18쪽 유형 1

417　371　528　609

(　　　　　　　　)

AI가 뽑은 정답률 낮은 문제

14 계산 결과가 가장 작은 것을 찾아 기호를 써 보세요.

18쪽 유형 2

㉠ 649－272
㉡ 264＋158
㉢ 778－435

(　　　　　　　　)

15 두 수를 골라 덧셈식을 만들려고 합니다. □ 안에 알맞은 수를 써넣으세요.

537	817	161

□ + □ = 978

AI가 뽑은 정답률 낮은 문제

16 ㉠에서 ㉣까지의 거리가 776 cm일 때 ㉡에서 ㉢까지의 거리는 몇 cm인지 구해 보세요.

20쪽 유형 5

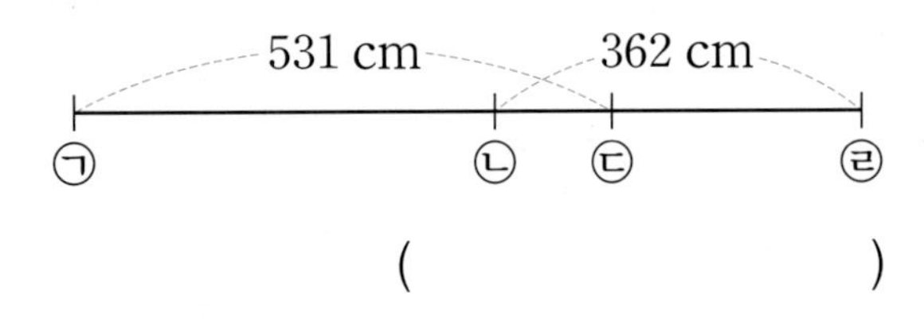

(   )

17 지난주에 도자기를 만드는 공방에 온 손님은 557명이고, 이번 주에는 지난주보다 손님이 163명 더 적게 왔습니다. 지난주와 이번 주에 온 손님은 모두 몇 명인지 구해 보세요.

(   )

AI가 뽑은 정답률 낮은 문제 서술형

18 종이 2장에 세 자리 수를 한 개씩 썼는데 한 장이 찢어져서 십의 자리 숫자만 보입니다. 두 수의 합이 816일 때 찢어진 종이에 적힌 세 자리 수는 얼마인지 풀이 과정을 쓰고 답을 구해 보세요.

21쪽 유형 7

613   0

풀이

답

19 그림과 같이 길이가 217 cm인 색 테이프 3장을 53 cm씩 겹치게 한 줄로 이어 붙였습니다. 이어 붙인 색 테이프의 전체 길이는 몇 cm인지 구해 보세요.

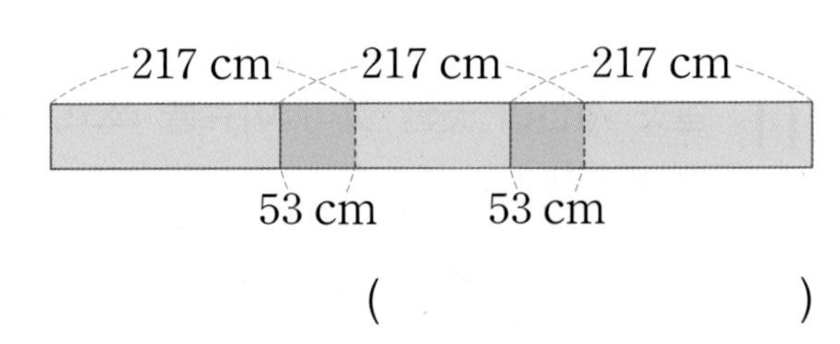

(   )

20 붙임딱지를 세호는 711장, 민희는 559장 가지고 있습니다. 두 사람이 가지고 있는 붙임딱지의 수를 같게 하려면 세호는 민희에게 붙임딱지를 몇 장 주어야 하는지 구해 보세요.

(   )

점수

18~23쪽에서 같은 유형의 문제를 더 풀 수 있어요.

01~02 계산해 보세요.

01
$$\begin{array}{r} 1\ 6\ 8 \\ +\ 2\ 9\ 3 \\ \hline \end{array}$$

02
$$\begin{array}{r} 7\ 8\ 9 \\ -\ 4\ 2\ 4 \\ \hline \end{array}$$

03 뺄셈식에서 □ 안의 수가 실제로 나타내는 값은 얼마인지 구해 보세요.

$$\begin{array}{r} 5\ \boxed{10}\ \ \\ \not{6}\ 4\ 7 \\ -\ 2\ 8\ 3 \\ \hline 3\ 6\ 4 \end{array}$$

(　　　　　　　　)

04 계산을 바르게 한 것에 ○표 해 보세요.

857－269＝598 (　　　)

523＋364＝887 (　　　)

05 수 카드에 적힌 두 수의 차를 구해 보세요.

(　　　　　　　　)

06 빈칸에 알맞은 수를 써넣으세요.

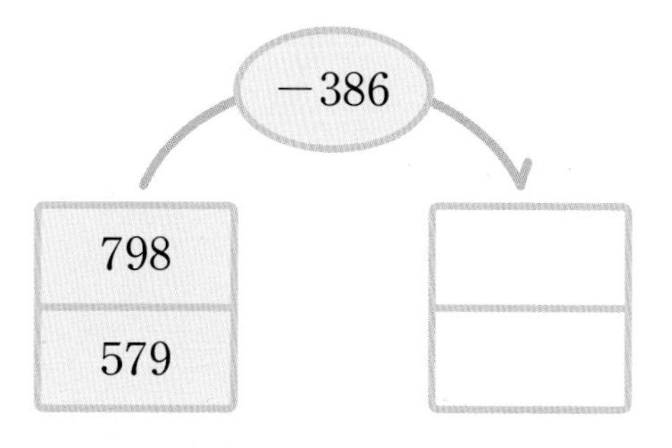

07 수 모형이 나타내는 수보다 159만큼 더 큰 수를 구해 보세요.

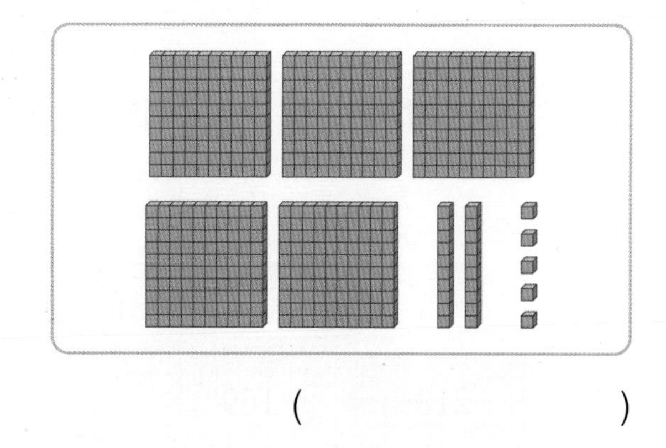

(　　　　　　　　)

08 계산 결과의 크기를 비교하여 ◯ 안에 >, =, <를 알맞게 써넣으세요.

$614-367$ ◯ $218+103$

09 ㉮ 끈의 길이는 ㉯ 끈의 길이보다 몇 cm 더 긴지 구해 보세요.

㉮ ———————— 8 m

㉯ ———— 524 cm

(   )

10 동물원에 어린이가 692명, 어른이 327명 입장했습니다. 동물원에 입장한 어린이와 어른은 모두 몇 명인지 구해 보세요.

(   )

11 □ 안에 알맞은 수를 써넣으세요.

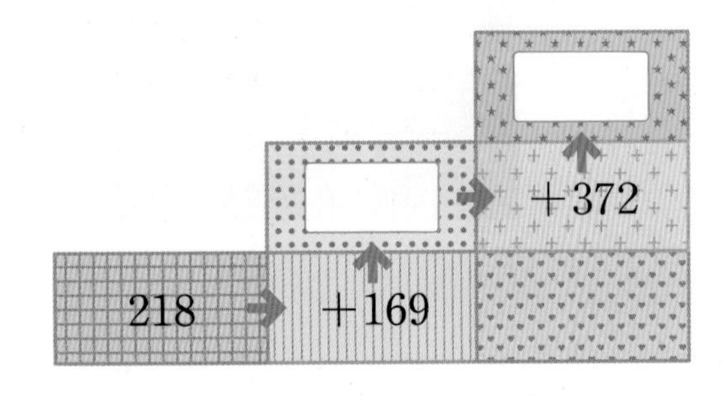

AI가 뽑은 정답률 낮은 문제

12 가장 큰 수와 가장 작은 수의 차를 구해 보세요.

18쪽 유형 1

125	434	758	610

(   )

AI가 뽑은 정답률 낮은 문제

13 어떤 수에 349를 더해야 할 것을 잘못하여 어떤 수에서 349를 뺐더니 554가 되었습니다. 바르게 계산한 값을 구해 보세요.

21쪽 유형 8

(   )

서술형

14 ㉠과 ㉡이 나타내는 두 수의 합은 얼마인지 풀이 과정을 쓰고 답을 구해 보세요.

㉠ 100이 4개, 10이 2개, 1이 3개인 수

㉡ 100이 3개, 10이 4개, 1이 15개인 수

풀이 ▶

답 ▶

15 태형이는 줄넘기를 어제 647회 했고, 오늘은 어제보다 159회 더 적게 했습니다. 태형이가 어제와 오늘 한 줄넘기는 모두 몇 회인지 구해 보세요.

( )

AI가 뽑은 정답률 낮은 문제

16 □ 안에 알맞은 수를 써넣으세요.

22쪽 유형 9

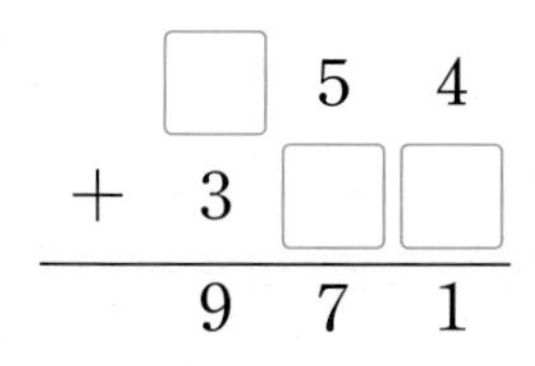

서술형

17 정희네 학교와 은우네 학교의 학생 수를 나타낸 표입니다. 어느 학교의 학생이 몇 명 더 많은지 풀이 과정을 쓰고 답을 구해 보세요.

	남학생 수	여학생 수
정희네 학교	345명	318명
은우네 학교	331명	367명

풀이

답 ,

AI가 뽑은 정답률 낮은 문제

18 수 카드 4장 중에서 3장을 골라 한 번씩만 사용하여 세 자리 수를 만들려고 합니다. 만들 수 있는 가장 작은 수와 두 번째로 작은 수의 합을 구해 보세요.

23쪽 유형 11

1 5 2 7

( )

AI가 뽑은 정답률 낮은 문제

19 0부터 9까지의 수 중에서 □ 안에 들어갈 수 있는 수는 모두 몇 개인지 구해 보세요.

22쪽 유형 10

76□+172>938

( )

AI가 뽑은 정답률 낮은 문제

20 수아네 학교의 학생은 729명입니다. 이 중에서 야구를 좋아하는 학생은 503명이고, 탁구를 좋아하는 학생은 316명입니다. 야구와 탁구를 모두 좋아하는 학생은 몇 명인지 구해 보세요. (단, 야구와 탁구를 둘 다 좋아하지 않는 학생은 없습니다.)

23쪽 유형 12

( )

3회 13번 4회 12번

유형 1 가장 큰 수와 가장 작은 수의 합 또는 차 구하기

가장 큰 수와 가장 작은 수의 합을 구해 보세요.

554　318　219　432

(　　　　　　)

Tip 높은 자리부터 비교하여 가장 큰 수와 가장 작은 수를 먼저 찾아요.

1-1 가장 큰 수와 가장 작은 수의 합을 구해 보세요.

159　672　864　599

(　　　　　　)

1-2 가장 큰 수와 가장 작은 수의 차를 구해 보세요.

158　259　573　435

(　　　　　　)

1-3 가장 큰 수와 가장 작은 수의 합과 차를 각각 구해 보세요.

145　122　637　514

합 (　　　　　　)
차 (　　　　　　)

1회 10번 2회 13번 3회 14번

유형 2 여러 개의 덧셈식과 뺄셈식의 계산 결과의 크기 비교하기

계산 결과가 큰 것부터 차례대로 기호를 써 보세요.

㉠ $503-215$
㉡ $670-454$
㉢ $126+159$

(　　　　　　)

Tip 계산 결과를 작은 것부터 쓰지 않도록 주의해요.

2-1 계산 결과가 큰 것부터 차례대로 기호를 써 보세요.

㉠ $427+294$　㉡ $129+535$
㉢ $905-254$　㉣ $883-151$

(　　　　　　)

2-2 계산 결과가 작은 것부터 차례대로 기호를 써 보세요.

㉠ $165+424$　㉡ $323+277$
㉢ $838-311$　㉣ $900-378$

(　　　　　　)

2회 15번

유형 3 뺄셈을 이용하여 문제 해결하기

길이가 6 m인 색 테이프 중에서 357 cm를 사용했습니다. 남은 색 테이프의 길이는 몇 cm인지 구해 보세요.

(　　　　　　　　)

Tip 1 m=100 cm

3-1 길이가 5 m인 털실 중에서 134 cm를 사용했습니다. 남은 털실의 길이는 몇 cm인지 구해 보세요.

(　　　　　　　　)

3-2 시연이는 900원을 가지고 있었습니다. 마트에서 250원짜리 사탕 한 개와 580원짜리 젤리 한 개를 샀습니다. 남은 돈은 얼마인지 구해 보세요.

(　　　　　　　　)

3-3 기차에 594명이 타고 있었습니다. 다음 역에서 243명이 내리고 그다음 역에서 148명이 내렸습니다. 기차에 남아 있는 사람은 몇 명인지 구해 보세요. (단, 더 탄 사람은 없습니다.)

(　　　　　　　　)

1회 17번

유형 4 덧셈을 이용하여 문제 해결하기

세 사람이 줄넘기를 넘은 횟수를 조사하여 나타낸 표입니다. 표를 보고 세 사람이 넘은 줄넘기 횟수는 모두 몇 회인지 구해 보세요.

이름	지은	현화	경호
횟수(회)	182	211	196

(　　　　　　　　)

Tip 세 수의 덧셈은 앞에 있는 두 수를 더해서 나온 수에 나머지 수를 더하면 돼요.

4-1 가, 나, 다 세 학교의 학생 수를 조사하여 나타낸 표입니다. 표를 보고 세 학교의 학생 수는 모두 몇 명인지 구해 보세요.

학교	가	나	다
학생 수(명)	415	388	374

(　　　　　　　　)

4-2 채소 가게에 무는 235개 있고, 오이는 무보다 176개 더 많이 있습니다. 채소 가게에 있는 무와 오이는 모두 몇 개인지 구해 보세요.

(　　　　　　　　)

4-3 정민이는 밤을 어제는 498개 주웠고, 오늘은 어제보다 186개 더 많이 주웠습니다. 정민이가 어제와 오늘 주운 밤은 모두 몇 개인지 구해 보세요.

(　　　　　　　　)

3회 16번

유형 5 거리 구하기

연수네 집에서 서점까지의 거리는 몇 m인지 구해 보세요.

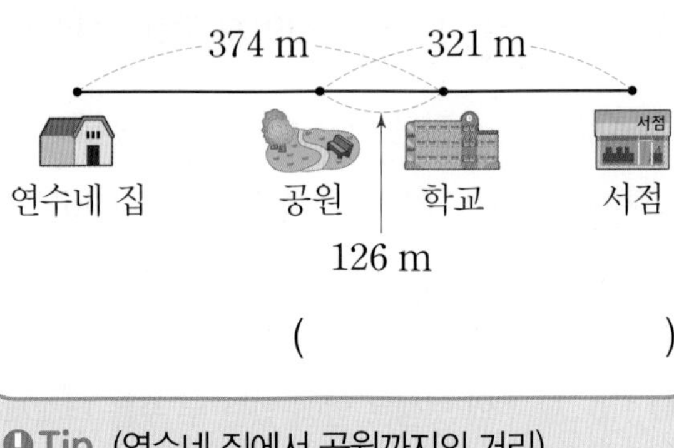

( )

Tip (연수네 집에서 공원까지의 거리)
=(연수네 집에서 학교까지의 거리)
−(공원에서 학교까지의 거리)
→ (연수네 집에서 서점까지의 거리)
=(연수네 집에서 공원까지의 거리)
+(공원에서 서점까지의 거리)

5-1 준혁이네 집에서 도서관까지의 거리는 몇 m인지 구해 보세요.

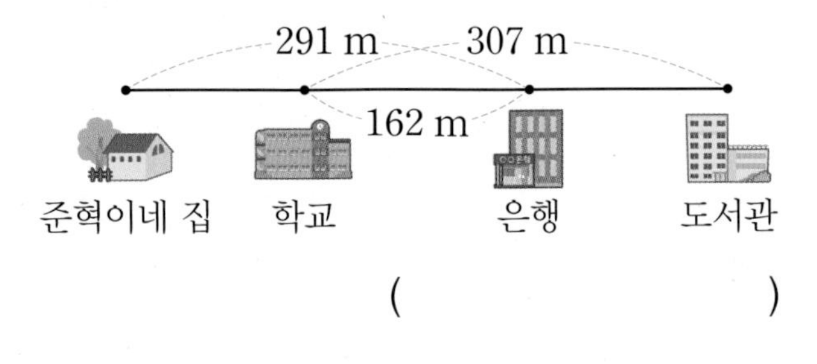

( )

5-2 ㉠에서 ㉣까지의 거리가 845 m일 때 ㉡에서 ㉢까지의 거리는 몇 m인지 구해 보세요.

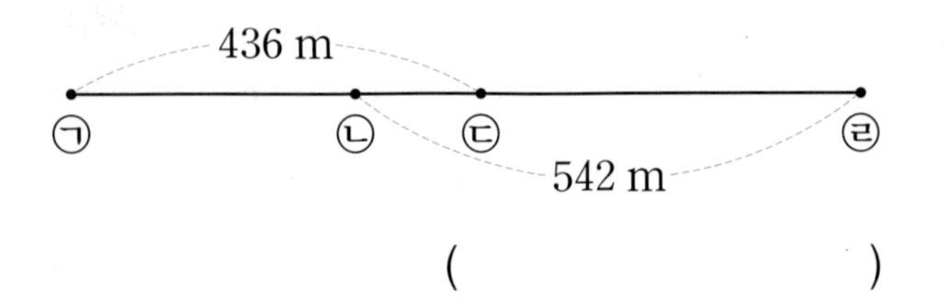

( )

1회 16번

유형 6 계산 결과가 가장 크게(작게) 되도록 식 만들기

주어진 수 중에서 두 수를 골라 합이 가장 크게 되도록 덧셈식을 만들어 보세요.

264 409 342 554

□ + □ = □

Tip 두 수의 합이 가장 크게 되려면 가장 큰 수와 두 번째로 큰 수를 더해야 해요.

6-1 주어진 수 중에서 두 수를 골라 합이 가장 작게 되도록 덧셈식을 만들어 보세요.

703 372 106 248

□ + □ = □

6-2 주어진 수 중에서 두 수를 골라 차가 가장 크게 되도록 뺄셈식을 만들어 보세요.

516 852 301 294

□ − □ = □

6-3 주어진 수 중에서 두 수를 골라 차가 가장 작게 되도록 뺄셈식을 만들어 보세요.

218 764 159 415

□ − □ = □

3회 18번

유형 7 찢어진 종이에 적힌 수 구하기

종이 2장에 세 자리 수를 한 개씩 썼는데 한 장이 찢어져서 백의 자리 숫자만 보입니다. 두 수의 합이 986일 때 찢어진 종이에 적힌 세 자리 수를 구해 보세요.

253　　7

(　　　　　　　　)

Tip 찢어진 종이에 적힌 세 자리 수를 □라 하고 식을 만들어 계산해요.

7-1 종이 2장에 세 자리 수를 한 개씩 썼는데 한 장이 찢어져서 백의 자리 숫자만 보입니다. 두 수의 차가 324일 때 찢어진 종이에 적힌 세 자리 수를 구해 보세요.

415　　7

(　　　　　　　　)

7-2 종이 2장에 세 자리 수를 한 개씩 썼는데 왼쪽 종이에 잉크가 묻어서 백의 자리 숫자만 보입니다. 두 수의 합이 829일 때 두 수의 차는 얼마인지 구해 보세요.

3　　521

(　　　　　　　　)

1회 18번 4회 13번

유형 8 바르게 계산한 값 구하기

어떤 수에서 378을 빼야 할 것을 잘못하여 어떤 수에 378을 더했더니 945가 되었습니다. 바르게 계산한 값을 구해 보세요.

(　　　　　　　　)

Tip 어떤 수를 □라 하여 덧셈식을 만들고, 덧셈과 뺄셈의 관계를 이용하여 뺄셈식을 만들면 □의 값(어떤 수)을 구할 수 있어요.

8-1 어떤 수에서 192를 빼야 할 것을 잘못하여 어떤 수에 192를 더했더니 634가 되었습니다. 바르게 계산하면 얼마인가요? (　　　)

① 125　　② 205　　③ 250
④ 382　　⑤ 442

8-2 어떤 수에 284를 더해야 할 것을 잘못하여 어떤 수에서 284를 뺐더니 127이 되었습니다. 바르게 계산한 값을 구해 보세요.

(　　　　　　　　)

8-3 어떤 수에 434를 더해야 할 것을 잘못하여 어떤 수에서 434를 뺐더니 381이 되었습니다. 바르게 계산한 값을 구해 보세요.

(　　　　　　　　)

2회 17번 4회 16번

유형 9 □ 안에 알맞은 수 써넣기

□ 안에 알맞은 수를 써넣으세요.

$$\begin{array}{r} \square\ 3\ 7 \\ +\ 8\ \square\ 6 \\ \hline 1\ 2\ 0\ 3 \end{array}$$

Tip 일의 자리 수끼리의 덧셈에서 받아올림이 있는 것에 주의하여 □ 안에 알맞은 수를 구해요.

9-1 □ 안에 알맞은 수를 써넣으세요.

$$\begin{array}{r} \square\ 9\ 5 \\ -\ 1\ 6\ 8 \\ \hline 2\ \square\ 7 \end{array}$$

9-2 □ 안에 알맞은 수를 써넣으세요.

$$\begin{array}{r} \square\ 2\ 6 \\ +\ 1\ 9\ \square \\ \hline 5\ \square\ 1 \end{array}$$

9-3 □ 안에 알맞은 수를 써넣으세요.

$$\begin{array}{r} 7\ 6\ \square \\ -\ \square\ 6\ 5 \\ \hline 1\ \square\ 6 \end{array}$$

2회 18번 4회 19번

유형 10 □ 안에 들어갈 수 있는 수 구하기

□ 안에 들어갈 수 있는 세 자리 수 중에서 가장 큰 수를 구해 보세요.

$723-\square>348$

( )

Tip $723-\square>348$을 $723-\square=348$로 바꾸어 생각해요.

10-1 □ 안에 들어갈 수 있는 세 자리 수 중에서 가장 작은 수를 구해 보세요.

$\square+247>572$

( )

10-2 □ 안에 들어갈 수 있는 세 자리 수 중에서 가장 작은 수를 구해 보세요.

$896-\square<376$

( )

10-3 □ 안에 들어갈 수 있는 세 자리 수 중에서 가장 큰 수를 구해 보세요.

$\square+484<873-231$

( )

2회 19번 4회 18번

유형 11 수 카드를 사용하여 덧셈식 또는 뺄셈식 만들기

수 카드 4장 중에서 3장을 골라 한 번씩만 사용하여 세 자리 수를 만들려고 합니다. 만들 수 있는 가장 큰 수와 가장 작은 수의 합을 구해 보세요.

1 6 4 7

( )

Tip 가장 큰 수를 만들려면 높은 자리부터 큰 수를 차례대로 놓아야 하고, 가장 작은 수를 만들려면 높은 자리부터 작은 수를 차례대로 놓아야 해요.

11-1 수 카드 4장 중에서 3장을 골라 한 번씩만 사용하여 세 자리 수를 만들려고 합니다. 만들 수 있는 가장 큰 수와 가장 작은 수의 차를 구해 보세요.

8 2 3 5

( )

11-2 수 카드 4장 중에서 3장을 골라 한 번씩만 사용하여 세 자리 수를 만들려고 합니다. 만들 수 있는 가장 큰 수와 두 번째로 작은 수의 합과 차를 각각 구해 보세요.

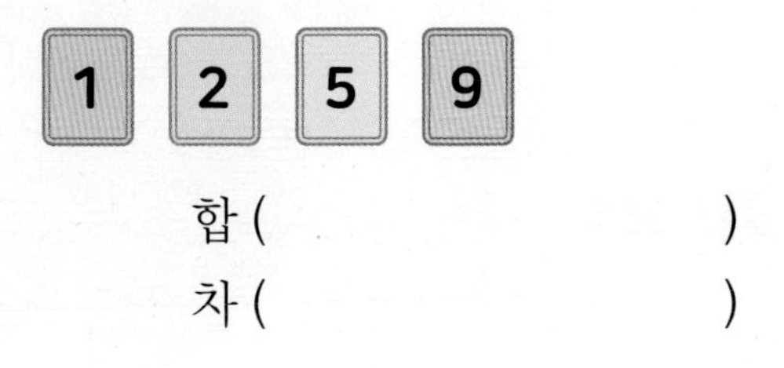

합 ( )

차 ( )

4회 20번

유형 12 덧셈과 뺄셈을 이용하여 문제 해결하기

수 카드 4장 중에서 3장을 골라 한 번씩만 사용하여 세 자리 수를 만들려고 합니다. 만들 수 있는 가장 큰 수와 가장 작은 수의 합을 구해 보세요.

1 6 4 7

( )

Tip 승호네 학교 전체 학생 수를 표현하면 다음과 같아요.

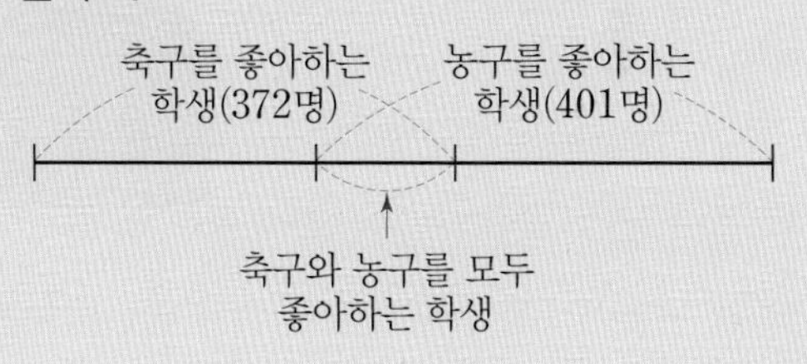

12-1 지영이네 학교 학생 640명 중에서 배드민턴을 좋아하는 학생은 328명이고, 배구를 좋아하는 학생은 345명입니다. 배드민턴과 배구를 모두 좋아하는 학생은 몇 명인지 구해 보세요. (단, 배드민턴과 배구를 둘 다 좋아하지 않는 학생은 없습니다.)

( )

12-2 가은이네 학교 학생은 724명입니다. 이 중에서 김밥을 좋아하는 학생은 435명이고, 라면을 좋아하는 학생은 359명입니다. 김밥과 라면을 둘 다 좋아하지 않는 학생이 104명일 때, 김밥과 라면을 모두 좋아하는 학생은 몇 명인지 구해 보세요.

( )

평면도형

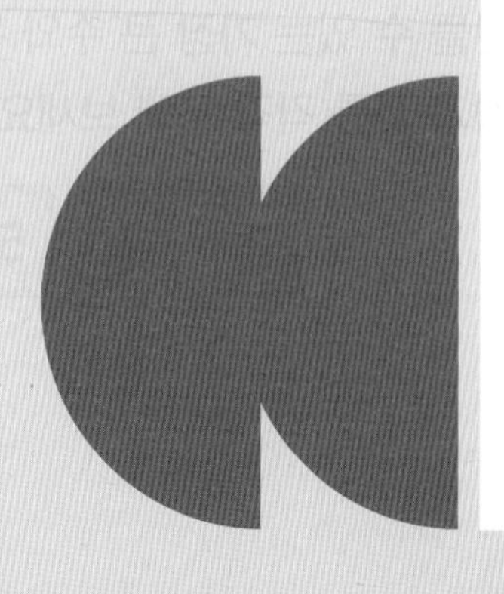

개념정리 2단원 평면도형

개념 1 선의 종류

◆선분

두 점을 곧게 이은 선을 **선분**이라고 합니다.

➔ 선분 ㄱㄴ 또는 선분 □

◆반직선

한 점에서 시작하여 한쪽으로 끝없이 뻗은 곧은 선을 **반직선**이라고 합니다.

ㄱ ㄴ ➔ 반직선 ㄱㄴ

ㄱ ㄴ ➔ 반직선 ㄴㄱ

◆직선

양쪽으로 끝없이 뻗은 곧은 선을 **직선**이라고 합니다.

ㄱ ㄴ

➔ 직선 ㄱㄴ 또는 직선 ㄴㄱ

개념 2 각

한 점에서 시작하는 두 반직선으로 이루어진 도형을 □(이)라고 합니다.

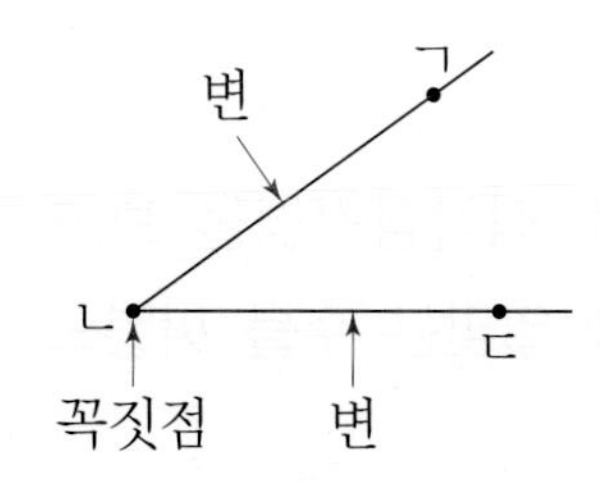

➔ 각 ㄱㄴㄷ 또는 각 ㄷㄴㄱ

점 ㄴ을 각의 **꼭짓점**이라고 하고 반직선 ㄴㄱ, 반직선 ㄴㄷ을 각의 **변**이라고 합니다.

개념 3 직각

종이를 반듯하게 두 번 접었을 때 생기는 각을 □(이)라고 하고, ∟와 같이 나타냅니다.

개념 4 직각삼각형

□ 각이 직각인 삼각형을 **직각삼각형**이라고 합니다.

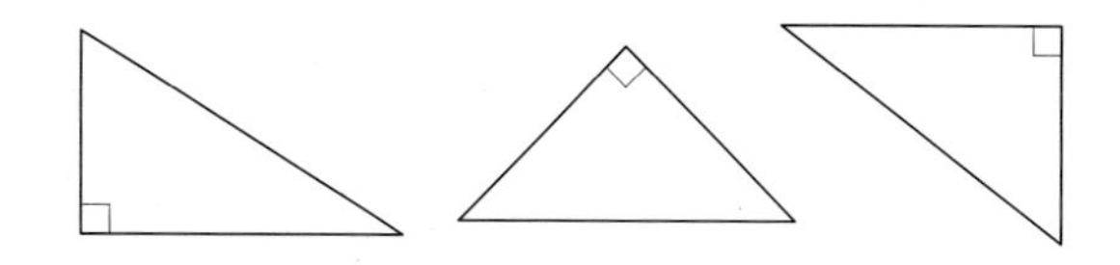

개념 5 직사각형

□ 각이 모두 직각인 사각형을 **직사각형**이라고 합니다.

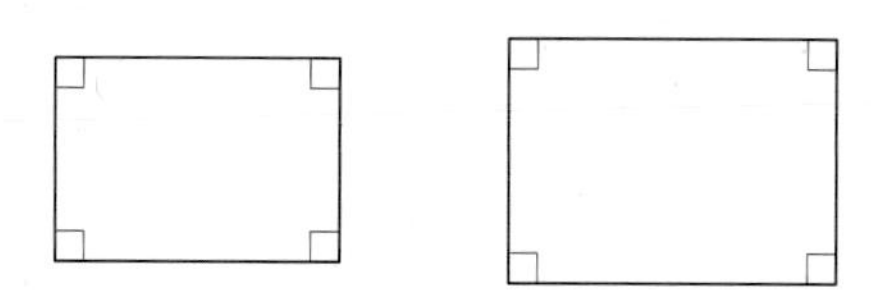

개념 6 정사각형

네 각이 모두 직각이고 네 변의 길이가 모두 같은 사각형을 □(이)라고 합니다.

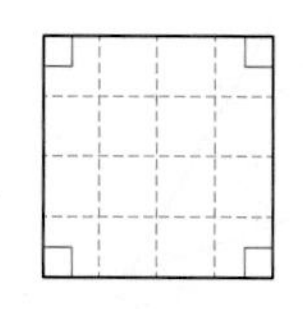

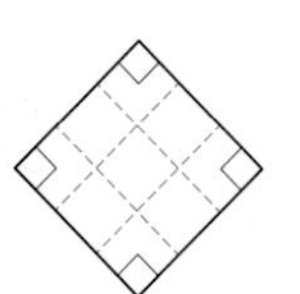

정답 ❶ ㄴㄱ ❷ 각 ❸ 직각 ❹ 한 ❺ 네 ❻ 정사각형

점수

38~43쪽에서 같은 유형의 문제를 더 풀 수 있어요.

01 □ 안에 알맞은 말을 써넣으세요.

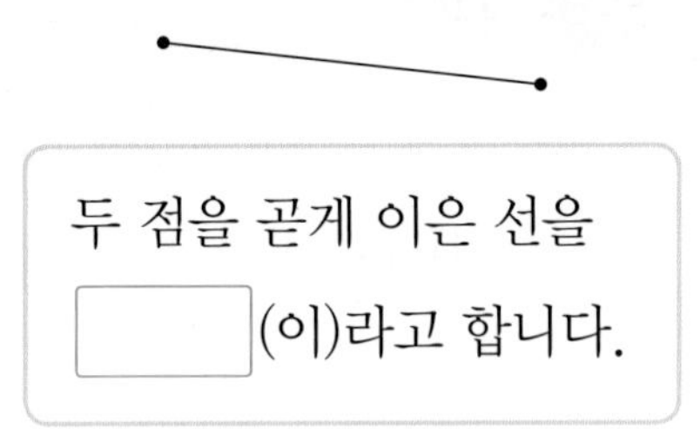

두 점을 곧게 이은 선을
□(이)라고 합니다.

02 직선을 찾아 ○표 해 보세요.

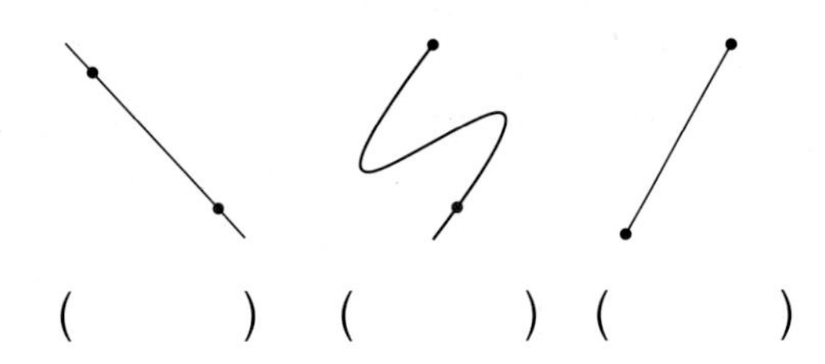

( ) ( ) ( )

03 직각을 찾아 기호를 써 보세요.

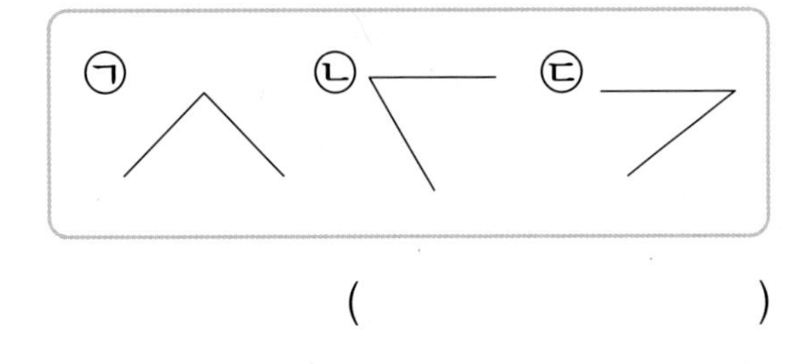

( )

04 각을 읽어 보세요.

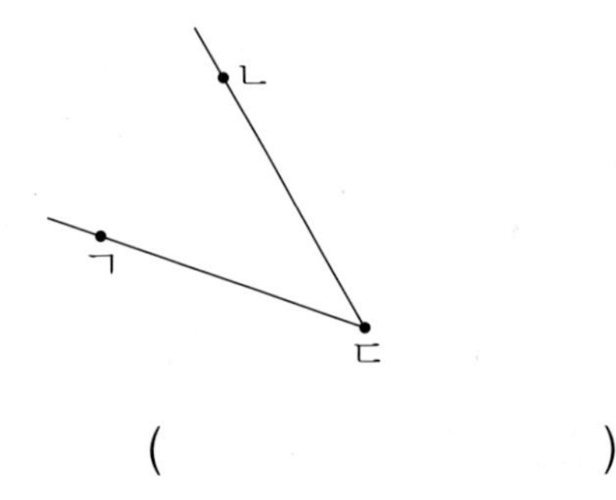

( )

05 직사각형을 찾아 써 보세요.

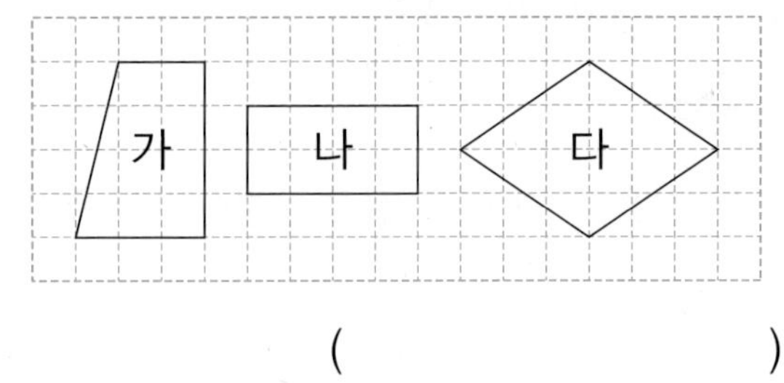

( )

06 각 ㄱㄴㄷ을 그려 보세요.

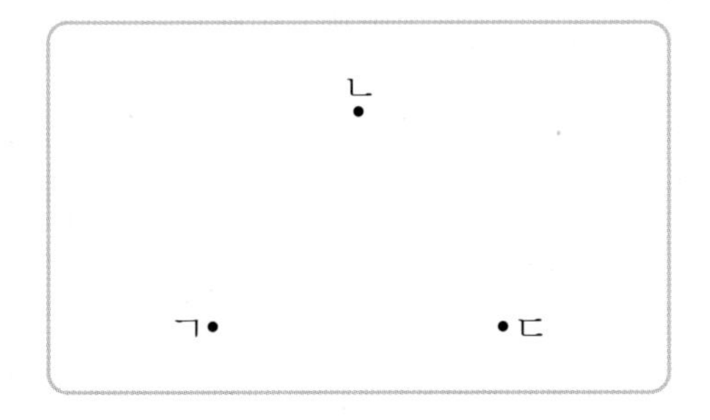

07 직사각형입니다. □ 안에 알맞은 수를 써넣으세요.

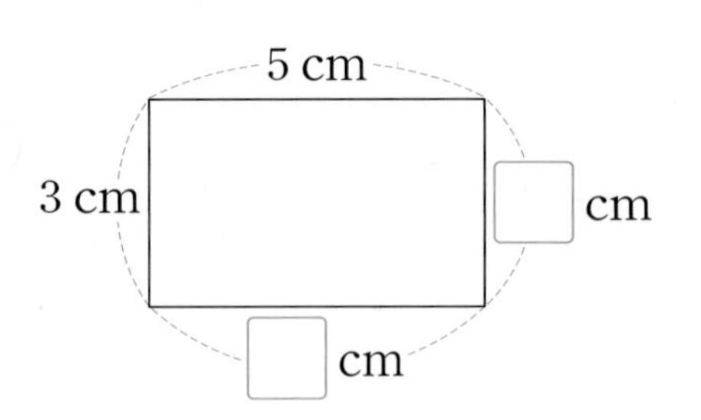

08 오른쪽 직각삼각형을 보고 빈칸에 알맞은 수를 써넣으세요.

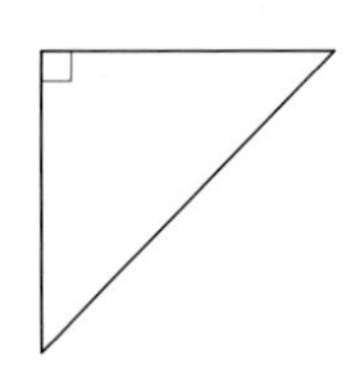

각의 수(개)	변의 수(개)	직각의 수(개)

09 모눈종이에 크기가 다른 정사각형을 2개 그려 보세요.

10 주어진 선분을 한 변으로 하는 직각삼각형을 그리려고 합니다. 선분의 양 끝과 어느 점을 이어야 하나요? (　　　)

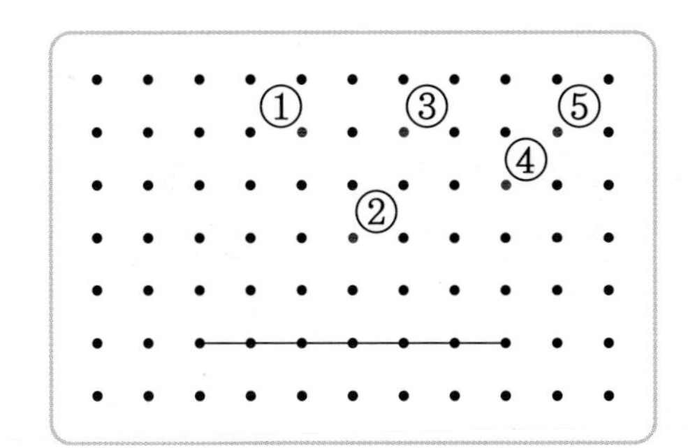

서술형

11 다음 도형의 이름이 반직선 ㄴㄱ인지 아닌지 쓰고, 그 이유를 설명해 보세요.

답

12 직각을 찾아 읽어 보세요.

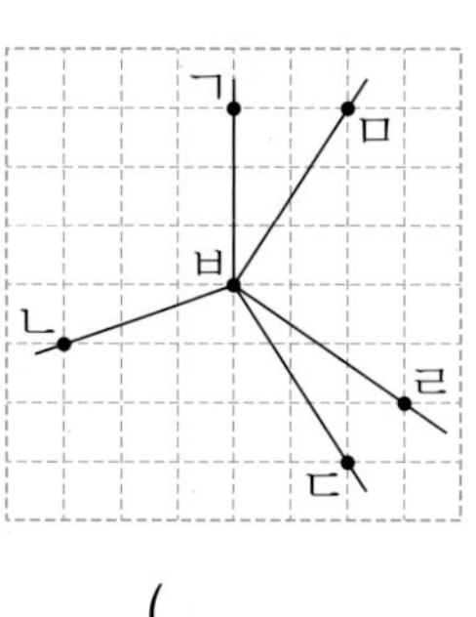

(　　　　　　　　　　)

13 한 변의 길이가 11 cm인 정사각형의 네 변의 길이의 합은 몇 cm인지 구해 보세요.

(　　　　　　　　　　)

AI가 뽑은 정답률 낮은 문제　　서술형

14 각이 많은 도형부터 차례대로 기호를 쓰려고 합니다. 풀이 과정을 쓰고 답을 구해 보세요.

38쪽 유형 1

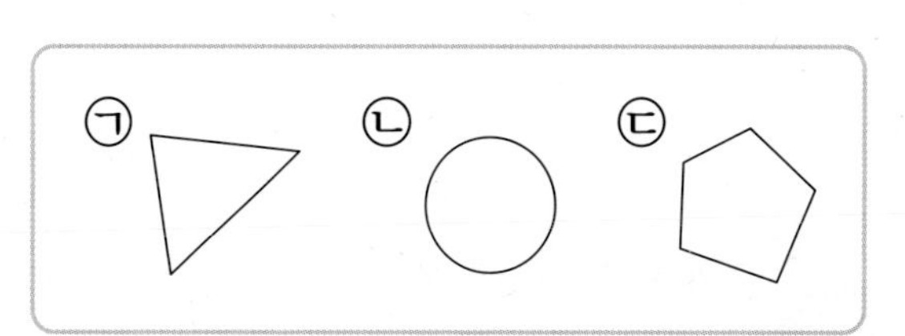

풀이

답

15 도형의 이름이 될 수 있는 것을 모두 찾아 기호를 써 보세요.

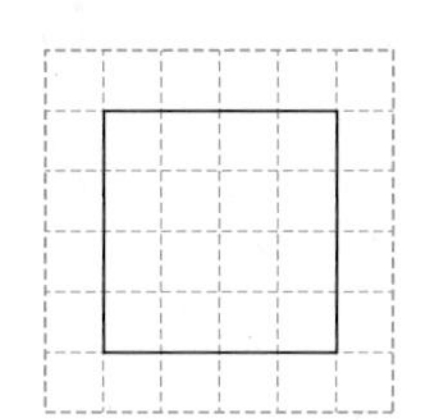

㉠ 사각형 ㉡ 직각삼각형
㉢ 직사각형 ㉣ 정사각형

( )

AI가 뽑은 정답률 낮은 문제

16 직각삼각형 안에 직사각형을 그렸습니다. 도형에서 찾을 수 있는 직각은 모두 몇 개인지 구해 보세요.

39쪽 유형4

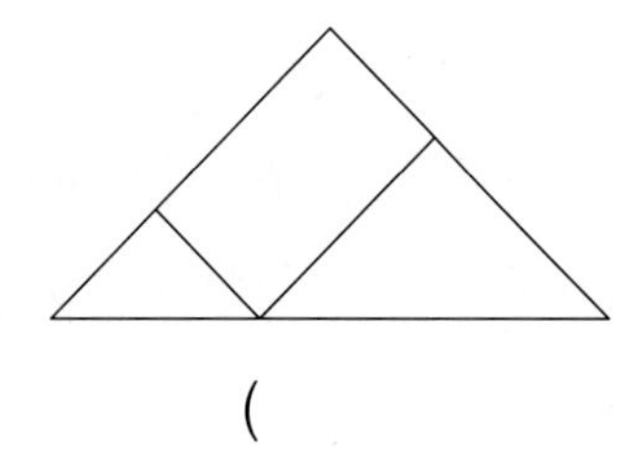

( )

AI가 뽑은 정답률 낮은 문제

17 직사각형 가의 네 변의 길이의 합과 정사각형 나의 네 변의 길이의 합은 같습니다. □ 안에 알맞은 수를 써넣으세요.

42쪽 유형9

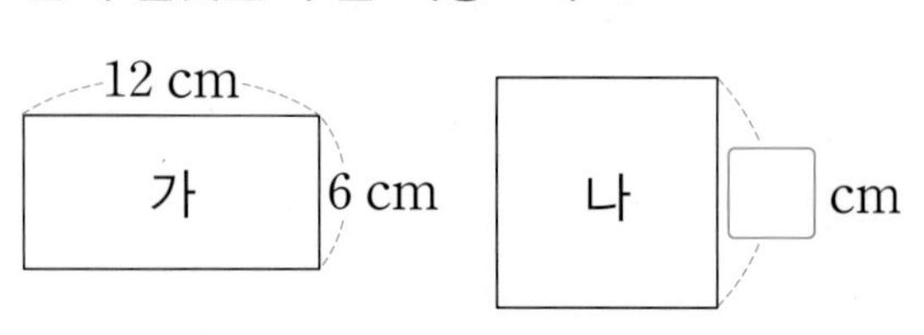

18~19 그림과 같은 모양의 종이를 한 번 잘라서 직각삼각형 1개와 직사각형 1개를 만들려고 합니다. 물음에 답해 보세요.

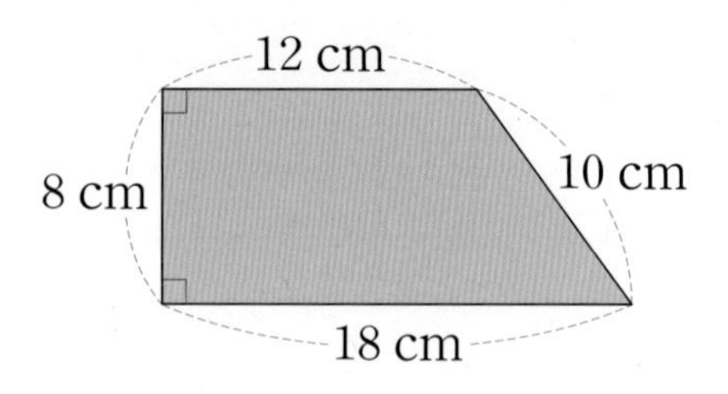

18 잘라서 만든 직각삼각형의 세 변의 길이의 합은 몇 cm인지 구해 보세요.

( )

19 잘라서 만든 직사각형의 네 변의 길이의 합은 몇 cm인지 구해 보세요.

( )

AI가 뽑은 정답률 낮은 문제

20 크기가 같은 정사각형 6개를 겹치지 않게 이어 붙여서 만든 도형입니다. 도형에서 찾을 수 있는 크고 작은 정사각형은 모두 몇 개인지 구해 보세요.

43쪽 유형11

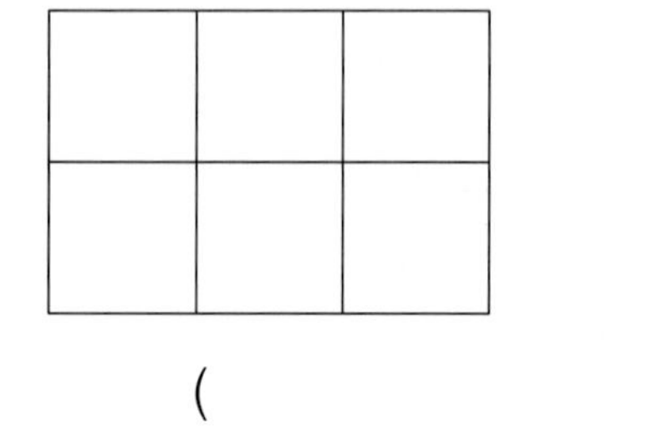

( )

점수

38~43쪽에서 같은 유형의 문제를 더 풀 수 있어요.

01 도형의 이름을 써 보세요.

( )

02 각을 바르게 그린 사람은 누구인지 이름을 써 보세요.

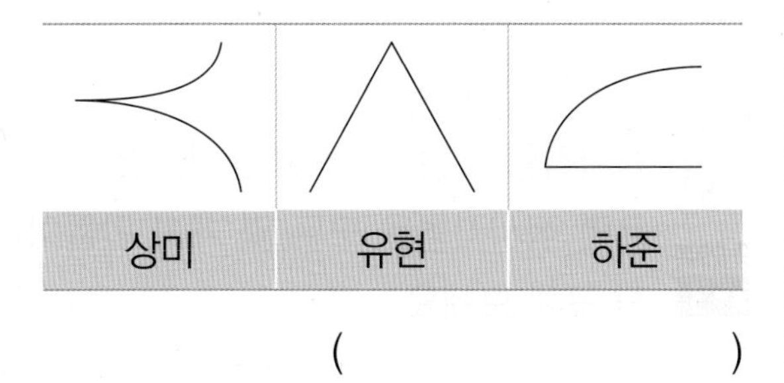

( )

03 직선 ㄷㄹ을 그어 보세요.

04 삼각자를 이용하여 직각을 찾으려고 합니다. 삼각자의 어느 부분을 이용해야 하는지 기호를 써 보세요.

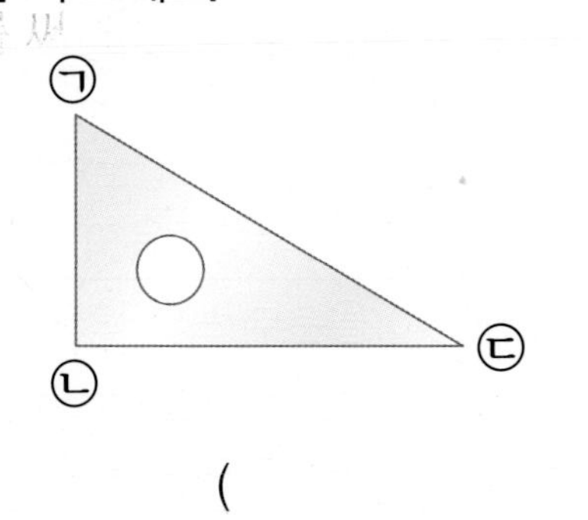

( )

05 각에 대해 잘못 설명한 것을 찾아 기호를 써 보세요.

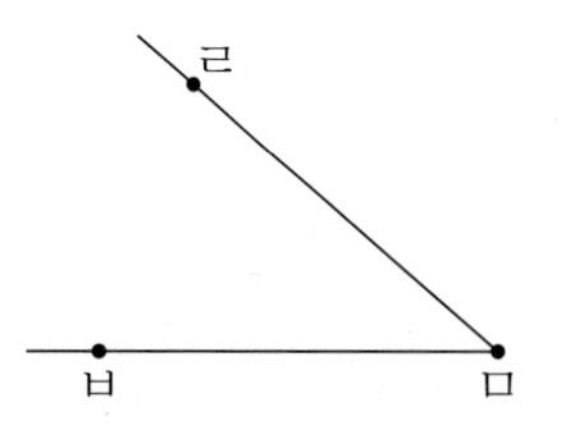

㉠ 각 ㄹㅁㅂ이라고 읽습니다.
㉡ 각의 꼭짓점은 점 ㄹ입니다.
㉢ 각의 변은 반직선 ㅁㄹ과 반직선 ㅁㅂ으로 모두 2개입니다.

( )

06 정사각형입니다. □ 안에 알맞은 수를 써넣으세요.

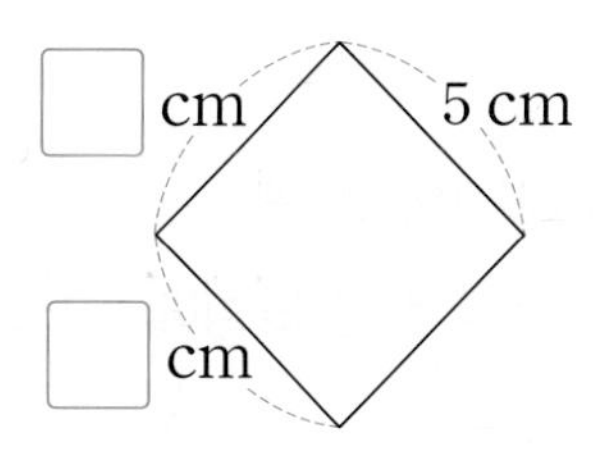

07 직각삼각형이 아닌 것을 찾아 써 보세요.

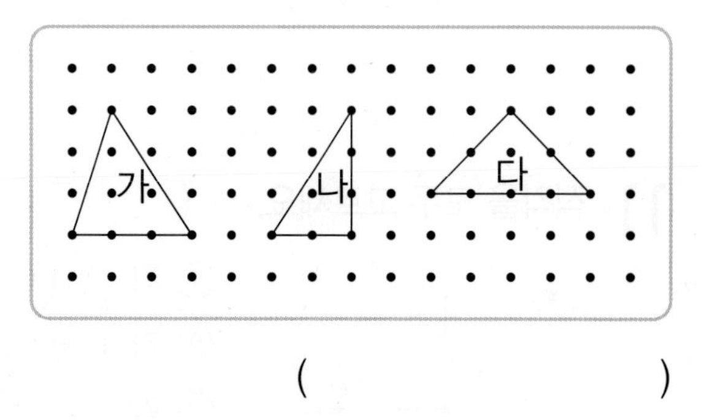

( )

08 바르게 설명한 사람은 누구인지 이름을 써 보세요.

- 연아: 직선은 끝이 있지만 선분은 끝이 없습니다.
- 현종: 반직선 ㄱㄴ과 반직선 ㄴㄱ은 다릅니다.

(　　　　　　　　)

09 긴바늘과 짧은바늘이 이루는 작은 쪽의 각이 직각인 시계를 찾아 시각을 읽어 보세요.

(　　　　　　　　)

AI가 뽑은 정답률 낮은 문제

10 각이 가장 많은 도형에 ○표 해 보세요.

38쪽 유형 1

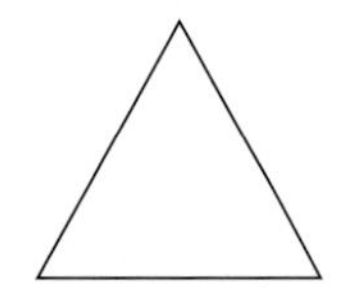
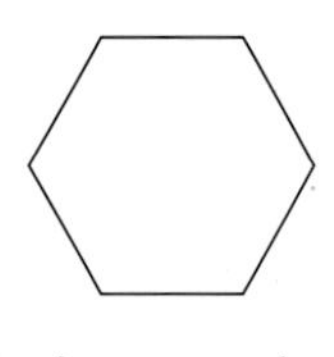

(　　) (　　) (　　)

11 직각을 모두 고르세요. (　　　　　)

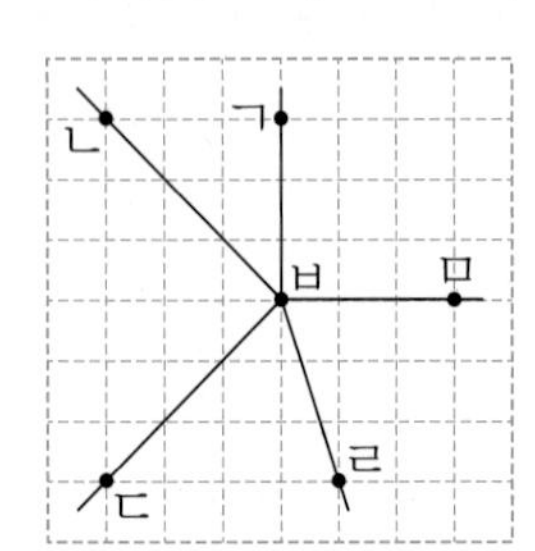

① 각 ㄱㅂㄴ
② 각 ㄴㅂㄷ
③ 각 ㄷㅂㄹ
④ 각 ㄹㅂㅁ
⑤ 각 ㅁㅂㄱ

12 점 종이에 점 ㄱ이 직각의 꼭짓점이 되도록 직각삼각형을 그려 보세요.

AI가 뽑은 정답률 낮은 문제

13 정사각형 모양의 색종이를 점선을 따라 자르면 직사각형은 모두 몇 개가 만들어지는지 구해 보세요.

39쪽 유형 3

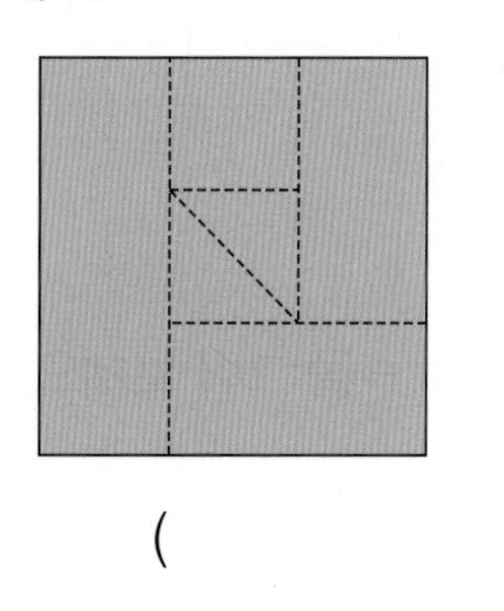

(　　　　　　　　)

서술형

14 다음 도형이 직각삼각형이 아닌 이유를 써 보세요.

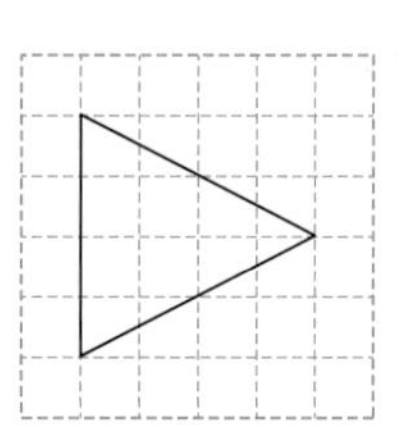

이유

15 주어진 점을 모두 이용하여 직사각형을 2개 그려 보세요.

AI가 뽑은 정답률 낮은 문제

16 도형 안에 선분을 2개 그어서 직각삼각형 3개가 만들어지도록 나누어 보세요.

41쪽 유형 7

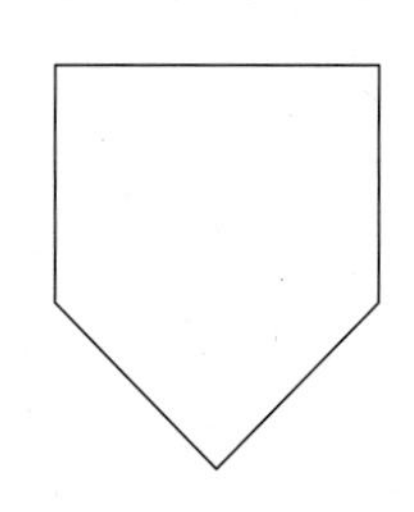

서술형

17 직사각형의 네 변의 길이의 합이 42 cm일 때 □ 안에 알맞은 수는 얼마인지 풀이 과정을 쓰고 답을 구해 보세요.

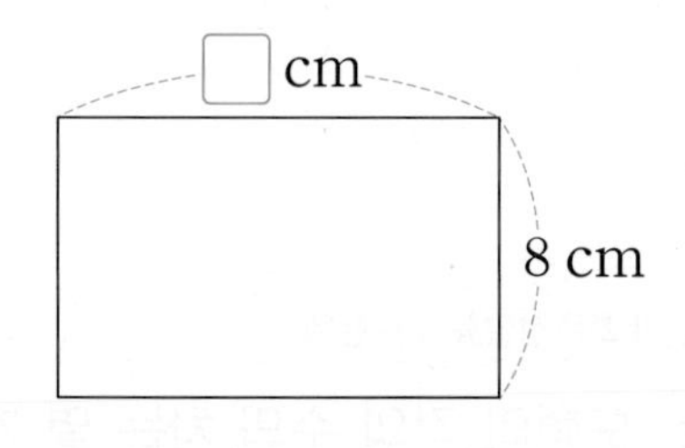

풀이

답

AI가 뽑은 정답률 낮은 문제

18 다음과 같은 직사각형 모양의 종이를 잘라서 한 변의 길이가 3 cm인 정사각형을 여러 개 만들려고 합니다. 정사각형은 몇 개까지 만들 수 있는지 구해 보세요.

41쪽 유형 8

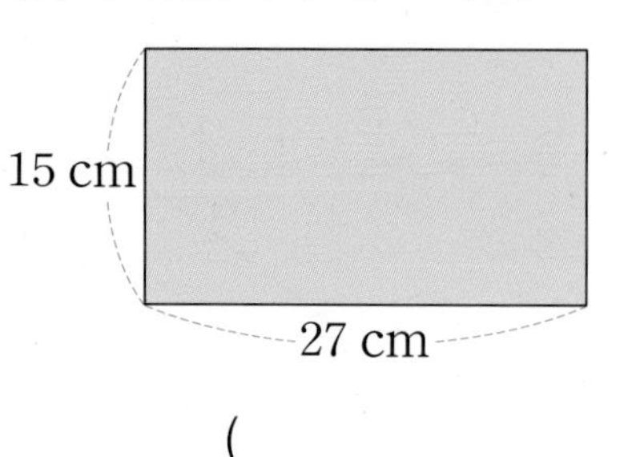

(　　　　　　　)

AI가 뽑은 정답률 낮은 문제

19 정사각형 2개를 겹치지 않게 이어 붙여서 만든 도형입니다. 도형을 둘러싼 굵은 선의 길이는 몇 cm인지 구해 보세요.

42쪽 유형 10

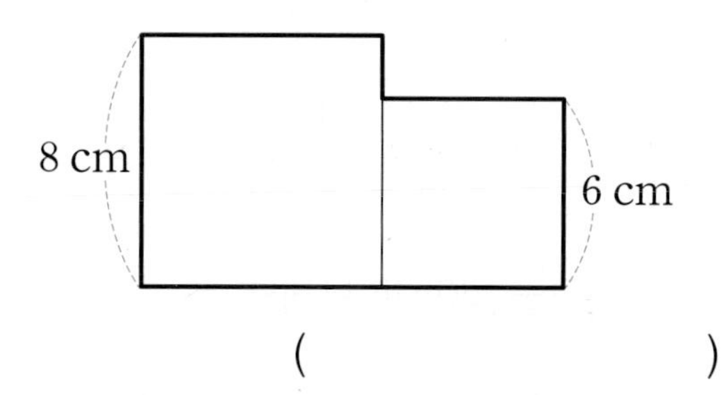

(　　　　　　　)

20 크기가 같은 정사각형 4개를 겹치지 않게 이어 붙여서 큰 정사각형을 만들었습니다. 큰 정사각형의 네 변의 길이의 합이 32 cm일 때 작은 정사각형의 네 변의 길이의 합은 몇 cm인지 구해 보세요.

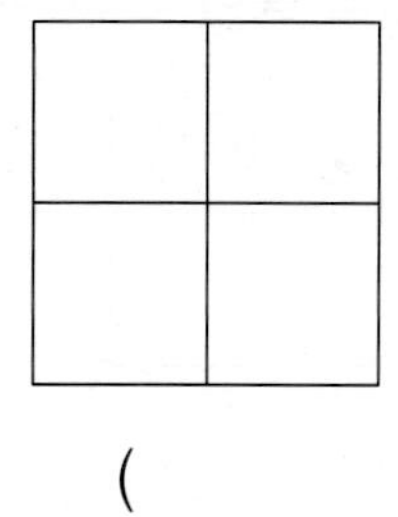

(　　　　　　　)

점수

38~43쪽에서 같은 유형의 문제를 더 풀 수 있어요.

01 각 ㄱㄴㄷ에서 □ 안에 알맞은 말을 써넣으세요.

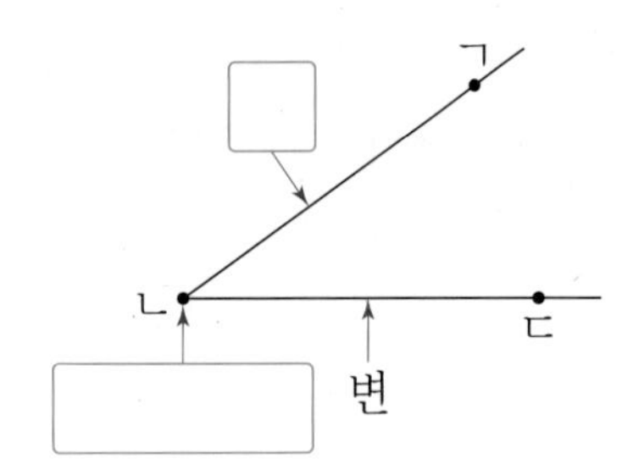

02 직선 ㄱㄴ을 찾아 기호를 써 보세요.

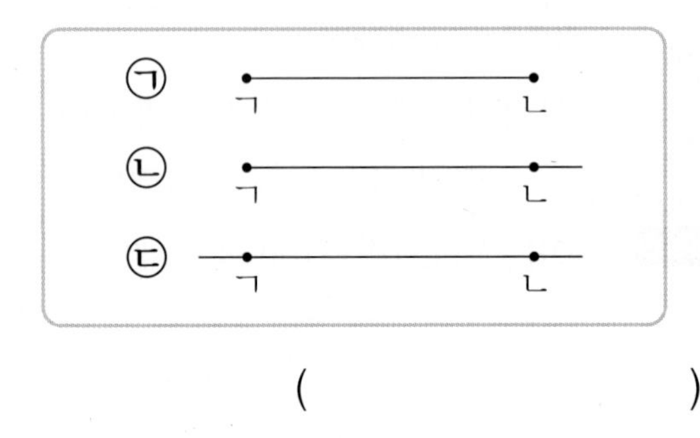

(　　　　　　　　)

03 직각을 찾아 써 보세요.

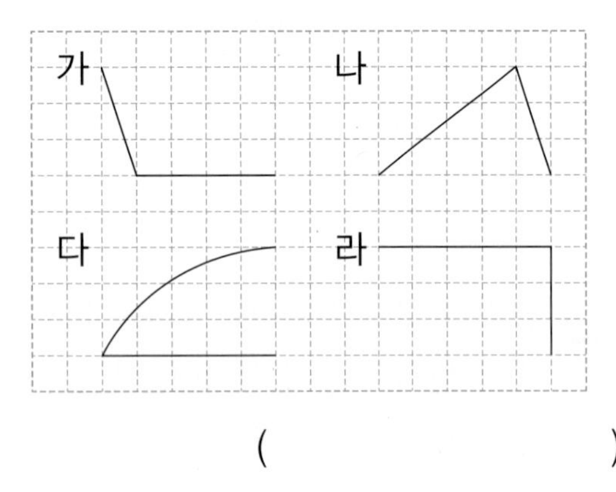

(　　　　　　　　)

04 직사각형을 찾아 ○표 해 보세요.

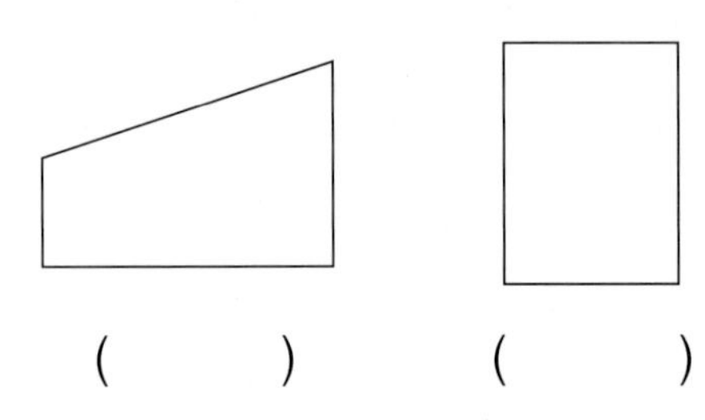

(　　　)　(　　　)

05 직각삼각형을 모두 고르세요. (　　　　　)

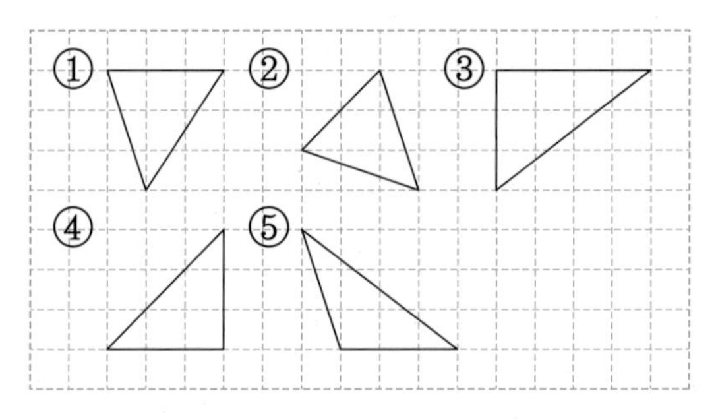

06 각 ㄹㅁㅂ을 그리고, 새로 그은 반직선의 이름을 써 보세요.

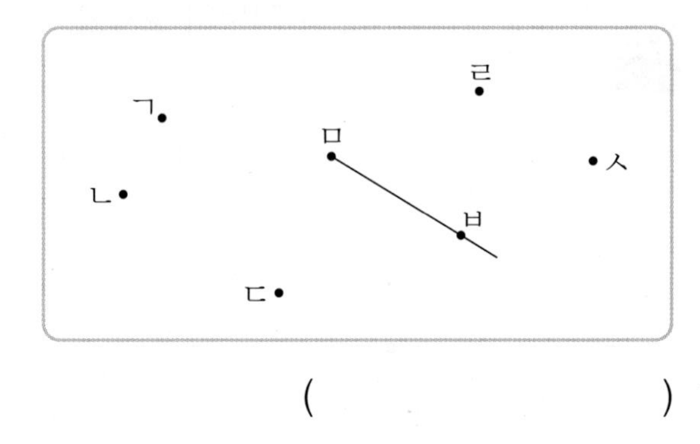

(　　　　　　　　)

07 직사각형과 정사각형을 1개씩 그려 보세요.

AI가 뽑은 정답률 낮은 문제

08 두 도형의 각의 수의 차는 몇 개인지 구해 보세요.

38쪽 유형 1

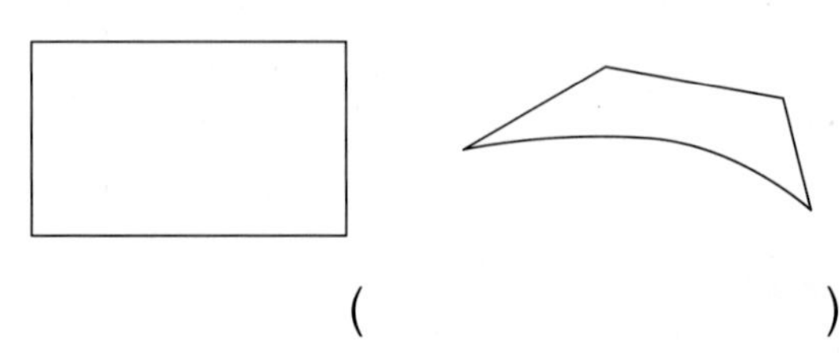

(　　　　　　　　)

09 선분은 직선보다 몇 개 더 많은지 구해 보세요.

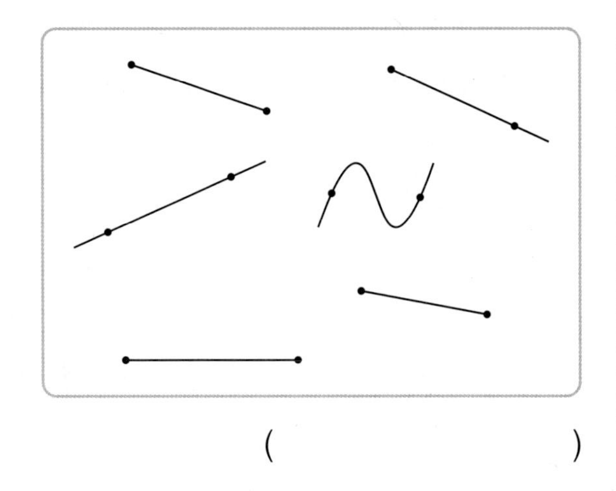

(   )

10 '나'는 어떤 도형인지 이름을 써 보세요.

- '나'는 사각형입니다.
- '나'는 네 각이 모두 직각입니다.
- '나'는 네 변의 길이가 모두 같습니다.

(   )

11 각을 잘못 그렸습니다. 잘못 그린 이유를 써 보세요.

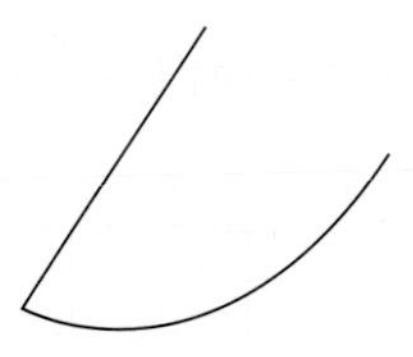

이유 ▶

12 다음과 같은 직사각형 모양의 종이를 잘라서 만들 수 있는 가장 큰 정사각형의 한 변의 길이는 몇 cm인지 구해 보세요.

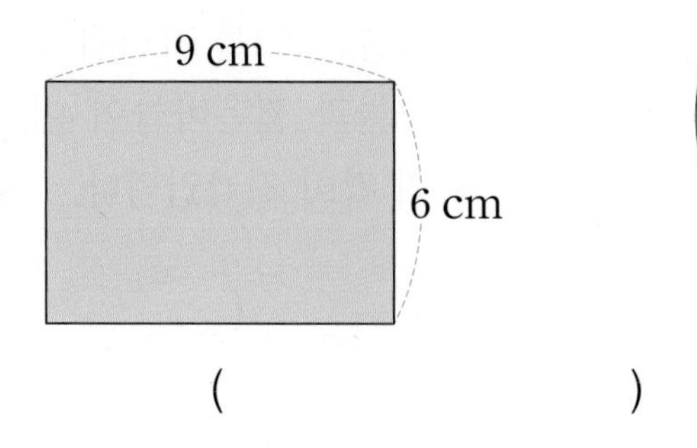

(   )

AI가 뽑은 정답률 낮은 문제

13 직사각형 모양의 색종이를 점선을 따라 자르면 직각삼각형은 모두 몇 개가 만들어지는지 구해 보세요.

39쪽 유형 3

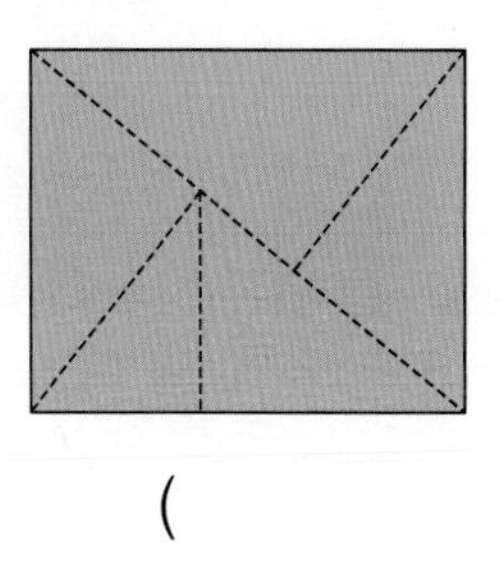

(   )

서술형

14 직각삼각형에 대한 설명입니다. ㉠, ㉡, ㉢에 알맞은 수의 합은 얼마인지 풀이 과정을 쓰고 답을 구해 보세요.

- 꼭짓점이 ㉠개입니다.
- 직각이 ㉡개입니다.
- 선분 ㉢개로 둘러싸여 있습니다.

풀이 ▶

답 ▶

15 **조건**을 모두 만족하는 시각을 구해 보세요.

조건
- 2시와 6시 사이의 시각입니다.
- 긴바늘은 12를 가리킵니다.
- 긴바늘과 짧은바늘이 이루는 작은 쪽의 각이 직각입니다.

( )

16 **보기**의 직각삼각형 조각과 정사각형 조각을 사용하여 오른쪽 모양을 만들었습니다. 직각삼각형 조각을 6개 사용했다면 정사각형 조각은 몇 개 사용했는지 구해 보세요.

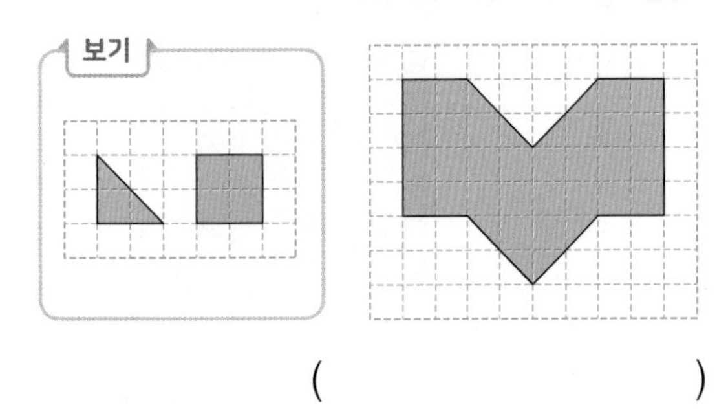

( )

AI가 뽑은 정답률 낮은 문제

17 주어진 5개의 점 중에서 2개의 점을 이용하여 그을 수 있는 반직선은 모두 몇 개인지 구해 보세요.

40쪽 유형 6

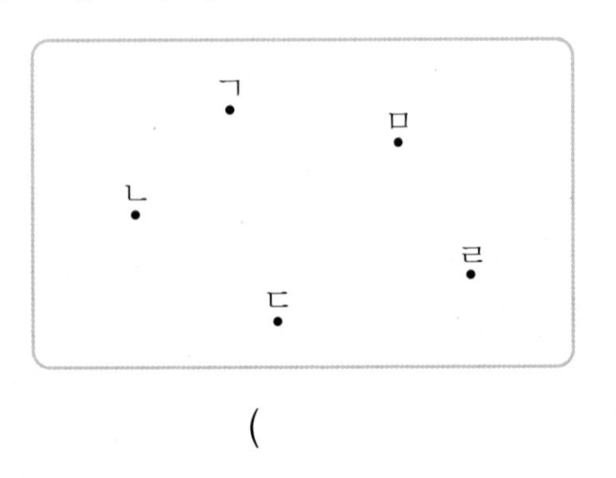

( )

18 직사각형 ㄱㄴㄷㄹ을 그림과 같이 접었을 때 만들어지는 사각형 ㄱㄴㅂㅁ은 정사각형입니다. 정사각형 ㄱㄴㅂㅁ의 네 변의 길이의 합이 직사각형 ㄱㄴㄷㄹ의 네 변의 길이의 합보다 10 cm 더 짧을 때, 선분 ㅁㄹ의 길이는 몇 cm인지 구해 보세요.

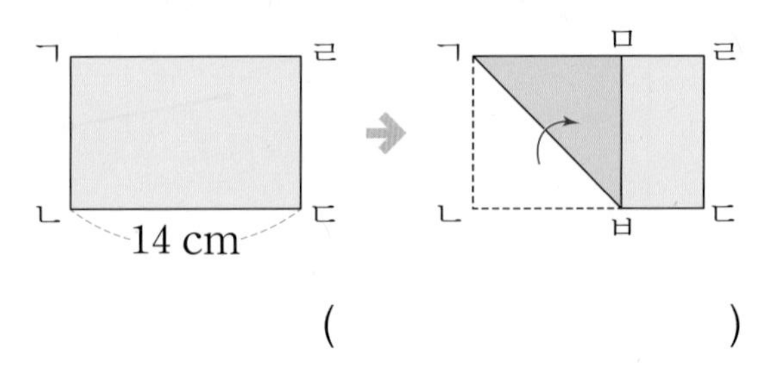

( )

AI가 뽑은 정답률 낮은 문제

19 철사를 겹치지 않게 사용하여 한 변의 길이가 10 cm인 정사각형을 만들었습니다. 이 철사를 모두 편 다음 겹치지 않게 남김없이 사용하여 긴 변의 길이가 짧은 변의 길이보다 4 cm 더 긴 직사각형 1개를 만들었습니다. 이 직사각형의 긴 변의 길이는 몇 cm인지 구해 보세요.

42쪽 유형 9

( )

AI가 뽑은 정답률 낮은 문제

20 도형에서 찾을 수 있는 크고 작은 직각삼각형은 모두 몇 개인지 구해 보세요.

43쪽 유형 11

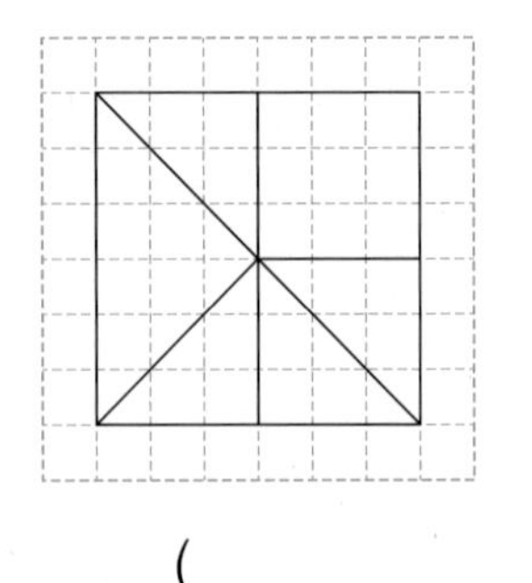

( )

38~43쪽에서 같은 유형의 문제를 더 풀 수 있어요.

01 선분 ㄹㅁ을 찾아 기호를 써 보세요.

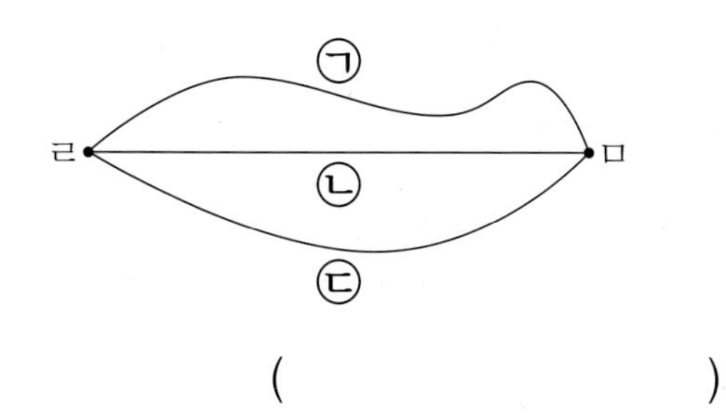

(   )

02 도형에서 직각을 모두 찾아 ⊾로 표시해 보세요.

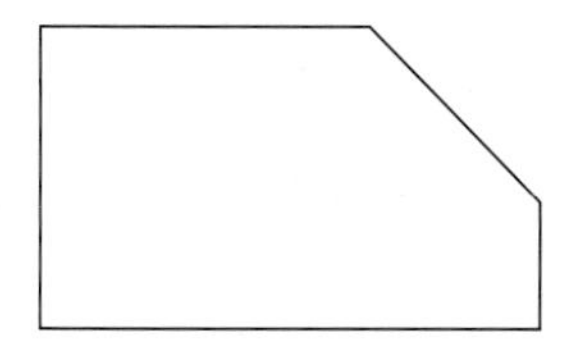

03 직선을 찾아 이름을 써 보세요.

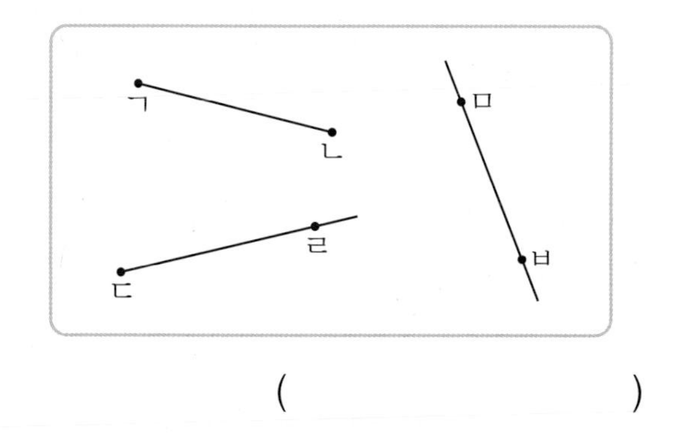

(   )

04 삼각자를 이용하여 그린 각입니다. 각의 꼭짓점과 변을 각각 써 보세요.

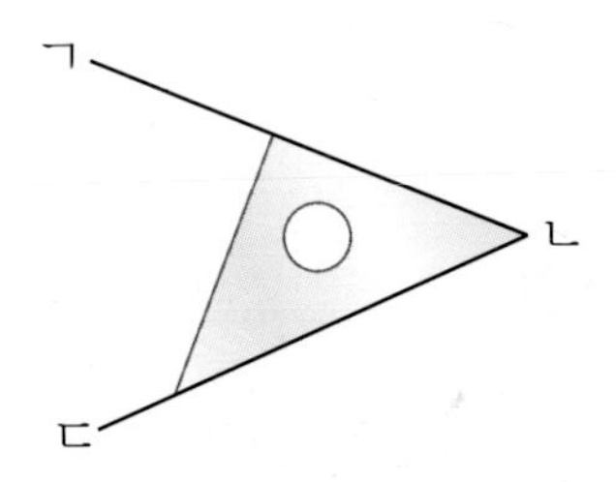

꼭짓점: 점 ☐

변: 변 ☐, 변 ☐

05~06 도형을 보고 물음에 답해 보세요.

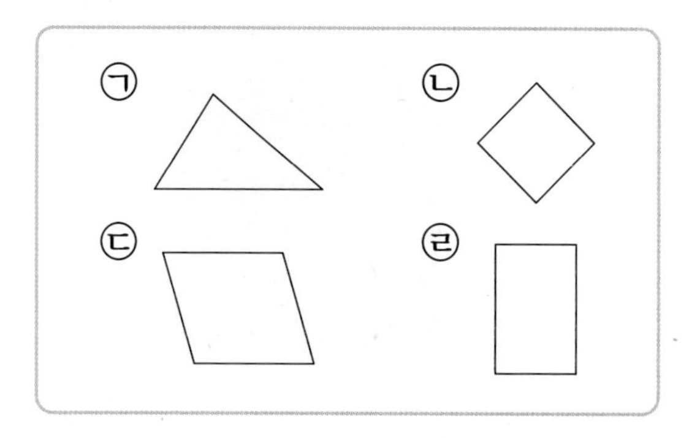

05 직사각형을 모두 찾아 기호를 써 보세요.

(   )

06 정사각형을 찾아 기호를 써 보세요.

(   )

07 도형에서 직각이 모두 몇 개인지 각각 써 보세요.

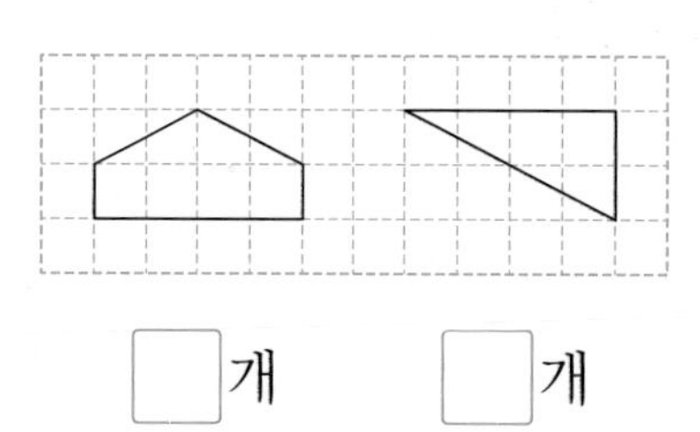

☐개   ☐개

08 세 점 중에서 점 ㅂ이 각의 꼭짓점이 되도록 각을 그리고, 각을 읽어 보세요.

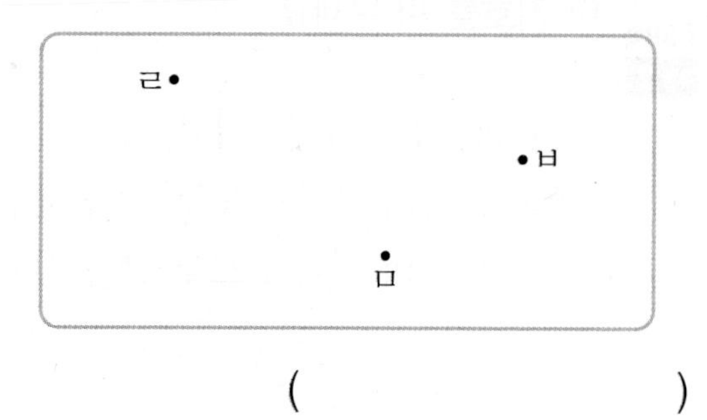

(   )

09 칠교판에서 찾을 수 있는 도형의 수를 각각 구하여 빈칸에 알맞은 수를 써넣으세요. (단, 여러 도형이 합쳐지는 경우는 생각하지 않습니다.)

도형	조각의 수(개)
직각삼각형	
직사각형	
정사각형	

10 선분 ㄱㄷ, 반직선 ㄴㅁ, 직선 ㄹㅂ을 각각 그어 보세요.

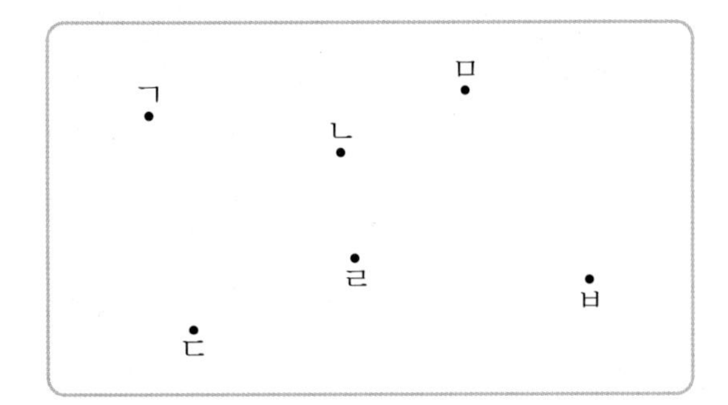

AI가 뽑은 정답률 낮은 문제

11 직사각형과 정사각형의 같은 점을 모두 찾아 기호를 써 보세요.

38쪽 유형 2

㉠ 꼭짓점이 4개입니다.
㉡ 네 각의 크기가 모두 같습니다.
㉢ 네 변의 길이가 모두 같습니다.

(　　　　　　　　　　)

12 직사각형의 네 변의 길이의 합은 몇 cm인지 구해 보세요.

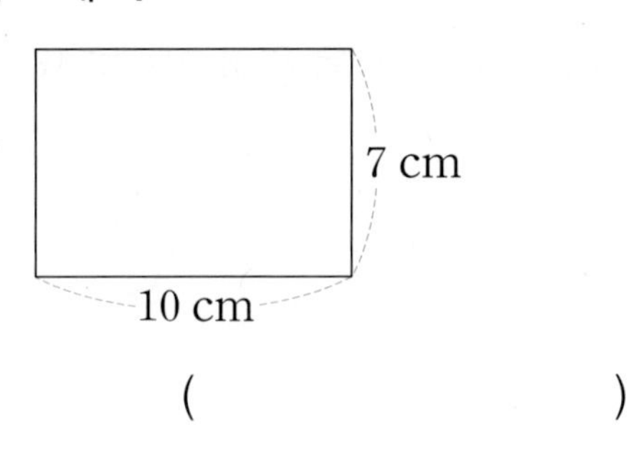

(　　　　　　　　　　)

13 점 종이에 그린 사각형의 꼭짓점을 1개 옮겨서 직사각형이 되도록 그려 보세요.

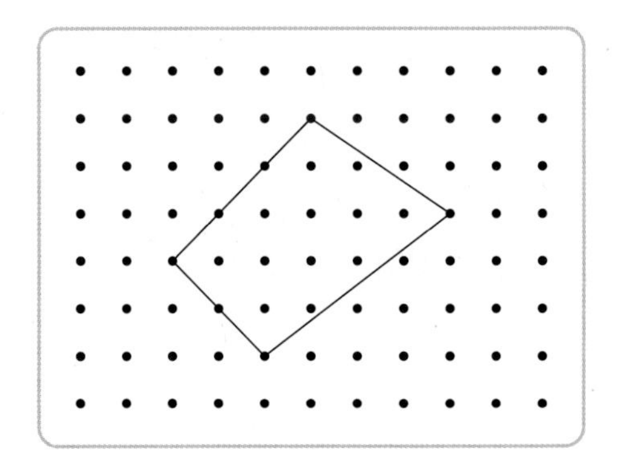

서술형

14 두 직각삼각형의 같은 점과 다른 점을 써 보세요.

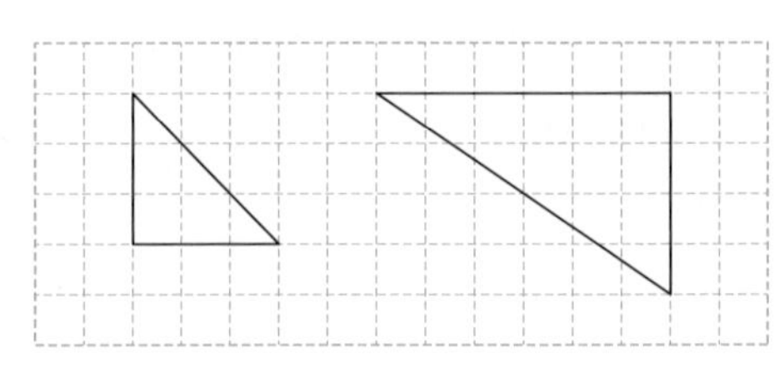

같은 점 ______________________________

____

다른 점 ______________________________

____

AI가 뽑은 정답률 낮은 문제

15 도형에서 찾을 수 있는 크고 작은 각은 모두 몇 개인지 구해 보세요.

40쪽 유형 5

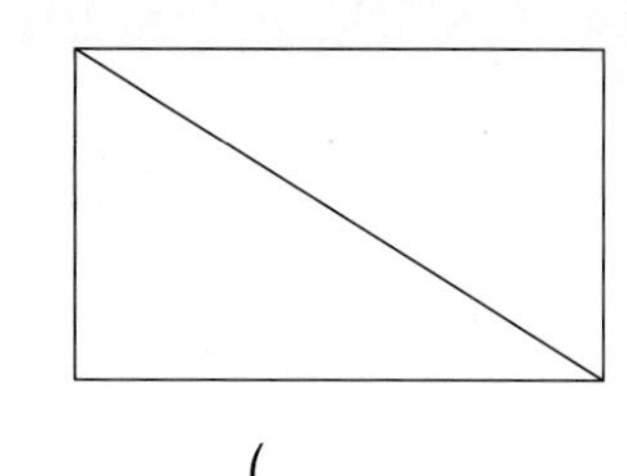

(   )

AI가 뽑은 정답률 낮은 문제

16 주어진 4개의 점 중에서 2개의 점을 이용하여 그을 수 있는 직선은 모두 몇 개인지 구해 보세요.

40쪽 유형 6

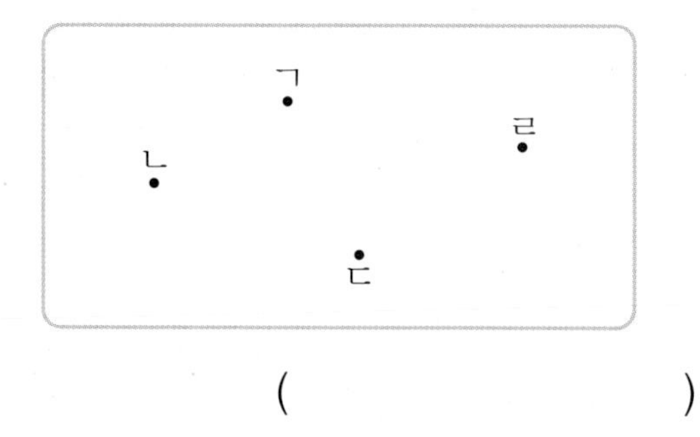

(   )

AI가 뽑은 정답률 낮은 문제

17 직사각형 안에 선분을 3개 그어서 직각삼각형 4개가 만들어지도록 나누어 보세요.

41쪽 유형 7

AI가 뽑은 정답률 낮은 문제

18 한 변의 길이가 8 cm인 정사각형 3개를 겹치지 않게 이어 붙여서 만든 도형입니다. 도형을 둘러싼 굵은 선의 길이는 몇 cm인지 구해 보세요.

42쪽 유형10

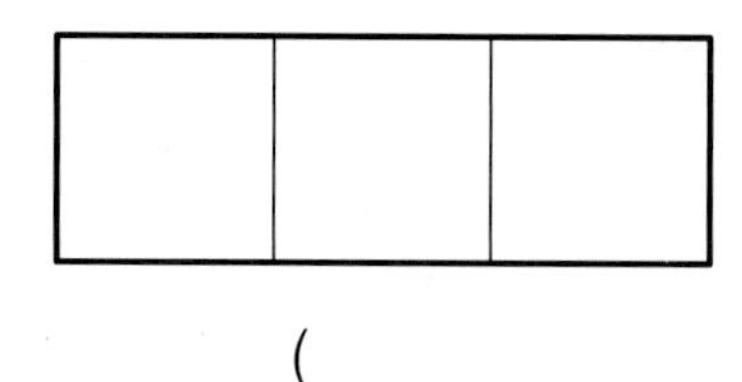

(   )

서술형

19 어느 정사각형의 마주 보는 두 변의 길이를 4 cm씩 늘이고, 다른 마주 보는 두 변의 길이를 4 cm씩 줄였더니 네 변의 길이의 합이 72 cm인 직사각형이 되었습니다. 만든 직사각형의 긴 변의 길이는 몇 cm인지 풀이 과정을 쓰고 답을 구해 보세요.

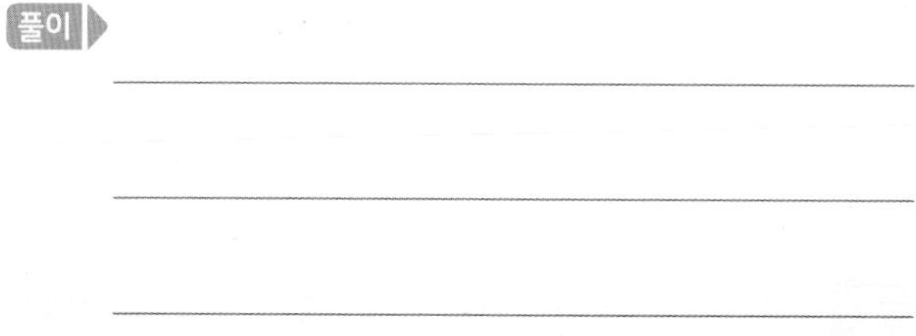

풀이 ______________________

____

____

답 ______________

20 직사각형 ㄱㄴㄷㄹ에서 색칠한 사각형은 모두 정사각형입니다. 선분 ㅌㅋ의 길이는 몇 cm인지 구해 보세요.

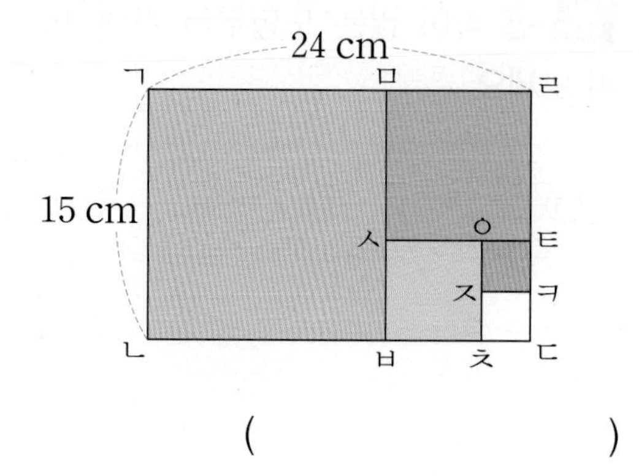

(   )

1회 14번 · 2회 10번 · 3회 8번

유형 1 각의 수 세기

두 도형의 각의 수의 합은 모두 몇 개인지 구해 보세요.

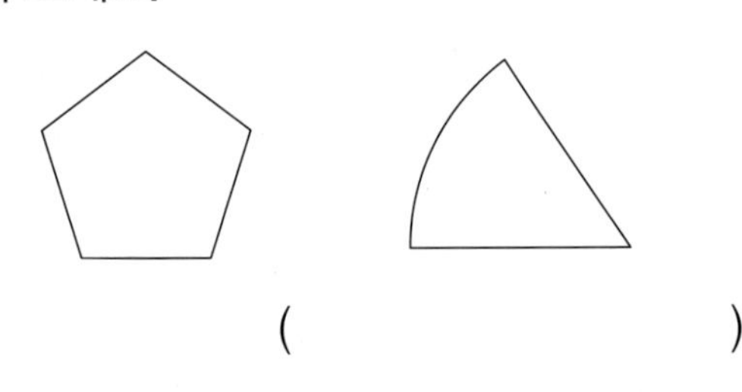

(   )

Tip 각은 두 반직선으로 이루어진 도형이므로 굽은 선이 없어야 하는 것에 주의해요.

1-1 두 도형의 각의 수의 합은 모두 몇 개인지 구해 보세요.

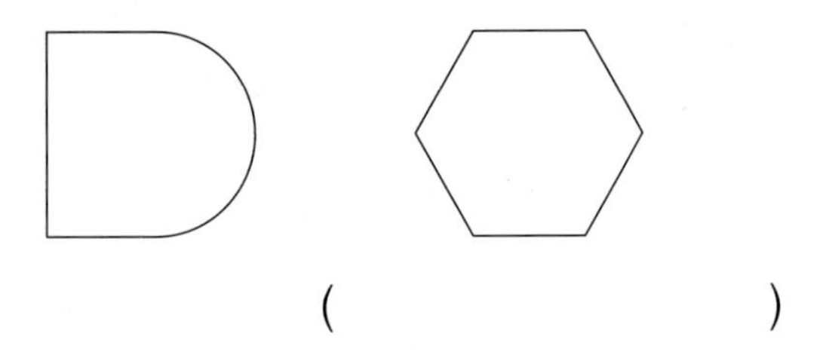

(   )

1-2 두 도형의 각의 수의 차는 몇 개인지 구해 보세요.

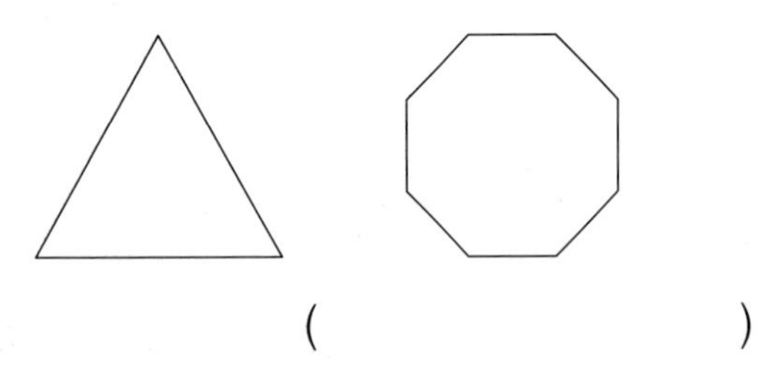

(   )

1-3 각이 많은 도형부터 차례대로 기호를 써 보세요.

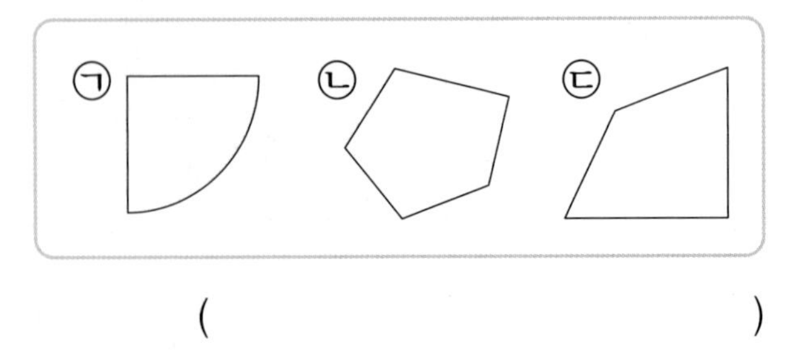

(   )

4회 11번

유형 2 직사각형과 정사각형 비교하기

설명이 틀린 것을 찾아 기호를 써 보세요.

㉠ 직사각형과 정사각형은 변의 수가 같습니다.
㉡ 직사각형과 정사각형은 네 각이 모두 직각입니다.
㉢ 직사각형과 정사각형은 네 변의 길이가 모두 같습니다.

(   )

Tip

	직사각형	정사각형
같은 점	• 꼭짓점, 변, 각이 각각 4개예요. • 네 각이 모두 직각이에요.	
다른 점	마주 보는 두 변의 길이가 같아요.	네 변의 길이가 모두 같아요.

2-1 설명이 옳은 것을 모두 찾아 기호를 써 보세요.

㉠ 직사각형은 네 각의 크기가 모두 같습니다.
㉡ 정사각형은 네 변의 길이가 모두 같습니다.
㉢ 직사각형은 정사각형이라고 말할 수 있습니다.

(   )

2-2 정사각형은 직사각형이라고 말할 수 있습니다. 그 이유를 써 보세요.

이유

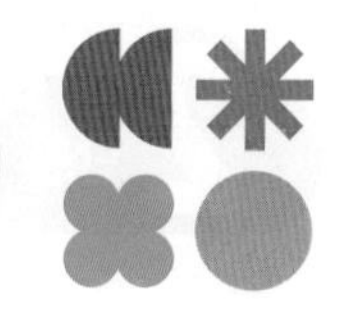

2회 13번 3회 13번

유형 3 색종이를 잘랐을 때 만들어지는 도형의 수 구하기

오른쪽 정사각형 모양의 색종이를 점선을 따라 자르면 직각삼각형은 모두 몇 개가 만들어지는지 구해 보세요.

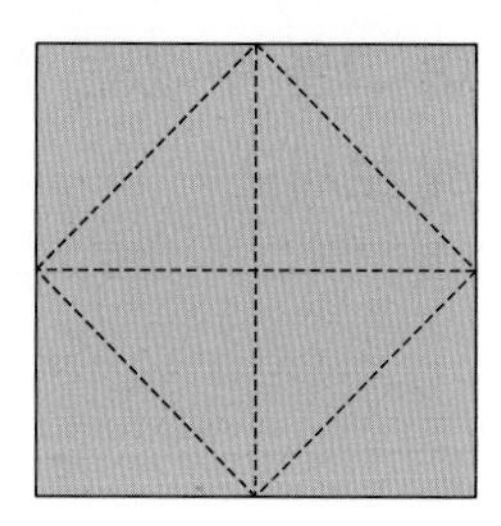

(　　　　　　　　)

Tip 점선을 따라 잘랐을 때 만들어지는 도형 중에서 한 각이 직각인 삼각형을 모두 찾아요.

3-1 오른쪽 정사각형 모양의 색종이를 점선을 따라 자르면 직사각형은 모두 몇 개가 만들어지는지 구해 보세요.

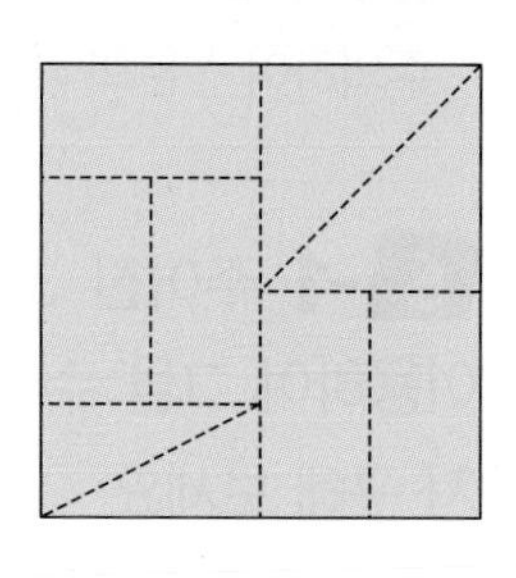

(　　　　　　　　)

3-2 오른쪽 정사각형 모양의 색종이를 점선을 따라 자르면 직각삼각형과 직사각형은 각각 몇 개가 만들어지는지 구해 보세요.

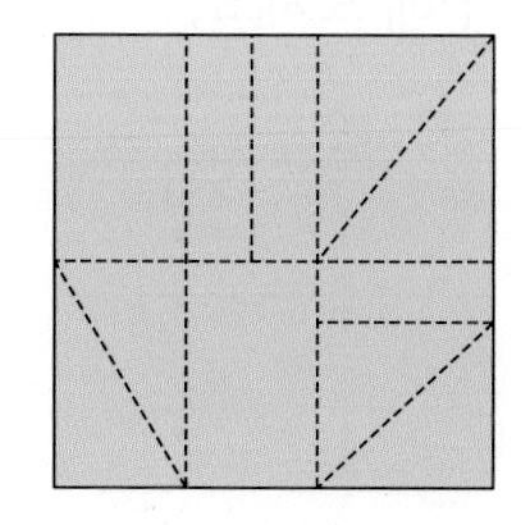

직각삼각형 (　　　　　　　　)

직사각형 (　　　　　　　　)

1회 16번

유형 4 직각의 수 구하기

오른쪽 도형에서 찾을 수 있는 직각은 모두 몇 개인지 구해 보세요.

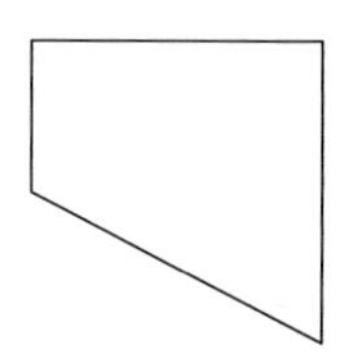

(　　　　　　　　)

Tip 종이를 반듯하게 두 번 접었을 때 생기는 각과 같은 각을 모두 찾아요.

4-1 직각삼각형 안에 여러 개의 직각삼각형을 그렸습니다. 오른쪽 도형에서 찾을 수 있는 직각은 모두 몇 개인지 구해 보세요.

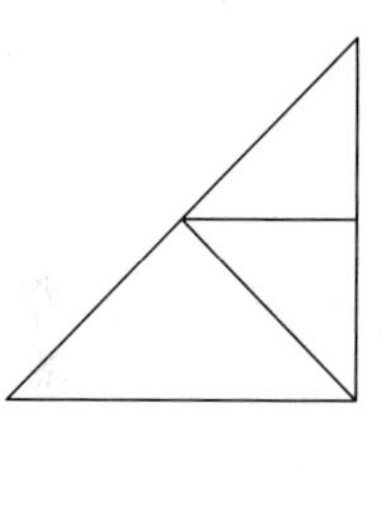

(　　　　　　　　)

4-2 직각삼각형 안에 여러 개의 직각삼각형을 그렸습니다. 도형에서 찾을 수 있는 직각은 모두 몇 개인지 구해 보세요.

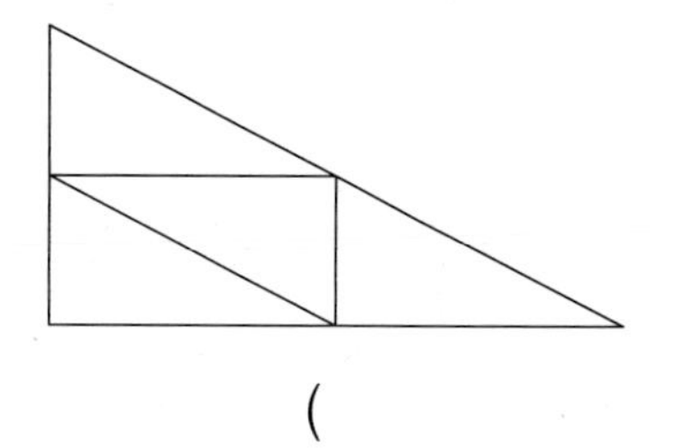

(　　　　　　　　)

4-3 정사각형 안에 여러 개의 직각삼각형을 그렸습니다. 도형에서 찾을 수 있는 직각은 모두 몇 개인지 구해 보세요.

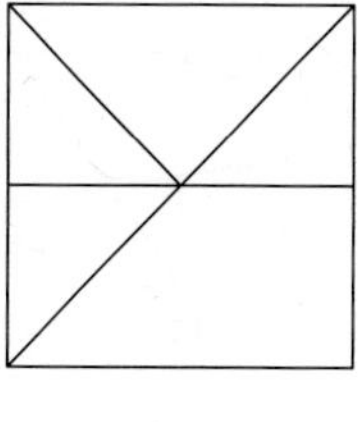

(　　　　　　　　)

4회 15번

유형 5 크고 작은 각의 수 구하기

오른쪽 도형에서 찾을 수 있는 크고 작은 각은 모두 몇 개인지 구해 보세요.

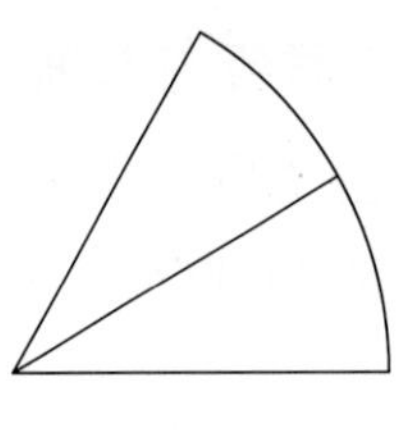

( )

Tip 각 1개짜리, 각 2개짜리로 이루어진 각의 수를 각각 구한 다음 더해요.

5-1 오른쪽 도형에서 찾을 수 있는 크고 작은 각은 모두 몇 개인지 구해 보세요.

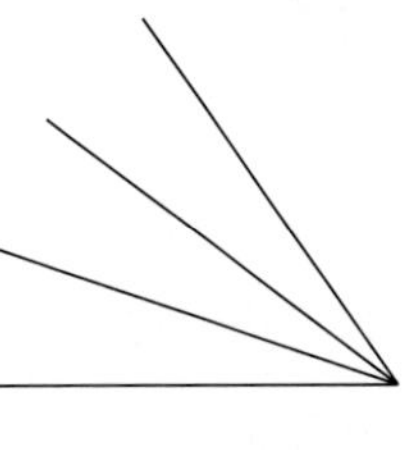

( )

5-2 도형에서 점 ㄴ을 꼭짓점으로 하는 크고 작은 각은 모두 몇 개인지 구해 보세요.

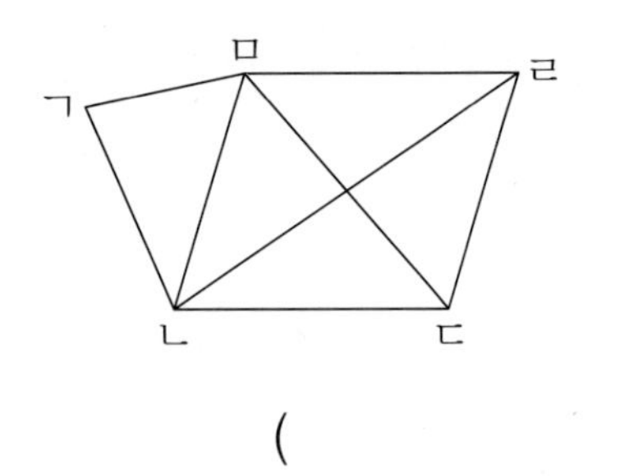

( )

5-3 도형에서 점 ㄷ과 점 ㅁ을 꼭짓점으로 하는 크고 작은 각은 모두 몇 개인지 구해 보세요.

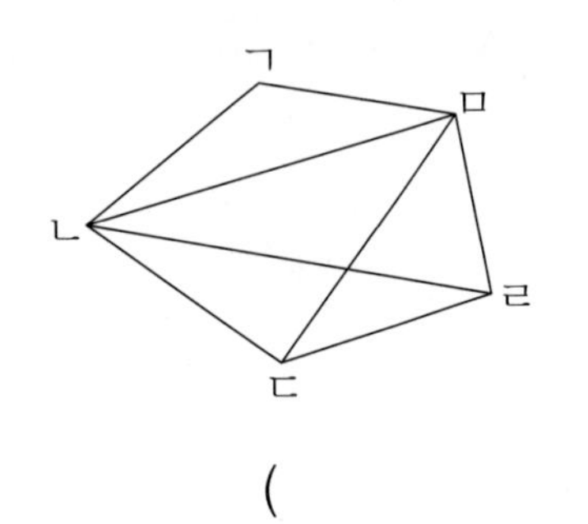

( )

3회 17번 4회 16번

유형 6 그을 수 있는 선의 수 구하기

주어진 4개의 점 중에서 2개의 점을 이용하여 그을 수 있는 선분은 모두 몇 개인지 구해 보세요.

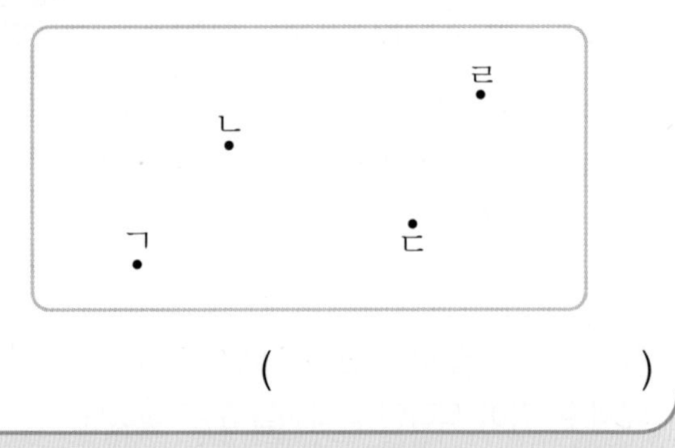

( )

Tip 선분 ㄱㄴ과 선분 ㄴㄱ은 같은 선분임에 주의하여 선분의 개수를 세어요.

6-1 주어진 3개의 점 중에서 2개의 점을 이용하여 그을 수 있는 반직선은 모두 몇 개인지 구해 보세요.

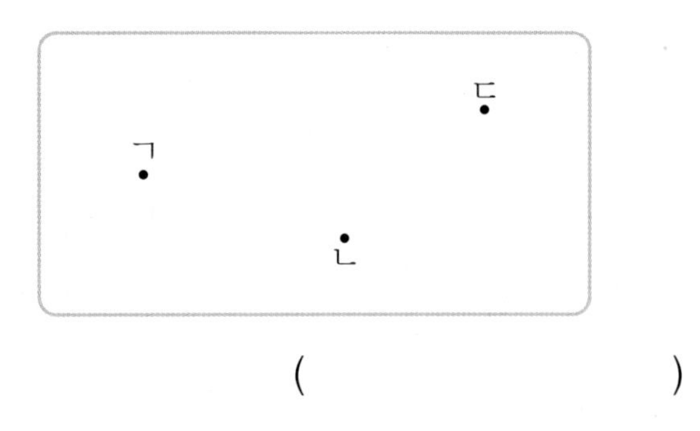

( )

6-2 주어진 5개의 점 중에서 2개의 점을 이용하여 그을 수 있는 직선은 모두 몇 개인지 구해 보세요.

ㄱ ㅁ ㄹ ㄴ ㄷ

( )

2회 16번 4회 17번

유형 7 선분을 그어 도형 만들기

직사각형 안에 선분을 1개 그어서 직사각형 1개와 정사각형 1개가 만들어지도록 나누어 보세요.

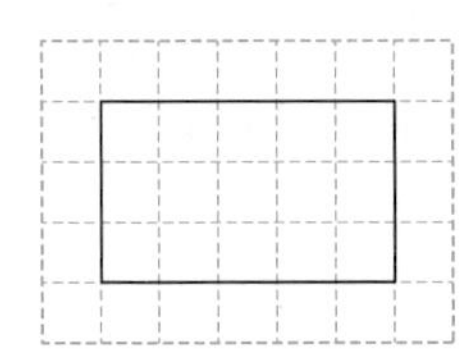

Tip 직사각형과 정사각형으로 나누어야 하므로 네 각이 모두 직각이 되도록 선분을 그어요.

7-1 직사각형 안에 선분을 3개 그어서 직사각형 6개가 만들어지도록 나누어 보세요.

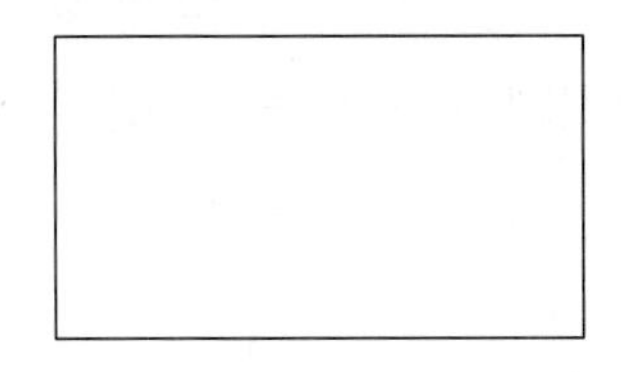

7-2 직각삼각형 안에 선분을 3개 그어서 직각삼각형 4개가 만들어지도록 나누어 보세요.

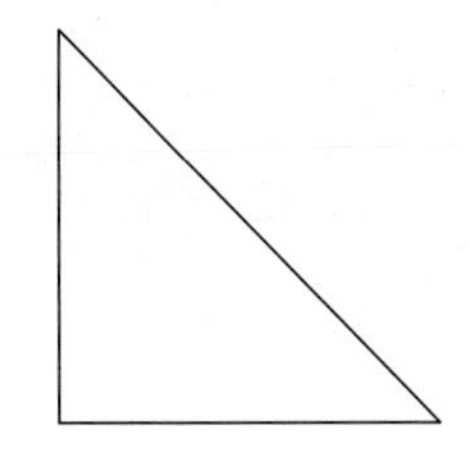

7-3 정사각형 안에 선분을 4개 그어서 직각삼각형 8개가 만들어지도록 나누어 보세요.

2회 18번

유형 8 잘라서 만들 수 있는 도형의 수 구하기

다음과 같은 직사각형 모양의 종이를 잘라서 한 변의 길이가 5 cm인 정사각형을 여러 개 만들려고 합니다. 정사각형은 몇 개까지 만들 수 있는지 구해 보세요.

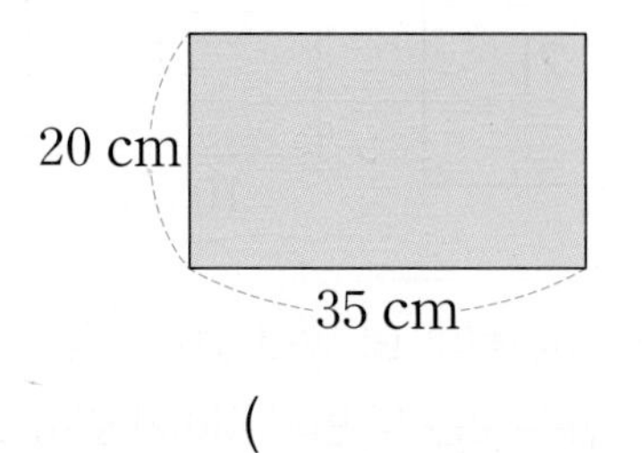

(　　　　　　　　)

Tip 먼저 가로 한 줄에 들어갈 수 있는 정사각형의 수와 세로 한 줄에 들어갈 수 있는 정사각형의 수를 구해요.

8-1 다음과 같은 직사각형 모양의 종이를 잘라서 한 변의 길이가 6 cm인 정사각형을 여러 개 만들려고 합니다. 정사각형은 몇 개까지 만들 수 있는지 구해 보세요.

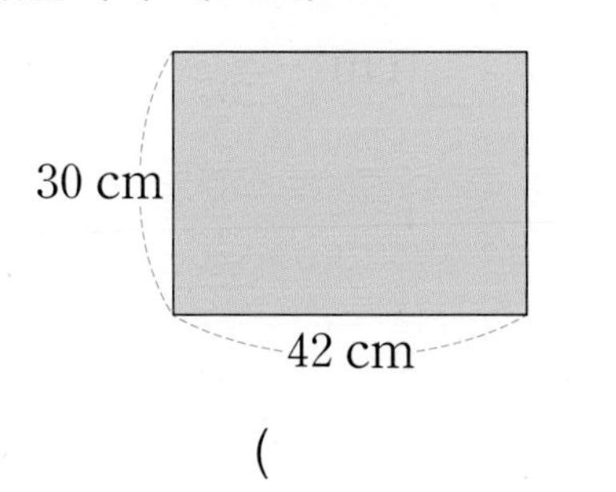

(　　　　　　　　)

8-2 오른쪽 정사각형 모양의 종이를 잘라서 가로가 9 cm, 세로가 6 cm인 직사각형을 여러 개 만들려고 합니다. 직사각형은 몇 개까지 만들 수 있는지 구해 보세요.

(　　　　　　　　)

1회 17번 3회 19번

유형 9 직사각형(정사각형)의 한 변의 길이 구하기

정사각형 가의 네 변의 길이의 합과 직사각형 나의 네 변의 길이의 합은 같습니다. □ 안에 알맞은 수를 써넣으세요.

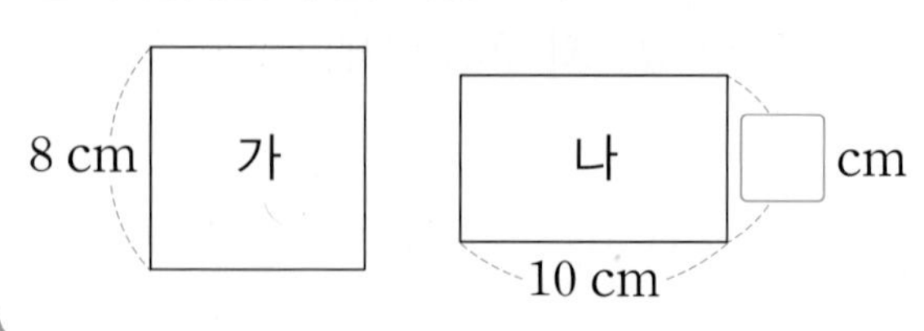

Tip 정사각형은 네 변의 길이가 모두 같고, 직사각형은 마주 보는 두 변의 길이가 같아요.

9-1 직사각형 가의 네 변의 길이의 합과 정사각형 나의 네 변의 길이의 합은 같습니다. □ 안에 알맞은 수를 써넣으세요.

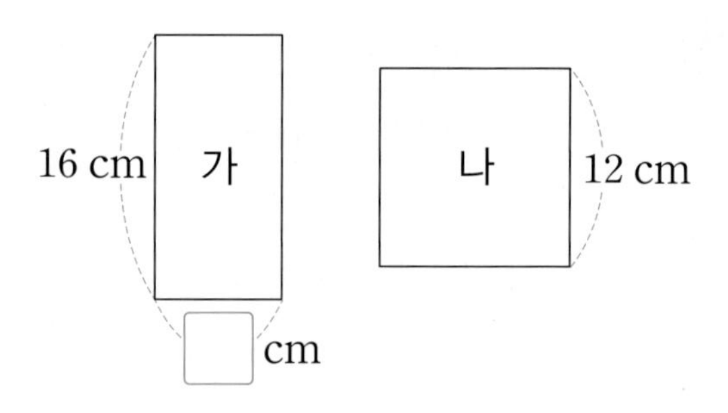

9-2 직사각형 가의 네 변의 길이의 합과 정사각형 나의 네 변의 길이의 합은 같습니다. □ 안에 알맞은 수를 써넣으세요.

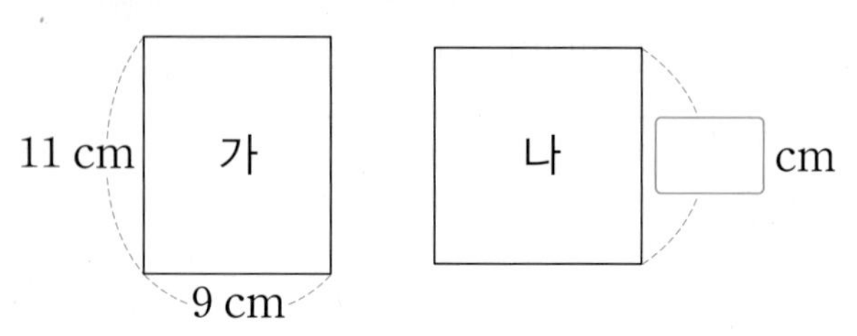

9-3 철사를 겹치지 않게 사용하여 한 변의 길이가 15 cm인 정사각형을 만들었습니다. 이 철사를 모두 편 다음 겹치지 않게 남김없이 사용하여 긴 변의 길이가 짧은 변의 길이보다 10 cm 더 긴 직사각형 1개를 만들었습니다. 이 직사각형의 긴 변의 길이는 몇 cm인지 구해 보세요.

(　　　　　　　　)

2회 19번 4회 18번

유형 10 도형을 둘러싼 굵은 선의 길이 구하기

정사각형 2개를 겹치지 않게 이어 붙여서 만든 도형입니다. 도형을 둘러싼 굵은 선의 길이는 몇 cm인지 구해 보세요.

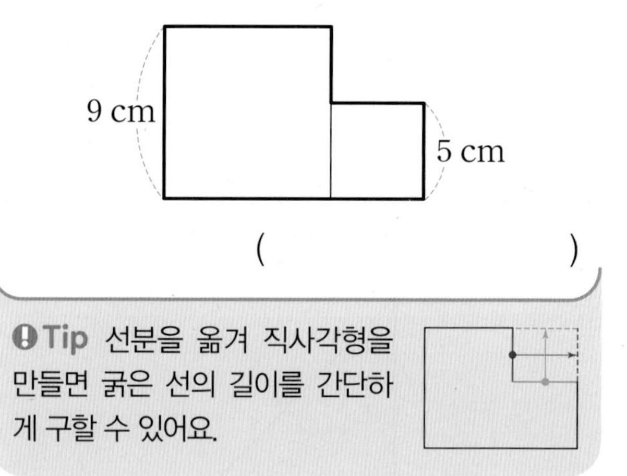

(　　　　　　　　)

Tip 선분을 옮겨 직사각형을 만들면 굵은 선의 길이를 간단하게 구할 수 있어요.

10-1 정사각형 2개를 겹치지 않게 이어 붙여서 만든 도형입니다. 도형을 둘러싼 굵은 선의 길이는 몇 cm인지 구해 보세요.

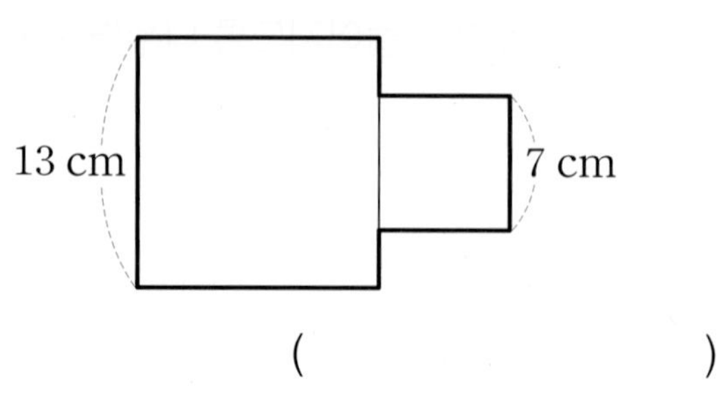

(　　　　　　　　)

10-2 똑같은 직사각형 2개를 겹치지 않게 이어 붙여서 만든 도형입니다. 도형을 둘러싼 굵은 선의 길이는 몇 cm인지 구해 보세요.

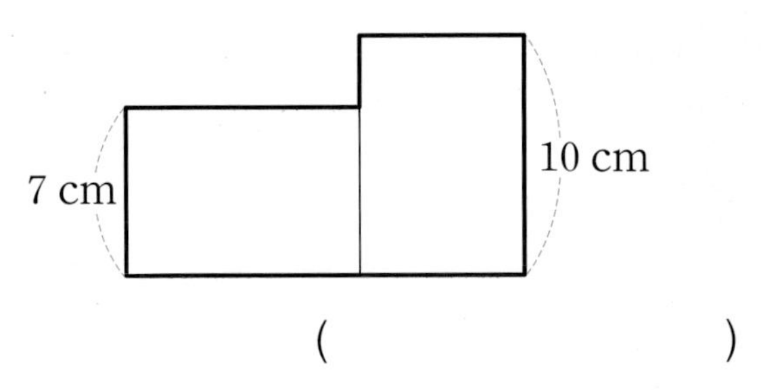

(　　　　　　　　)

10-3 정사각형과 직사각형을 겹치지 않게 이어 붙여서 만든 도형입니다. 도형을 둘러싼 굵은 선의 길이는 몇 cm인지 구해 보세요.

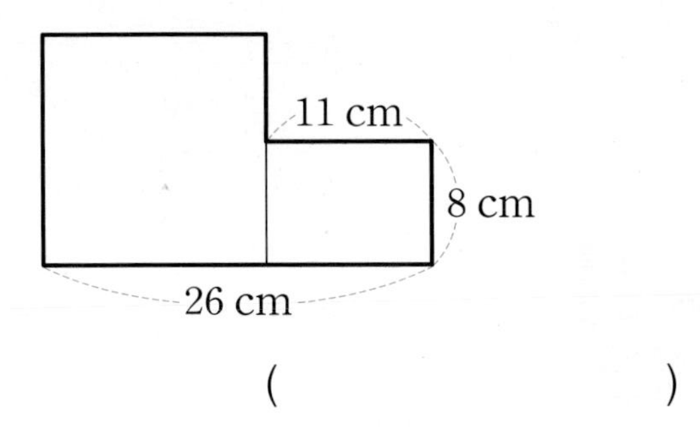

(　　　　　　　　)

1회 20번 3회 20번

유형 11 크고 작은 도형의 수 구하기

크기가 같은 정사각형 5개를 겹치지 않게 이어 붙여서 만든 도형입니다. 도형에서 찾을 수 있는 크고 작은 정사각형은 모두 몇 개인지 구해 보세요.

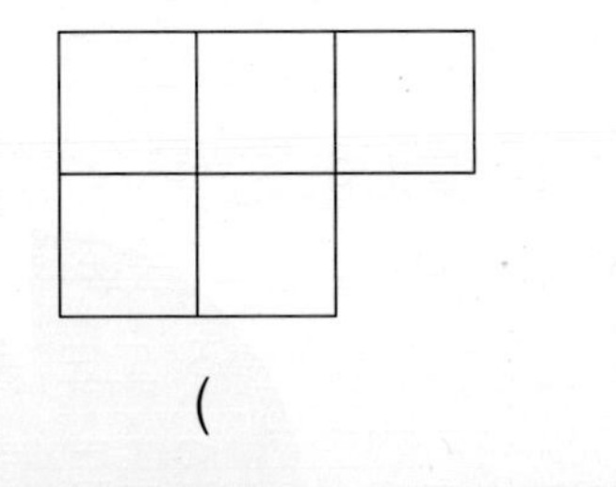

(　　　　　　　　)

Tip 정사각형 1개짜리, 정사각형 4개짜리로 이루어진 정사각형의 수를 각각 구한 다음 더해요.

11-1 크기가 같은 정사각형 7개를 겹치지 않게 이어 붙여서 만든 도형입니다. 도형에서 찾을 수 있는 크고 작은 정사각형은 모두 몇 개인지 구해 보세요.

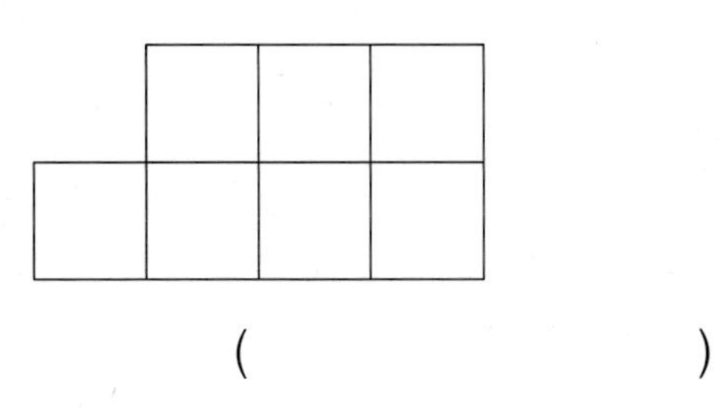

(　　　　　　　　)

11-2 크기가 같은 정사각형 9개를 겹치지 않게 이어 붙여서 만든 도형입니다. 도형에서 찾을 수 있는 크고 작은 정사각형은 모두 몇 개인지 구해 보세요.

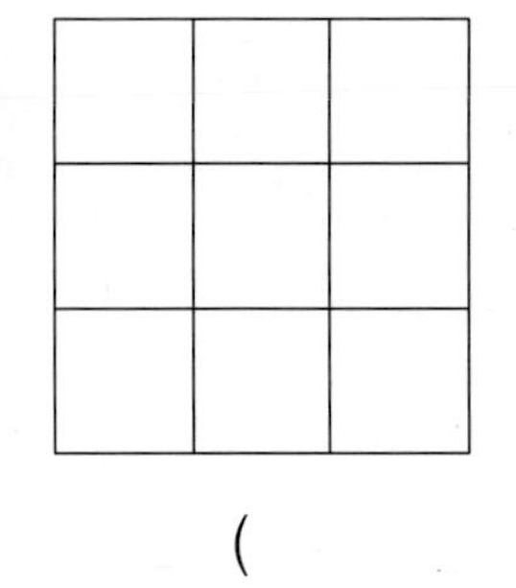

(　　　　　　　　)

11-3 크기가 같은 직각삼각형 4개를 겹치지 않게 이어 붙여서 만든 도형입니다. 도형에서 찾을 수 있는 크고 작은 직각삼각형은 모두 몇 개인지 구해 보세요.

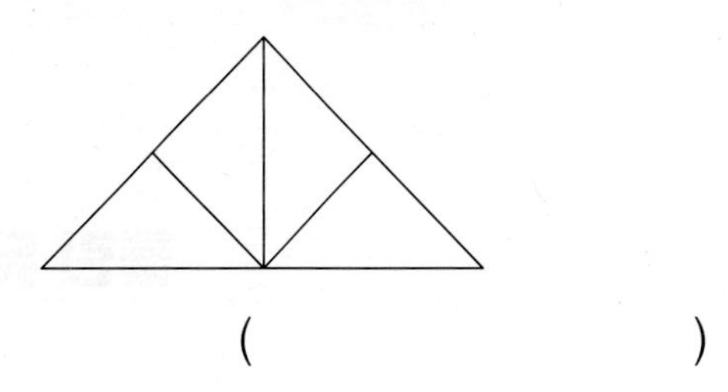

(　　　　　　　　)

나눗셈

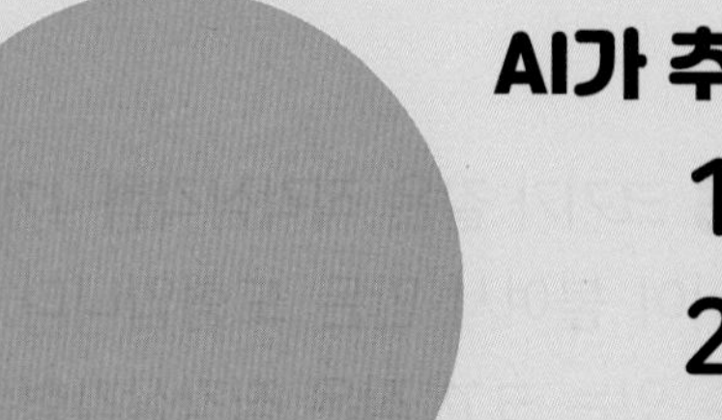

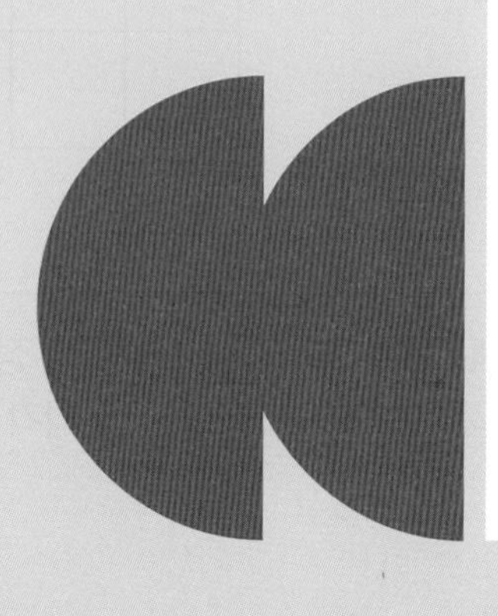

개념정리 3단원 나눗셈

개념 1 똑같이 나누기 (1)

◆딸기 8개를 접시 2개에 똑같이 나누기

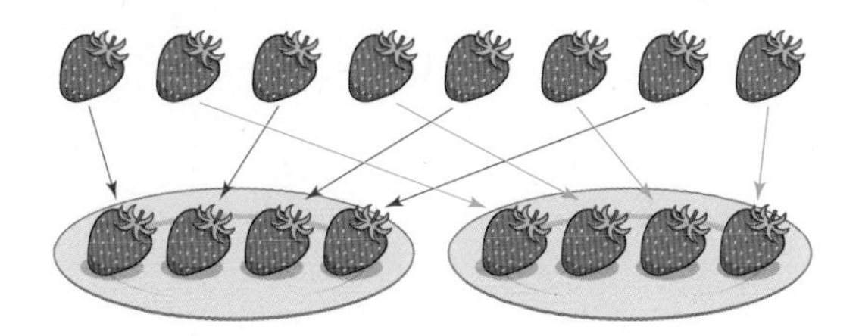

딸기 8개를 접시 2개에 똑같이 나누면 한 접시에 4개씩 놓을 수 있습니다.

나눗셈식 $8 \div 2 = \square$

읽기 8 나누기 2는 4와 같습니다.

$8 \div 2 = 4$

나누는 수: 2, 나누어지는 수: 8, 몫: 4

개념 2 똑같이 나누기 (2)

◆딸기 8개를 한 명에게 2개씩 나누어 주기

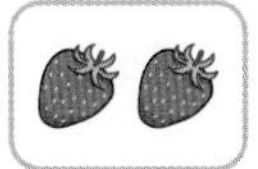  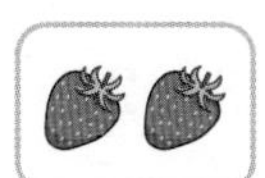 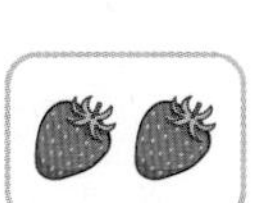

딸기 8개를 2개씩 묶으면 4묶음이 되므로 4명에게 나누어 줄 수 있습니다.

나눗셈식 $8 \div 2 = \square$

뺄셈식 $8-2-2-2-2=0$ (4번)

• 뺄셈식을 나눗셈식으로 나타내기

$■ - ▲ - ▲ \cdots\cdots - ▲ = 0$ (●번)

→ $■ \div ▲ = ●$ • 0이 될 때까지 뺀 횟수

개념 3 곱셈과 나눗셈의 관계

◆곱셈식을 나눗셈식으로 나타내기

$4 \times 7 = 28$ → $28 \div 4 = 7$, $28 \div 7 = 4$

◆나눗셈식을 곱셈식으로 나타내기

$28 \div 4 = 7$ → $4 \times 7 = 28$, $7 \times 4 = \square$

개념 4 나눗셈의 몫을 곱셈식으로 구하기

◆18÷3의 몫 구하기

나눗셈식 $18 \div 3 = ■$에서 몫 ■는 곱셈식 $3 \times 6 = 18$을 이용하여 구할 수 있습니다.

$18 \div 3 = \square$

↑

$3 \times 6 = 18$

→ 18÷3의 몫은 6입니다.

개념 5 나눗셈의 몫을 곱셈구구로 구하기

◆15÷5의 몫 구하기

×	2	3	4	5	6	7	8	9
2	4	6	8	10	12	14	16	18
3	6	9	12	15	18	21	24	27
4	8	12	16	20	24	28	32	36
5	10	15	20	25	30	35	40	45

5단 곱셈구구에서 15와 만나는 수를 찾으면 3이므로 15÷5의 몫은 $\square$입니다.

정답 ❶4 ❷4 ❸28 ❹6 ❺3

3 단원

점수

58~63쪽에서 같은 유형의 문제를 더 풀 수 있어요.

01~02 파인애플 12통을 바구니 3개에 똑같이 나누어 담으면 바구니 1개에 파인애플을 몇 통씩 담을 수 있는지 알아보려고 합니다. 물음에 답해 보세요.

01 바구니 1개에 파인애플을 몇 통씩 담을 수 있는지 바구니 위에 ○를 그려 보세요.

02 바구니 1개에 파인애플을 몇 통씩 담을 수 있는지 나눗셈식으로 나타내어 보세요.

$12 \div 3 = \square$

03 나눗셈식 $56 \div 8 = 7$을 읽으려고 합니다. □ 안에 알맞은 수를 써넣으세요.

56 나누기 □은 □과 같습니다.

04 나눗셈의 몫이 4인 것의 기호를 써 보세요.

㉠ $8 \div 4 = 2$　　㉡ $32 \div 8 = 4$

(　　　　　　)

05 나눗셈식 $20 \div 5 = 4$를 뺄셈식으로 바르게 나타낸 사람은 누구인지 이름을 써 보세요.

- 태준: $20 - 5 - 5 - 5 - 5 = 0$
- 소민: $20 - 4 - 4 - 4 - 4 - 4 = 0$

(　　　　　　)

06 곱셈식을 보고 나눗셈식으로 나타내려고 합니다. □ 안에 알맞은 수를 써넣으세요.

$7 \times 3 = 21$ → $21 \div 7 = \square$

07 나눗셈의 몫을 구해 보세요.

$28 \div 4$

(　　　　　　)

08 몫을 구하기 위해 8단 곱셈구구를 이용해야 하는 나눗셈은 어느 것인가요?

(　　　)

① $36 \div 4$　② $48 \div 6$　③ $40 \div 8$
④ $27 \div 9$　⑤ $8 \div 2$

09 나눗셈식을 곱셈식으로 나타내어 보세요.

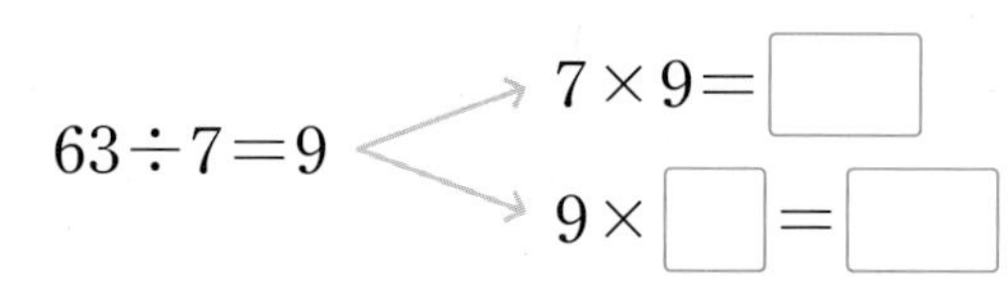

$63 \div 7 = 9$ → $7 \times 9 = \square$, $9 \times \square = \square$

10 몫의 크기를 비교하여 ◯ 안에 >, =, <를 알맞게 써넣으세요.

$64 \div 8$  $54 \div 9$

AI가 뽑은 정답률 낮은 문제

11 그림을 보고 곱셈식과 나눗셈식으로 나타내어 보세요.

59쪽 유형 3

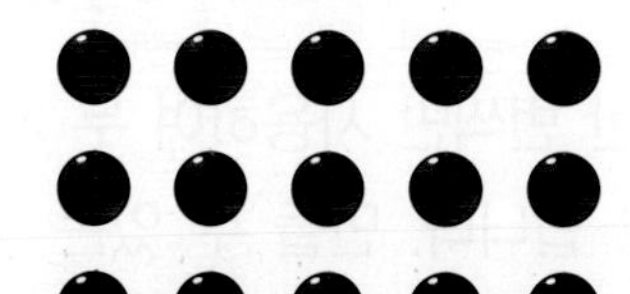

곱셈식

$5 \times \square = 15$, $3 \times \square = \square$

나눗셈식

$15 \div 5 = \square$, $15 \div \square = \square$

12 지우개 14개를 필통 7개에 똑같이 나누어 담으려고 합니다. 필통 한 개에 지우개를 몇 개씩 담으면 되는지 구해 보세요.

(　　　　　)

13 농구공 24개를 보관함 한 개에 6개씩 담으려고 합니다. 보관함은 몇 개 필요한지 구해 보세요.

식 $\square \div \square = \square$

답 ________

AI가 뽑은 정답률 낮은 문제 

14 몫이 6보다 큰 나눗셈을 모두 찾아 기호를 쓰려고 합니다. 풀이 과정을 쓰고 답을 구해 보세요.

59쪽 유형 4

㉠ $12 \div 4$　㉡ $14 \div 2$
㉢ $36 \div 6$　㉣ $45 \div 5$

풀이 ________

답 ________

15 빈칸에 알맞은 수를 써넣으세요.

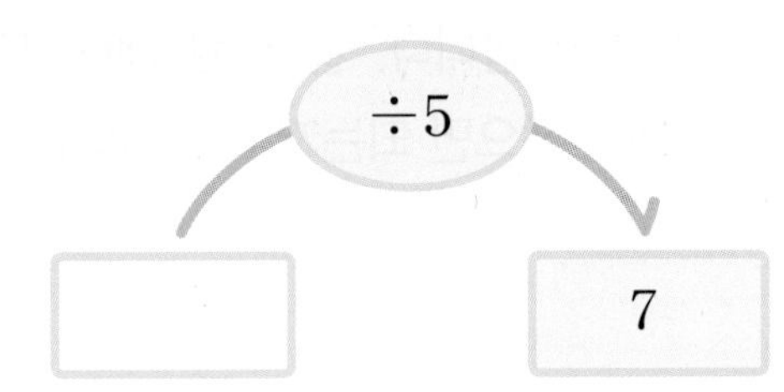

16 곱셈표의 일부분이 지워졌습니다. □ 안에 알맞은 수를 구해 보세요.

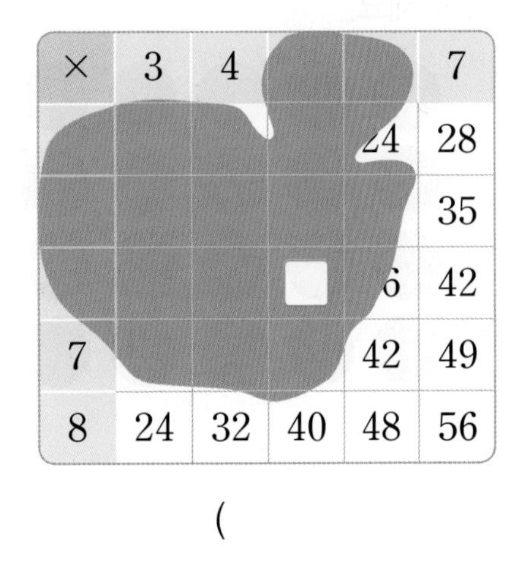

( )

서술형

17 혜미는 마트에서 딸기 우유 22개와 초코 우유 10개를 산 다음 4봉지에 똑같이 나누어 담았습니다. 한 봉지에 우유를 몇 개씩 담았는지 풀이 과정을 쓰고 답을 구해 보세요.

풀이

답

18 사탕 18개를 상자에 똑같이 나누어 담으려고 합니다. 상자의 수에 따라 담을 수 있는 사탕의 수를 각각 구해 보세요.

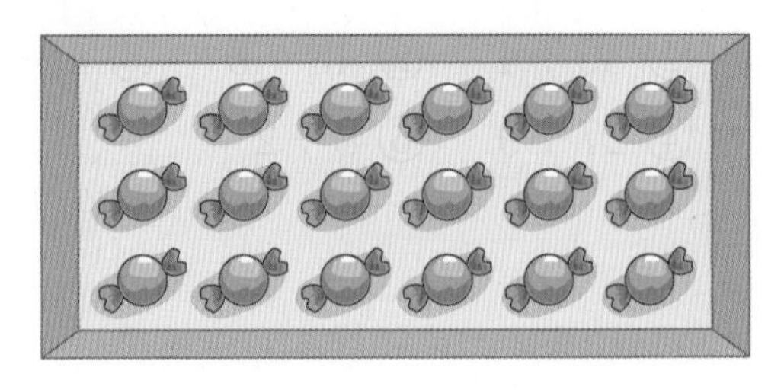

- 상자 3개에 담을 때: 한 상자에 □개
- 상자 9개에 담을 때: 한 상자에 □개

AI가 뽑은 정답률 낮은 문제

19 길이가 72 m인 길의 한쪽에 8 m 간격으로 나무를 심으려고 합니다. 길의 처음과 끝에도 나무를 심는다면 필요한 나무는 모두 몇 그루인지 구해 보세요. (단, 나무의 두께는 생각하지 않습니다.)

62쪽 유형10

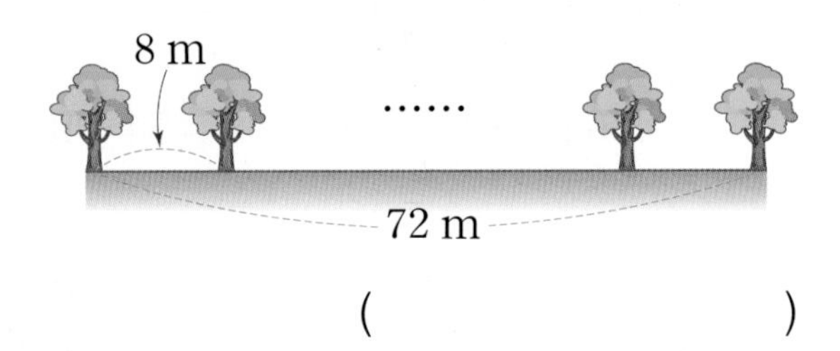

( )

AI가 뽑은 정답률 낮은 문제

20 수 카드 1, 5, 8 중에서 2장을 골라 한 번씩만 사용하여 두 자리 수를 만들려고 합니다. 만들 수 있는 수 중에서 9로 나누어지는 수를 모두 구해 보세요.

63쪽 유형11

( )

점수

58~63쪽에서 같은 유형의 문제를 더 풀 수 있어요.

01~02 장미 8송이를 한 명에게 2송이씩 나누어 주려고 합니다. 물음에 답해 보세요.

01 장미 8송이를 2송이씩 묶어 보세요.

02 장미 8송이를 한 명에게 2송이씩 나누어 주면 몇 명에게 나누어 줄 수 있는지 나눗셈식으로 나타내어 보세요.

$8 \div 2 = \square$

03 나눗셈식을 보고 몫에 ○표 해 보세요.

$72 \div 9 = 8$

9	8
(　　)	(　　)

04 나눗셈식을 읽어 보세요.

$48 \div 6 = 8$

(　　　　　　　　　　)

05 초콜릿 18개를 접시 3개에 똑같이 나누어 담았습니다. 그림을 보고 나눗셈의 몫을 곱셈식을 이용하여 구해 보세요.

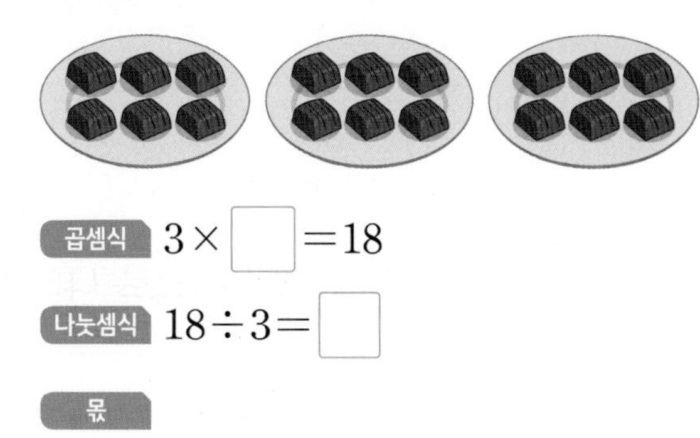

곱셈식 $3 \times \square = 18$

나눗셈식 $18 \div 3 = \square$

몫 ______________

AI가 뽑은 정답률 낮은 문제

06 나눗셈식 $15 \div 3 = 5$를 문장으로 나타낸 것입니다. □ 안에 알맞은 수를 써넣으세요.

58쪽 유형 1

사과 □개를 한 봉지에 □개씩 담으려면 □봉지가 필요합니다.

07 나눗셈식 $36 \div 9 = 4$를 곱셈식으로 바르게 나타낸 것을 모두 찾아 기호를 써 보세요.

㉠ $9 \times 4 = 36$
㉡ $4 \times 9 = 36$
㉢ $6 \times 6 = 36$

(　　　　　　　　　　)

08 빈칸에 알맞은 수를 써넣으세요.

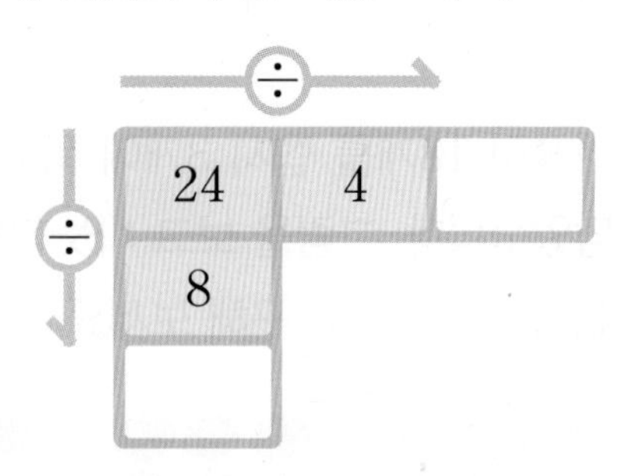

09 다음을 나눗셈식과 뺄셈식으로 나타내어 보세요.

28을 7씩 묶으면 4묶음이 됩니다.

나눗셈식

28÷□=□

뺄셈식

28−□−□−□−□=□

10 몫이 다른 하나를 찾아 기호를 써 보세요.

㉠ 54÷6　㉡ 35÷5　㉢ 63÷9

(　　　　　　　　)

11 가장 큰 수를 가장 작은 수로 나눈 몫을 구해 보세요.

7　　35　　56　　8

(　　　　　　　　)

AI가 뽑은 정답률 낮은 문제

12 귤이 16개 있습니다. 귤의 수를 곱셈식으로 나타내고, 곱셈식을 다시 나눗셈식 2개로 나타내어 보세요.

59쪽 유형 3

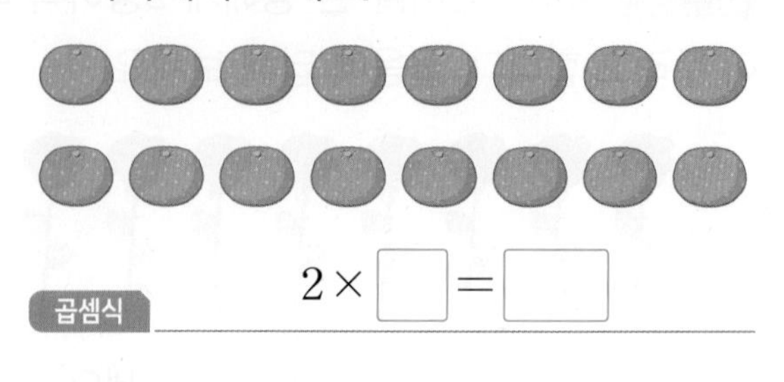

곱셈식 2×□=□

나눗셈식 ,

13 쿠키가 30개 있습니다. 접시 5개에 똑같이 나누어 담으면 한 접시에 쿠키는 몇 개씩 담을 수 있는지 구해 보세요.

(　　　　　　　　)

14 주어진 세 수를 이용하여 □ 안에 알맞은 수를 써넣으세요.

27　　3　　9

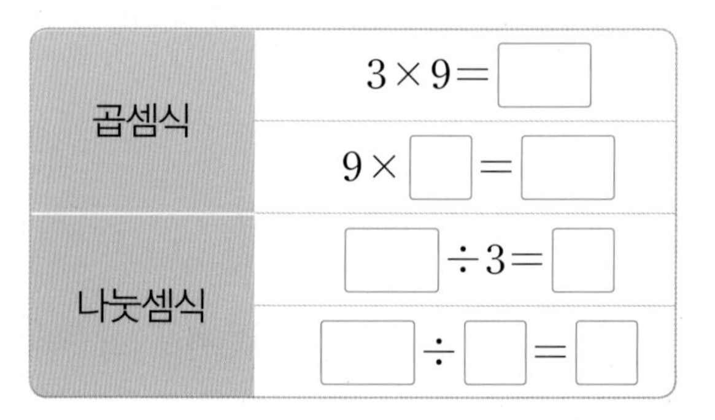

곱셈식	3×9=□
	9×□=□
나눗셈식	□÷3=□
	□÷□=□

AI가 뽑은 정답률 낮은 문제

15 배구공 15개를 똑같은 모양의 상자에 남김 없이 똑같이 나누어 담을 수 있는 상자의 기호를 써 보세요.

60쪽 유형 5

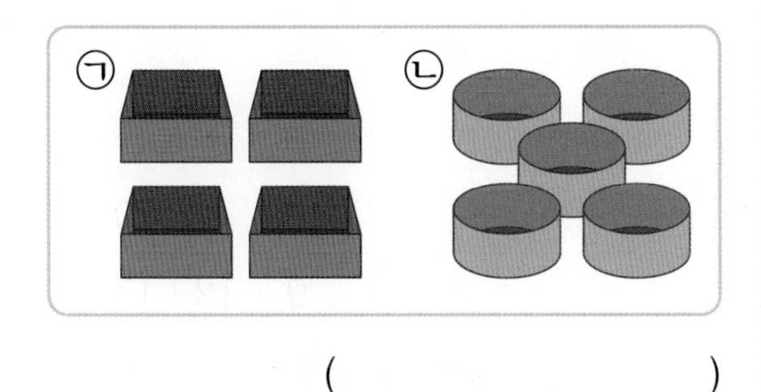

( )

서술형

16 길이가 32 cm인 끈을 모두 사용하여 정사각형을 1개 만들었습니다. 만든 정사각형의 한 변의 길이는 몇 cm인지 풀이 과정을 쓰고 답을 구해 보세요.

풀이

답

17 □ 안에 알맞은 수가 가장 큰 것을 찾아 기호를 써 보세요.

㉠ $49 \div 7 = \square$
㉡ $56 \div \square = 7$
㉢ $45 \div 5 = \square$

( )

18 전체 쪽수가 105쪽인 과학책을 33쪽까지 읽었습니다. 남은 과학책을 8일 동안 매일 같은 쪽수씩 읽어서 모두 읽으려면 하루에 몇 쪽씩 읽어야 하는지 구해 보세요.

( )

AI가 뽑은 정답률 낮은 문제

19 나눗셈식에서 몫이 될 수 있는 수를 모두 구해 보세요. (단, 몫은 한 자리 수입니다.)

61쪽 유형 8

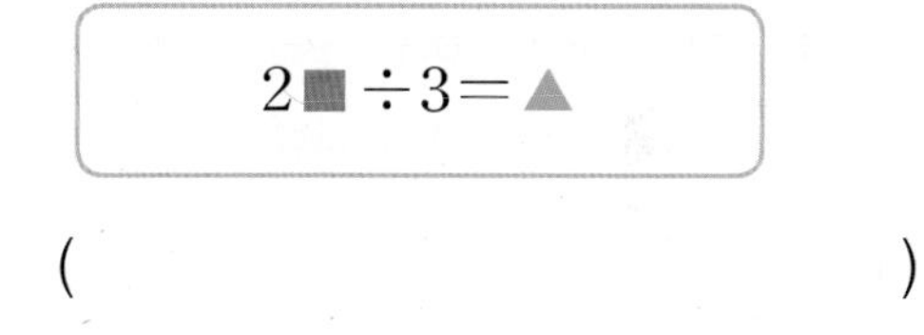

( )

20 목장에 있는 닭 7마리와 소의 다리 수를 세어 보았더니 모두 34개였습니다. 소는 몇 마리인지 풀이 과정을 쓰고 답을 구해 보세요.

풀이

답

점수

58~63쪽에서 같은 유형의 문제를 더 풀 수 있어요.

01 다음을 나눗셈식으로 나타내어 보세요.

8 나누기 2는 4와 같습니다.

02~03 그림을 보고 물음에 답해 보세요.

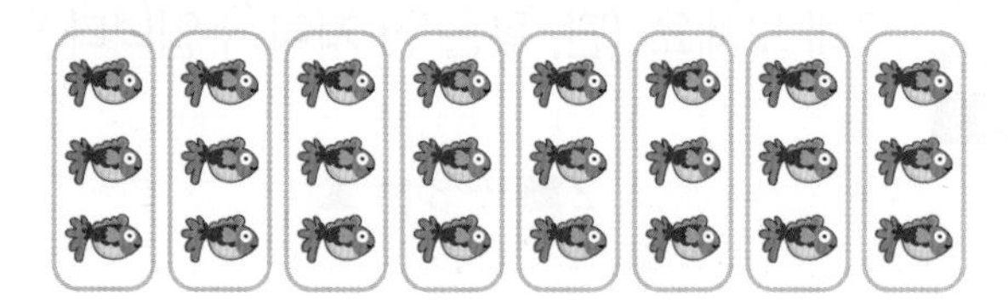

02 물고기는 몇 묶음인지 나눗셈식으로 나타내어 보세요.

$24 \div \square = \square$

03 02에서 나타낸 나눗셈식을 곱셈식으로 나타내어 보세요.

$3 \times \square = \square$

$\square \times \square = \square$

04 뺄셈식을 나눗셈식으로 나타내려고 합니다. □ 안에 알맞은 수를 써넣으세요.

$35-7-7-7-7-7=0$

$\square \div \square = \square$

05 곱셈표를 이용하여 $25 \div 5$의 몫을 구해 보세요.

×	2	3	4	5
2	4	6	8	10
3	6	9	12	15
4	8	12	16	20
5	10	15	20	25

(　　　　　　)

06 '30 나누기 6은 5와 같습니다.'에 대한 설명으로 옳지 않은 것을 찾아 기호를 써 보세요.

㉠ 나눗셈식으로 나타내면 $30 \div 6 = 5$입니다.
㉡ 6은 30을 5로 나눈 몫입니다.
㉢ 나누는 수는 6입니다.

(　　　　　　)

AI가 뽑은 정답률 낮은 문제

07 나눗셈의 몫을 구할 때 필요한 곱셈식을 찾아 선으로 이어 보세요.

58쪽 유형 2

$36 \div 6$	$3 \times 7 = 21$
$64 \div 8$	$6 \times 6 = 36$
$21 \div 3$	$8 \times 8 = 64$

08 곱셈식을 나눗셈식으로 나타내어 보세요.

$7 \times 2 = 14$ → $14 \div 7 = \square$, $14 \div 2 = \square$

09 나눗셈식으로 나타내었을 때 몫이 작은 것부터 차례대로 기호를 써 보세요.

㉠ 45에서 9를 5번 빼면 0이 됩니다.
㉡ 42에서 6을 7번 빼면 0이 됩니다.
㉢ 32에서 8을 4번 빼면 0이 됩니다.

(　　　　　　　　　)

10 그림을 보고 곱셈식으로 나타내고, 곱셈식을 다시 나눗셈식 2개로 나타내어 보세요.

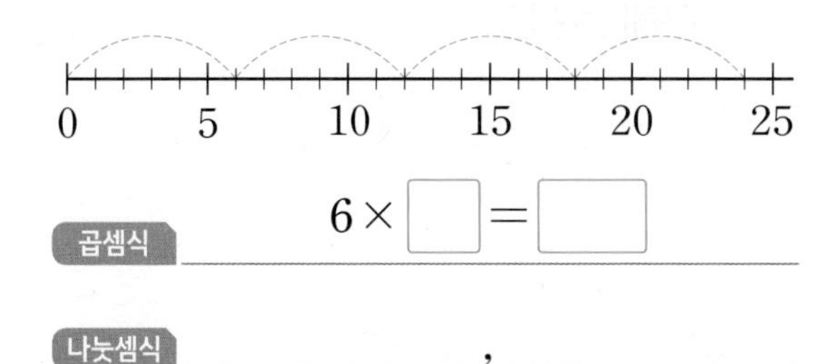

곱셈식 $6 \times \square = \square$

나눗셈식 ______ , ______

11 나눗셈의 몫을 곱셈식으로 구하려고 합니다. □ 안에 알맞은 수를 써넣으세요.

$2 \times 5 = 10$　　$5 \times 6 = 30$
$4 \times 9 = 36$　　$7 \times 8 = 56$

$30 \div 5 = \square$　　$36 \div 4 = \square$
$10 \div 2 = \square$　　$56 \div 7 = \square$

12 빈칸에 알맞은 수를 써넣으세요.

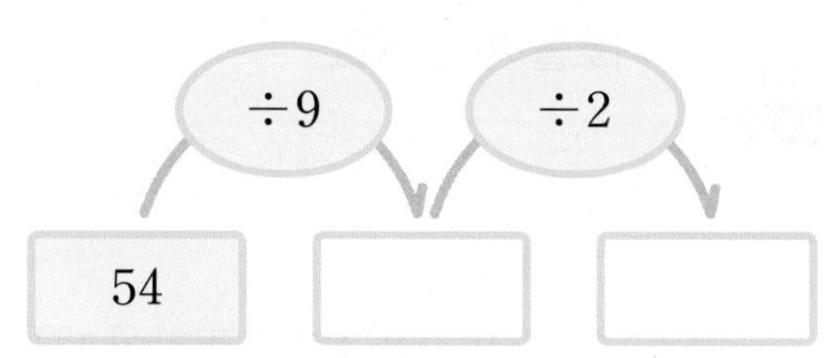

서술형

13 공깃돌 18개를 한 명에게 6개씩 나누어 주면 몇 명에게 나누어 줄 수 있는지 두 가지 방법으로 구해 보세요.

방법 1 뺄셈식으로 구하기

방법 2 나눗셈식으로 구하기

AI가 뽑은 정답률 낮은 문제

14 어떤 수를 7로 나누었더니 몫이 6이 되었습니다. 어떤 수는 얼마인지 구해 보세요.

60쪽 유형 6

(　　　　　　　　　)

3 단원

AI가 뽑은 정답률 낮은 문제

15 남김없이 똑같이 나누어 가지는 경우를 찾아 기호를 써 보세요.

60쪽 유형 5

㉠ 가위 20개를 3명이 똑같이 나누어 가지는 경우
㉡ 딱지 16장을 4명이 똑같이 나누어 가지는 경우
㉢ 수첩 24권을 5명이 똑같이 나누어 가지는 경우

( )

16 연필 1타는 12자루입니다. 연필 2타를 학생 한 명에게 4자루씩 나누어 준다면 몇 명에게 나누어 줄 수 있는지 구해 보세요.

( )

17 수 카드 4, 6, 3, 2 중에서 한 장을 골라 □ 안에 써넣어 몫이 가장 큰 나눗셈식을 만들려고 합니다. □ 안에 알맞은 수를 써넣고, 몫을 구해 보세요.

$12 \div \square$

( )

서술형

18 □ 안에 알맞은 수는 얼마인지 풀이 과정을 쓰고 답을 구해 보세요.

$27 \div 3 = 81 \div \square$

풀이

답

19 남학생과 여학생으로 나누어 줄을 서 있습니다. 남학생 36명은 9줄로 똑같이 나누어 서 있고, 여학생 42명은 7줄로 똑같이 나누어 서 있습니다. 남학생과 여학생 중에서 한 줄에 서 있는 학생 수가 더 많은 쪽을 구해 보세요.

( )

AI가 뽑은 정답률 낮은 문제

20 다람쥐 3마리가 하루에 도토리 9개를 먹습니다. 모든 다람쥐가 매일 똑같은 수의 도토리를 먹는다면 다람쥐 8마리가 도토리 72개를 먹는 데 며칠이 걸리는지 구해 보세요.

63쪽 유형12

( )

점수

58~63쪽에서 같은 유형의 문제를 더 풀 수 있어요.

01~02 찰흙 20개를 한 봉지에 5개씩 담으면 몇 봉지에 담을 수 있는지 알아보려고 합니다. 물음에 답해 보세요.

01 5개씩 몇 번 덜어 낼 수 있는지 뺄셈식으로 알아보려고 합니다. □ 안에 알맞은 수를 써넣으세요.

$20-\square-\square-\square-\square=0$

➜ 5개씩 □번 덜어 낼 수 있습니다.

02 한 봉지에 5개씩 담으면 몇 봉지에 담을 수 있는지 나눗셈식으로 나타내어 보세요.

$20\div\square=\square$

03 나눗셈식을 보고 □ 안에 알맞은 수를 써넣으세요.

$72\div8=9$

□은/는 72를 □(으)로 나눈 몫입니다.

04 □ 안에 알맞은 수를 써넣어 나눗셈식을 완성해 보세요.

만두 36개를 접시 4개에 똑같이 나누어 담으면 한 접시에 9개씩 담을 수 있습니다.

$\square\div\square=\square$

05~06 나눗셈의 몫을 구해 보세요.

05 $10\div5$

(　　　　　　)

06 $27\div9$

(　　　　　　)

07 그림을 보고 곱셈식과 나눗셈식으로 나타내어 보세요.

$9\times\square=18$ → $18\div9=\square$, $18\div\square=\square$

3 단원

08 나눗셈의 몫의 차를 구해 보세요.

$28 \div 7$　　$25 \div 5$

(　　　　　　　)

AI가 뽑은 정답률 낮은 문제

09 몫이 가장 작은 것을 찾아 기호를 써 보세요.

59쪽 유형 4

㉠ $12 \div 3$　㉡ $48 \div 8$　㉢ $35 \div 7$

(　　　　　　　)

10 6으로 나눈 몫을 각각 구하여 빈칸에 써넣으세요.

÷	18	24	36	48
6				

11 몫이 같은 것끼리 선으로 이어 보세요.

$16 \div 4$　　　$35 \div 7$

$40 \div 8$　　　$64 \div 8$

$72 \div 9$　　　$36 \div 9$

12 공책 14권을 한 명에게 2권씩 나누어 주려고 합니다. 몇 명에게 나누어 줄 수 있는지 구해 보세요.

식

답

서술형

13 $56 \div 7$의 몫을 곱셈식을 이용하여 구하는 방법을 설명하고 몫을 구해 보세요.

답

14 어느 학교의 4학년 학생 수를 조사하여 나타낸 표입니다. 4학년 전체 학생을 한 모둠이 6명씩 되도록 나눈다면 몇 모둠이 되는지 구해 보세요.

반	1반	2반	3반
학생 수(명)	17	19	18

(　　　　　　　)

15 영호는 종이비행기를 4분 동안 12개 접을 수 있습니다. 영호가 같은 빠르기로 종이비행기를 접는다면 7분 동안 몇 개를 접을 수 있는지 구해 보세요.

(　　　　　　　　　)

AI가 뽑은 정답률 낮은 문제　서술형

16 도넛이 6개씩 4봉지 있습니다. 이 도넛을 한 명에게 8개씩 나누어 준다면 몇 명에게 나누어 줄 수 있는지 풀이 과정을 쓰고 답을 구해 보세요.

61쪽 유형 7

풀이

답

AI가 뽑은 정답률 낮은 문제

17 어떤 수를 4로 나누어야 할 것을 잘못하여 어떤 수에 4를 곱했더니 32가 되었습니다. 바르게 계산한 몫을 구해 보세요.

62쪽 유형 9

(　　　　　　　　　)

18 다음에서 ●가 나타내는 수를 구해 보세요.

- $63 \div ■ = 7$
- $45 \div ● = ■$

(　　　　　　　　　)

AI가 뽑은 정답률 낮은 문제

19 수 카드 1, 2, 4 중에서 2장을 골라 한 번씩만 사용하여 두 자리 수를 만들려고 합니다. 만들 수 있는 수 중에서 7로 나누어지는 수는 모두 몇 개인지 구해 보세요.

63쪽 유형 11

(　　　　　　　　　)

20 두 수의 합이 28이고, 큰 수를 작은 수로 나누면 몫이 3인 두 수가 있습니다. 두 수를 큰 수부터 차례대로 써 보세요.

(　　　　　,　　　　　)

2회 6번

유형 1 나눗셈식을 문장으로 나타내기

나눗셈식 $56 \div 7 = 8$을 문장으로 나타낸 것입니다. □ 안에 알맞은 수를 써넣으세요.

> 고구마 □개를 한 묶음에 □개씩 묶으면 □묶음이 됩니다.

Tip 나눗셈식을 문장으로 나타낼 때에는 나누는 수와 몫의 위치에 주의해야 해요.

1-1 나눗셈식 $30 \div 5 = 6$을 문장으로 나타낸 것입니다. ㉠과 ㉡에 알맞은 수는 각각 어느 것인가요? (　　　)

> 사탕 30개를 접시 ㉠개에 똑같이 나누어 놓으면 한 접시에 사탕을 ㉡개씩 놓을 수 있습니다.

① ㉠: 30, ㉡: 6　② ㉠: 30, ㉡: 5
③ ㉠: 6, ㉡: 5　④ ㉠: 5, ㉡: 6
⑤ ㉠: 5, ㉡: 30

1-2 나눗셈식 $27 \div 3 = 9$를 문장으로 나타내려고 합니다. □ 안에 알맞은 수를 써넣고, 문장을 완성해 보세요.

> 색연필 □자루를 필통 □개에 똑같이 나누어 넣으면 ____________
> ____________

3회 7번

유형 2 나눗셈의 몫을 구할 때 필요한 곱셈식 알기

$36 \div 9$의 몫을 구할 때 필요한 곱셈식의 기호를 써 보세요.

> ㉠ $6 \times 6 = 36$　㉡ $9 \times 4 = 36$

(　　　　　)

Tip 나눗셈의 몫을 구할 때에는 나누는 수의 단 곱셈구구가 필요해요.

2-1 $12 \div 3$의 몫을 구할 때 필요한 곱셈식을 찾아 ○표 해 보세요.

$2 \times 6 = 12$	$3 \times 4 = 12$	$3 \times 6 = 18$
(　　)	(　　)	(　　)

2-2 나눗셈의 몫을 구할 때 필요한 곱셈식을 찾아 선으로 이어 보세요.

$35 \div 5$	$2 \times 8 = 16$
$16 \div 2$	$5 \times 7 = 35$
$63 \div 7$	$7 \times 9 = 63$

2-3 곱셈식 $4 \times 8 = 32$로 몫을 구할 수 없는 나눗셈식을 찾아 기호를 써 보세요.

> ㉠ $32 \div 8 = 4$
> ㉡ $32 \div 4 = 8$
> ㉢ $8 \div 4 = 2$

(　　　　　)

1회 11번 2회 12번

유형 3 곱셈식과 나눗셈식으로 나타내기

그림을 보고 곱셈식과 나눗셈식으로 나타내어 보세요.

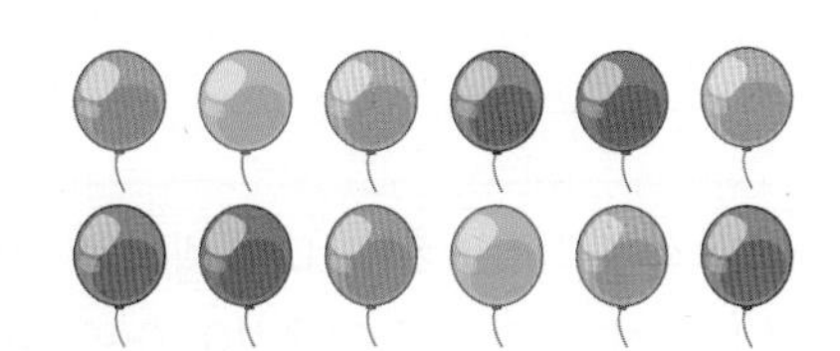

곱셈식

2 × ☐ = 12, 6 × ☐ = ☐

나눗셈식

12 ÷ ☐ = ☐, 12 ÷ ☐ = ☐

Tip ■ × ● = ▲ → ▲ ÷ ■ = ● ■ × ● = ▲ → ▲ ÷ ● = ■

3-1 그림을 보고 곱셈식과 나눗셈식으로 나타내어 보세요.

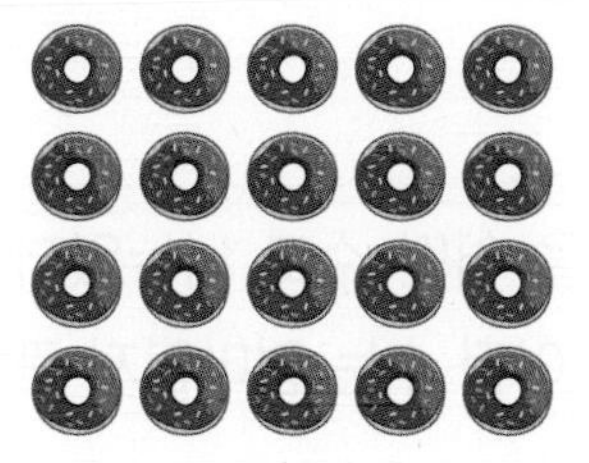

곱셈식 5 × ☐ = 20, 4 × ☐ = ☐

나눗셈식 20 ÷ ☐ = ☐, 20 ÷ ☐ = ☐

3-2 그림을 보고 곱셈식과 나눗셈식 2개로 각각 나타내어 보세요.

곱셈식 ______________ , ______________

나눗셈식 ______________ , ______________

1회 14번 4회 9번

유형 4 몫의 크기 비교하기

몫이 가장 작은 것을 찾아 기호를 써 보세요.

㉠ 28 ÷ 4 ㉡ 64 ÷ 8 ㉢ 20 ÷ 5

(   )

Tip 각각의 나눗셈의 몫을 구한 다음 크기를 비교해요.

4-1 몫이 가장 큰 것을 찾아 기호를 써 보세요.

㉠ 18 ÷ 2 ㉡ 25 ÷ 5 ㉢ 48 ÷ 6

(   )

4-2 몫의 크기를 비교하여 작은 것부터 차례대로 기호를 써 보세요.

㉠ 15 ÷ 5 ㉡ 24 ÷ 4 ㉢ 28 ÷ 7

(   )

4-3 몫이 5보다 큰 나눗셈을 모두 찾아 기호를 써 보세요.

㉠ 42 ÷ 7 ㉡ 14 ÷ 2
㉢ 16 ÷ 4 ㉣ 30 ÷ 6

(   )

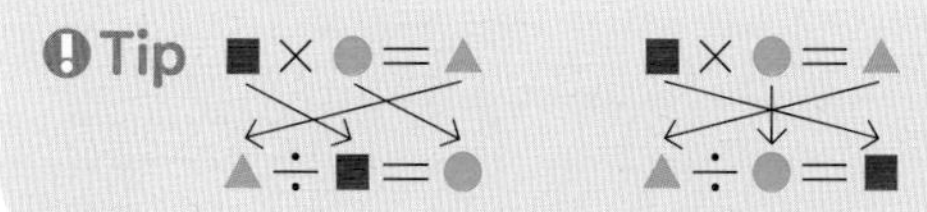

2회 15번 3회 15번

유형 5 남김없이 똑같이 나누어 가질 수 있는 경우 찾기

구슬 45개를 똑같은 모양의 병에 담을 때, 남김없이 똑같이 나누어 담을 수 있는 사람은 누구인지 이름을 써 보세요.

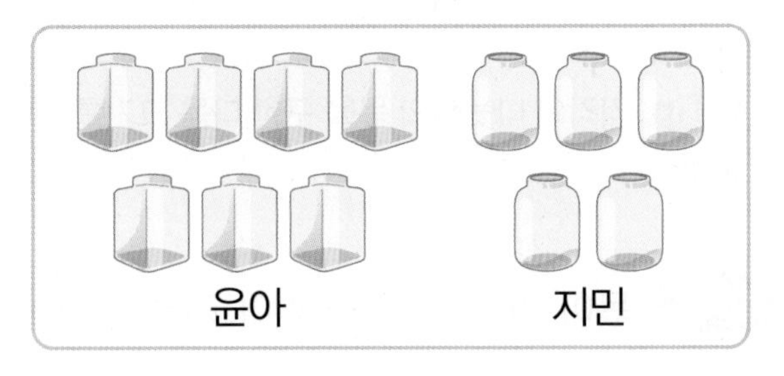

( )

Tip 남김없이 똑같이 나누어 담으려면 구슬 45개를 똑같이 나누어 묶을 수 있어야 해요.

5-1 인형 30개를 남김없이 똑같이 나누어 가질 수 있는 사람 수를 찾아 기호를 써 보세요.

㉠ 4명　　㉡ 6명　　㉢ 9명

( )

5-2 남김없이 똑같이 나누어 가지는 경우를 말한 사람은 누구인지 이름을 써 보세요.

- 희정: 초콜릿 40개를 8명이 똑같이 나누어 가질 거야.
- 주호: 귤 35개를 4명이 똑같이 나누어 가질 거야.

( )

3회 14번

유형 6 어떤 수 구하기

어떤 수를 5로 나누었더니 몫이 8이 되었습니다. 어떤 수는 얼마인지 구해 보세요.

( )

Tip 어떤 수를 □라 하고 나눗셈식을 만든 다음 곱셈과 나눗셈의 관계를 이용하여 어떤 수를 구해요.

6-1 어떤 수를 9로 나누었더니 몫이 2가 되었습니다. 어떤 수는 얼마인지 구해 보세요.

( )

6-2 56을 어떤 수로 나누었더니 몫이 7이 되었습니다. 어떤 수는 얼마인지 구해 보세요.

( )

6-3 어떤 수를 6으로 나누었더니 몫이 4가 되었습니다. 어떤 수를 8로 나눈 몫은 얼마인지 구해 보세요.

( )

🔗 4회 16번

유형 7 전체 수를 구하여 문제 해결하기

도토리가 6개씩 6줄 있습니다. 이 도토리를 한 명에게 4개씩 나누어 준다면 몇 명에게 나누어 줄 수 있는지 구해 보세요.

(　　　　　　　　)

Tip 먼저 도토리의 전체 개수를 곱셈식으로 구한 다음 알맞은 나눗셈식을 만들어 문제를 해결해요.

7-1 한 상자에 4통씩 들어 있는 멜론이 3상자 있습니다. 이 멜론을 바구니 2개에 똑같이 나누어 담는다면 바구니 한 개에 몇 통씩 담을 수 있는지 구해 보세요.

(　　　　　　　　)

7-2 한 줄에 8장씩 들어 있는 우표가 2줄 있습니다. 한 명에게 4장씩 나누어 준다면 몇 명에게 나누어 줄 수 있는지 구해 보세요.

(　　　　　　　　)

7-3 쌓기나무를 7개씩 6명에게 나누어 주려면 2개가 부족합니다. 이 쌓기나무를 한 층에 5개씩 쌓으면 몇 층이 되는지 구해 보세요.

(　　　　　　　　)

🔗 2회 19번

유형 8 몫이 될 수 있는 수 구하기

나눗셈식에서 몫이 될 수 있는 수를 모두 구해 보세요. (단, 몫은 한 자리 수입니다.)

$3■ \div 4 = ▲$

(　　　　　　　　)

Tip 나눗셈식을 곱셈식으로 나타내면 $4 \times ▲ = 3■$이고, 이를 만족하는 ▲와 ■를 구하여 몫이 될 수 있는 수를 모두 구해요.

8-1 나눗셈식에서 몫이 될 수 있는 수에 ○표 해 보세요. (단, 몫은 한 자리 수입니다.)

$2■ \div 6 = ▲$

(3 , 4 , 5 , 6)

8-2 나눗셈식의 일부분이 얼룩져 보이지 않습니다. 몫이 될 수 있는 수를 모두 구해 보세요. (단, 몫은 한 자리 수이고 1보다 큽니다.)

$\bullet 5 \div 5 = \bullet$

(　　　　　　　　)

8-3 나눗셈식에서 몫이 될 수 있는 모든 수의 합을 구해 보세요. (단, 몫은 한 자리 수입니다.)

$4■ \div 7 = ▲$

(　　　　　　　　)

3 단원

4회 17번

유형 9 바르게 계산한 몫 구하기

어떤 수를 6으로 나누어야 할 것을 잘못하여 3으로 나누었더니 몫이 4가 되었습니다. 바르게 계산한 몫을 구해 보세요.

( )

Tip 먼저 어떤 수를 구한 다음 바르게 계산한 몫을 구해요.

9-1 어떤 수를 8로 나누어야 할 것을 잘못하여 어떤 수에 5를 더했더니 45가 되었습니다. 바르게 계산한 몫을 구해 보세요.

( )

9-2 어떤 수를 6으로 나누어야 할 것을 잘못하여 4로 나누었더니 몫이 9가 되었습니다. 바르게 계산한 몫을 구해 보세요.

( )

9-3 어떤 수를 3으로 나누어야 할 것을 잘못하여 어떤 수에 3을 곱했더니 27이 되었습니다. 바르게 계산한 몫을 구해 보세요.

( )

1회 19번

유형 10 일정한 간격으로 물건 세우기

길이가 54 m인 도로의 한쪽에 9 m 간격으로 가로등을 세우려고 합니다. 도로의 처음과 끝에도 가로등을 세운다면 필요한 가로등은 모두 몇 개인지 구해 보세요. (단, 가로등의 두께는 생각하지 않습니다.)

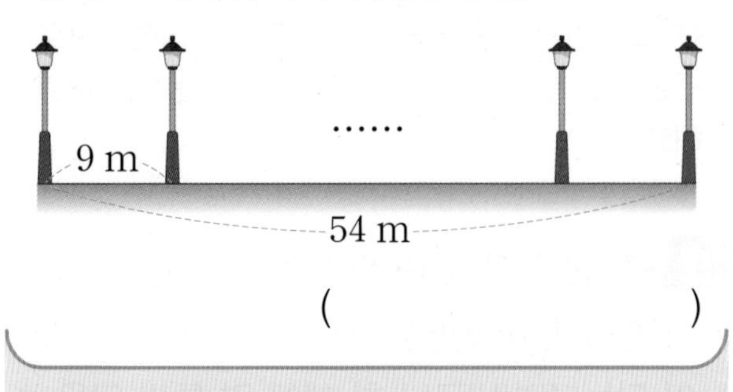

( )

Tip (필요한 가로등의 수)=(간격의 수)+1이에요.

10-1 길이가 30 m인 길의 한쪽에 6 m 간격으로 가로수를 심으려고 합니다. 길의 처음과 끝에도 가로수를 심는다면 필요한 가로수는 모두 몇 그루인지 구해 보세요. (단, 가로수의 두께는 생각하지 않습니다.)

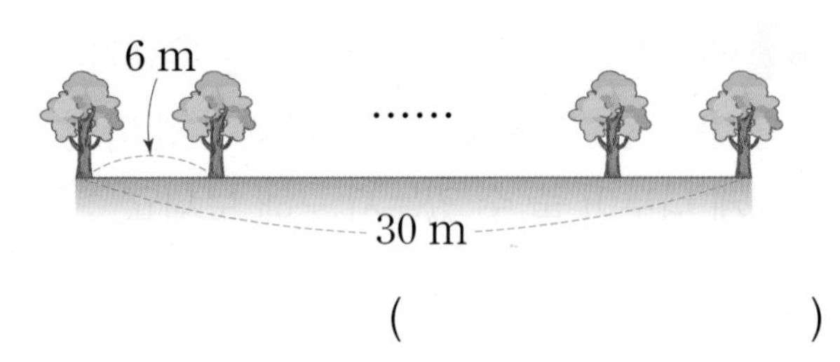

( )

10-2 길이가 56 m인 도로의 양쪽에 7 m 간격으로 가로등을 세우려고 합니다. 도로의 처음과 끝에도 가로등을 세운다면 필요한 가로등은 모두 몇 개인지 구해 보세요. (단, 가로등의 두께는 생각하지 않습니다.)

( )

1회 20번 4회 19번

유형 11 수 카드로 나누어지는 수 만들기

수 카드 2, 4, 5 중에서 2장을 골라 한 번씩만 사용하여 두 자리 수를 만들려고 합니다. 만들 수 있는 수 중에서 6으로 나누어지는 수를 모두 구해 보세요.

( )

Tip 먼저 만들 수 있는 두 자리 수를 모두 구한 다음 만든 수 중에서 6으로 나누어지는 수를 찾아요.

11-1 수 카드 7, 2, 3 중에서 2장을 골라 한 번씩만 사용하여 두 자리 수를 만들려고 합니다. 만들 수 있는 수 중에서 9로 나누어지는 수를 모두 구해 보세요.

( )

11-2 수 카드 3, 1, 2 중에서 2장을 골라 한 번씩만 사용하여 두 자리 수를 만들려고 합니다. 만들 수 있는 수 중에서 4로 나누어지는 수는 모두 몇 개인지 구해 보세요.

( )

11-3 수 카드 2, 4, 6, 0 중에서 2장을 골라 한 번씩만 사용하여 두 자리 수를 만들려고 합니다. 만들 수 있는 수 중에서 8로 나누어지는 수는 모두 몇 개인지 구해 보세요.

( )

3회 20번

유형 12 나눗셈을 이용하여 문제 해결하기

토끼 3마리가 하루에 당근 6개를 먹습니다. 모든 토끼가 매일 똑같은 수의 당근을 먹는다면 토끼 7마리가 당근 42개를 먹는 데 며칠이 걸리는지 구해 보세요.

( )

Tip ① 토끼 한 마리가 하루에 먹는 당근 수를 구해요.
② 토끼 한 마리가 먹을 수 있는 당근 수를 구해요.
③ 토끼 7마리가 당근을 모두 먹는 데 며칠이 걸리는지 구해요.

12-1 원숭이 4마리가 하루에 바나나 12개를 먹습니다. 모든 원숭이가 매일 똑같은 수의 바나나를 먹는다면 원숭이 9마리가 바나나 54개를 먹는 데 며칠이 걸리는지 구해 보세요.

( )

12-2 다람쥐 2마리가 하루에 도토리 8개를 먹습니다. 모든 다람쥐가 매일 똑같은 수의 도토리를 먹는다면 다람쥐 5마리가 도토리 40개를 먹는 데 며칠이 걸리는지 구해 보세요.

( )

12-3 말 5마리가 하루에 사과 10개를 먹습니다. 모든 말이 매일 똑같은 수의 사과를 먹는다면 말 3마리가 7일 동안 먹는 데 필요한 사과는 몇 개인지 구해 보세요.

( )

4

곱셈

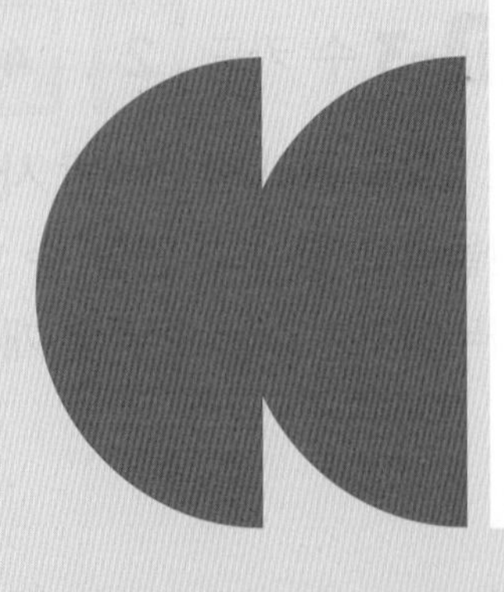

개념 정리

4단원

곱셈

개념 1 (몇십)×(몇)

◆30×2의 계산

	3	0
×		2
	☐	0

$30 \times 2 = 60$ ($3 \times 2 = 6$)

3×2=6에서 십의 자리에 6을 쓰고, 일의 자리에 0을 씁니다.

> 참고
> (몇십)×(몇)은 (몇)×(몇)의 곱에 0을 1개 붙여요.

개념 2 올림이 없는 (몇십몇)×(몇)

◆14×2의 계산

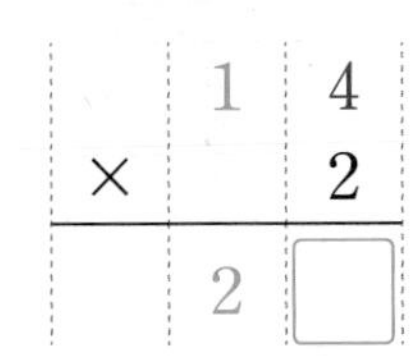

	1	4
×		2
	2	☐

$4 \times 2 = 8$

$14 \times 2 = 28$

$1 \times 2 = 2$

① 4×2=8에서 일의 자리에 8을 씁니다.

② 1×2=2에서 십의 자리에 2를 씁니다.

개념 3 십의 자리에서 올림이 있는 (몇십몇)×(몇)

◆42×3의 계산

	4	2
×		3
☐	2	6

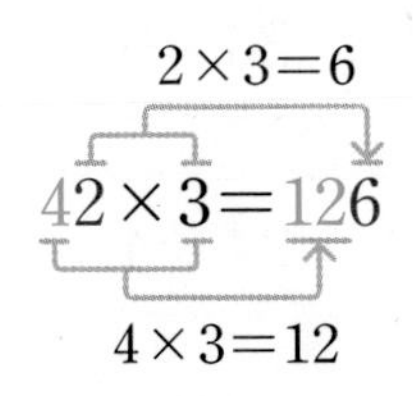

$2 \times 3 = 6$

$42 \times 3 = 126$

$4 \times 3 = 12$

① 2×3=6에서 일의 자리에 6을 씁니다.

② 4×3=12에서 십의 자리에 2를 쓰고, 백의 자리에 1을 씁니다.

개념 4 일의 자리에서 올림이 있는 (몇십몇)×(몇)

◆27×2의 계산

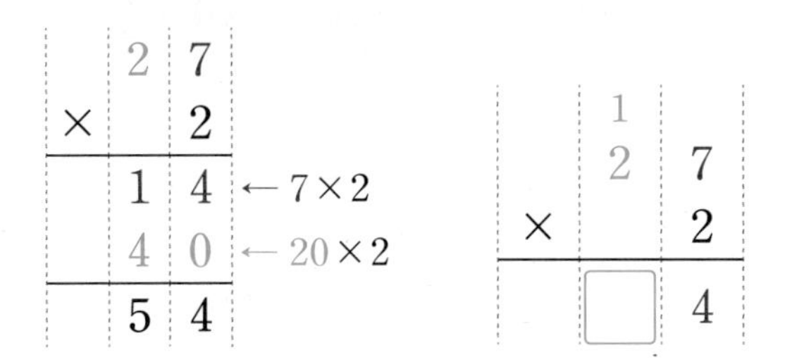

	2	7	
×		2	
	1	4	←7×2
	4	0	←20×2
	5	4	

	1	
	2	7
×		2
	☐	4

① 7×2=14에서 일의 자리에 4를 쓰고, 십의 자리 위에 올림한 수 1을 씁니다.

② 2×2=4에 올림한 수 1을 더하여 십의 자리에 5를 씁니다.

개념 5 올림이 두 번 있는 (몇십몇)×(몇)

◆35×7의 계산

	3	5	
×		7	
	3	5	←5×7
2	1	0	←30×7
2	4	5	

	3	
	3	5
×		7
2	☐	5

① 5×7=35에서 일의 자리에 5를 쓰고, 십의 자리 위에 올림한 수 3을 씁니다.

② 3×7=21에 올림한 수 3을 더하여 십의 자리에 4를 쓰고, 백의 자리에 2를 씁니다.

> 참고
> 일의 자리에서 올림한 수는 십의 자리의 곱에 더하여 십의 자리에 쓰고, 십의 자리에서 올림한 수는 백의 자리에 씁니다.

정답 ❶6 ❷8 ❸1 ❹5 ❺4

4 단원

점수

78~83쪽에서 같은 유형의 문제를 더 풀 수 있어요.

01~02 그림을 보고 □ 안에 알맞은 수를 써넣으세요.

01

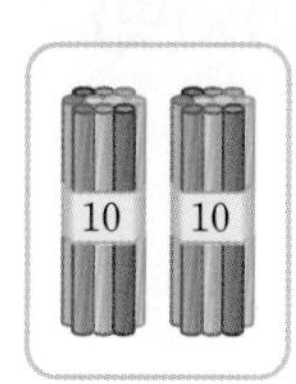
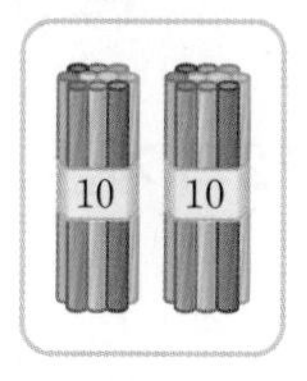

$20 \times 3 = \square$

02

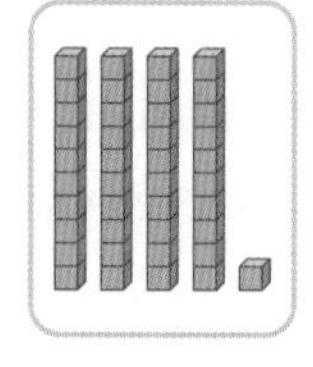
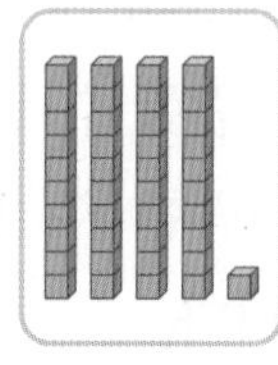
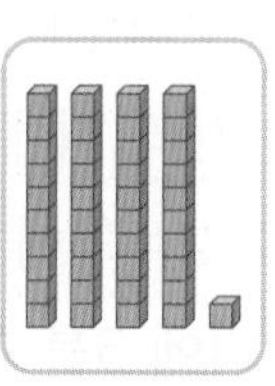

$41 \times \square = \square$

03 □ 안에 알맞은 수를 써넣으세요.

47×2 — $40 \times 2 = \square$, $7 \times 2 = \square$ → $\square$

04 빨간색으로 색칠한 부분은 실제로 어떤 수끼리 곱하여 만든 곱셈식인지 찾아 기호를 써 보세요.

```
    2 3
×     3
-------
      9
    6 0
-------
    6 9
```

㉠ 2×3
㉡ 3×3
㉢ 20×3
㉣ 23×3

(　　　　　　)

05 계산해 보세요.

82×3

06 다음이 나타내는 수를 구해 보세요.

50의 6배

(　　　　　　)

07 두 수의 곱을 구해 보세요.

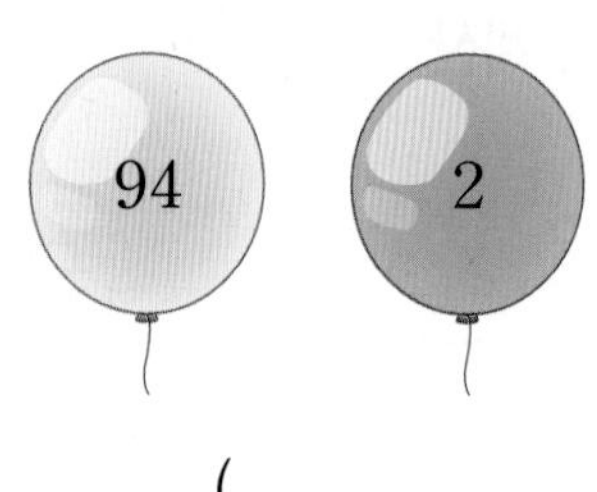

(　　　　　　)

08 관계있는 것끼리 선으로 이어 보세요.

27×6	96
30×5	150
24×4	162

09 계산 결과가 더 큰 것에 색칠해 보세요.

51×4	37×6

AI가 뽑은 정답률 낮은 문제

10 잘못 계산한 곳을 찾아 바르게 계산해 보세요.

78쪽 유형 2

$$\begin{array}{r} 4\ 5 \\ \times\quad 3 \\ \hline 1\ 2\ 5 \end{array}$$

$$\begin{array}{r} 4\ 5 \\ \times\quad 3 \\ \hline \end{array}$$

서술형

11 계산 결과가 가장 큰 것을 찾아 기호를 쓰려고 합니다. 풀이 과정을 쓰고 답을 구해 보세요.

㉠ 42×2 ㉡ 19×6 ㉢ 34×3

풀이

답

12 □ 안에 알맞은 수를 구해 보세요.

$40\times \square = 120$

(　　　　　)

13 지환이는 매일 15쪽씩 책을 읽습니다. 지환이가 6일 동안 읽은 책은 모두 몇 쪽인지 구해 보세요.

(　　　　　)

14 은정이는 매일 운동을 31분씩 합니다. 은정이가 일주일 동안 운동하는 시간은 모두 몇 분인지 구해 보세요.

(　　　　　)

15 철사를 겹치는 부분 없이 모두 사용하여 다음과 같은 정사각형을 1개 만들었습니다. 사용한 철사의 길이는 몇 cm인지 구해 보세요.

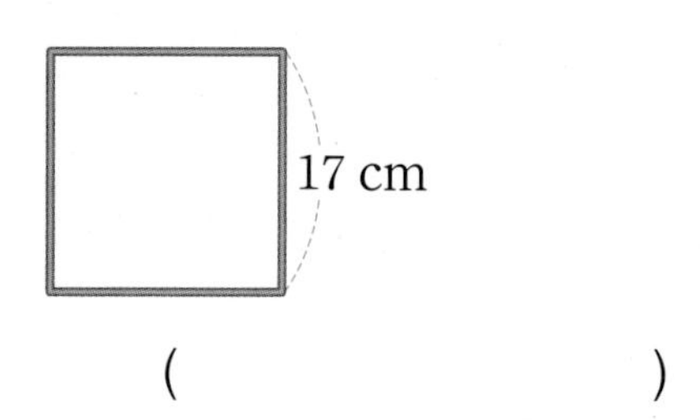

( )

AI가 뽑은 정답률 낮은 문제

16 윤진이는 딱지를 22장 가지고 있습니다. 준영이는 윤진이가 가지고 있는 딱지 수의 3배보다 7장 더 많이 가지고 있다면 준영이가 가지고 있는 딱지는 몇 장인지 구해 보세요.

81쪽 유형 7

( )

AI가 뽑은 정답률 낮은 문제

17 □ 안에 들어갈 수 있는 수를 모두 고르세요. ( )

81쪽 유형 8

$34 \times \square < 154$

① 3 ② 4 ③ 5
④ 6 ⑤ 7

18 두 수 ㉮와 ㉯에 대하여 기호 ■를 다음과 같이 약속할 때, 32■2를 계산해 보세요.

㉮■㉯=㉮×㉯×㉯

( )

19 어느 소극장에 18명씩 앉을 수 있는 긴 의자가 6개 있습니다. 관람객 150명이 모두 앉으려면 긴 의자는 적어도 몇 개 더 있어야 하는지 구해 보세요.

( )

AI가 뽑은 정답률 낮은 문제

20 수 카드 3장을 모두 사용하여 곱이 가장 큰 (몇십몇)×(몇)의 곱셈식을 만들려고 합니다. 이때의 계산 결과는 얼마인지 풀이 과정을 쓰고 답을 구해 보세요.

83쪽 유형12

2 8 5

풀이

답

점수

78~83쪽에서 같은 유형의 문제를 더 풀 수 있어요.

01 그림에 알맞은 식을 찾아 ○표 해 보세요.

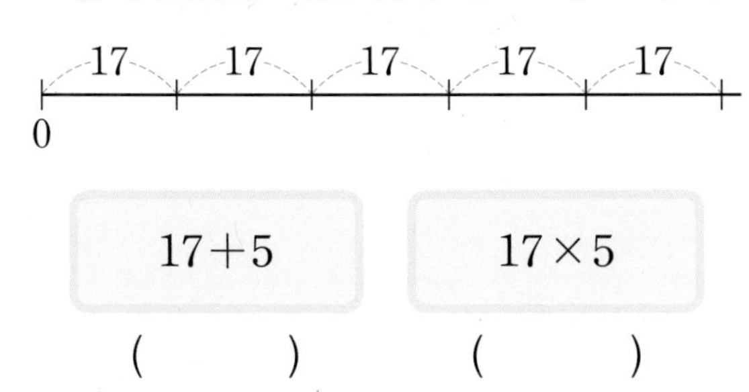

(　　) (　　)

02 □ 안에 알맞은 수를 써넣으세요.

$3\times3=\square \rightarrow 30\times3=\square$

03 곱셈식에서 [2]가 실제로 나타내는 수는 얼마인가요? (　　)

$$\begin{array}{r} \boxed{2} \\ 3\ 8 \\ \times\quad 3 \\ \hline 1\ 1\ 4 \end{array}$$

① 2 ② 20 ③ 200 ④ 24 ⑤ 120

04 계산해 보세요.

$$\begin{array}{r} 5\ 1 \\ \times\quad 3 \\ \hline \end{array}$$

05 빈칸에 알맞은 수를 써넣으세요.

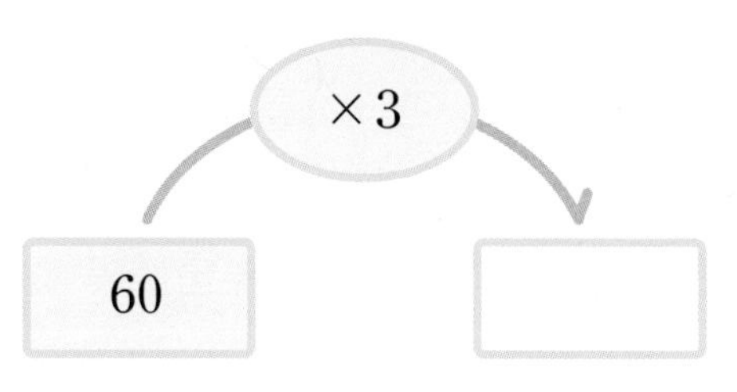

06 바르게 계산한 사람의 이름을 써 보세요.

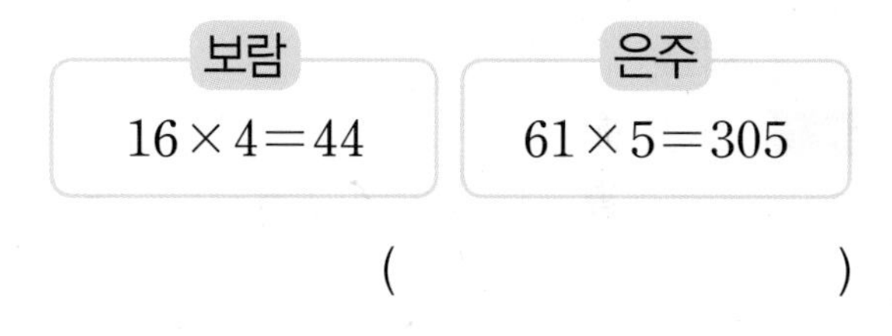

(　　)

07 빈칸에 알맞은 수를 써넣으세요.

×	3	7
32		

08 두 곱의 합을 구해 보세요.

29×6　24×2

(　　)

4 단원

09 계산 결과가 더 큰 것의 기호를 써 보세요.

㉠ 10×8　　㉡ 41×2

(　　　　　)

AI가 뽑은 정답률 낮은 문제

10 가장 큰 수와 가장 작은 수의 곱을 구해 보세요.

78쪽 유형 1

4　　32　　52　　6

(　　　　　)

11 재형이의 나이는 10살이고, 어머니의 연세는 재형이의 나이의 4배입니다. 어머니의 연세는 몇 세인지 구해 보세요.

(　　　　　)

12 설명하는 두 수의 곱을 구해 보세요.

- 10이 7개, 1이 6개인 수
- 가장 큰 한 자리 수

(　　　　　)

서술형

13 상우는 둘레가 84 m인 공원을 3바퀴 달렸습니다. 상우가 달린 거리는 모두 몇 m인지 풀이 과정을 쓰고 답을 구해 보세요.

풀이

답

AI가 뽑은 정답률 낮은 문제

14 어떤 수를 4로 나누었더니 몫이 19가 되었습니다. 어떤 수는 얼마인지 구해 보세요.

79쪽 유형 4

(　　　　　)

AI가 뽑은 정답률 낮은 문제

15 수민이네 학교의 3학년은 한 반에 22명씩 3개 반이 있습니다. 공책 100권을 산 다음 수민이네 학교의 3학년 학생에게 모두 나누어 주었다면 남은 공책은 몇 권인지 구해 보세요.

80쪽 유형 5

( )

AI가 뽑은 정답률 낮은 문제

16 □ 안에 알맞은 수를 써넣으세요.

80쪽 유형 6

$$\begin{array}{r} 1\ \square \\ \times \quad 6 \\ \hline 9\ 6 \end{array}$$

17 탁구공은 한 상자에 38개씩 2상자가 있고, 야구공은 한 상자에 21개씩 3상자가 있습니다. 탁구공과 야구공 중에서 어느 공이 몇 개 더 많은지 구해 보세요.

(,)

18 □ 안에 알맞은 수를 구해 보세요.

$$24 \times \square = 36 \times 2$$

( )

AI가 뽑은 정답률 낮은 문제

19 어느 기계가 한 시간에 모니터를 6대씩 만든다고 합니다. 같은 빠르기로 하루에 7시간씩 3일 동안 만들 수 있는 모니터는 모두 몇 대인지 구해 보세요.

82쪽 유형 10

( )

서술형

20 한 변의 길이가 20 cm인 정사각형 3개를 겹치지 않게 이어 붙여서 만든 도형입니다. 빨간색 선의 길이는 몇 cm인지 풀이 과정을 쓰고 답을 구해 보세요.

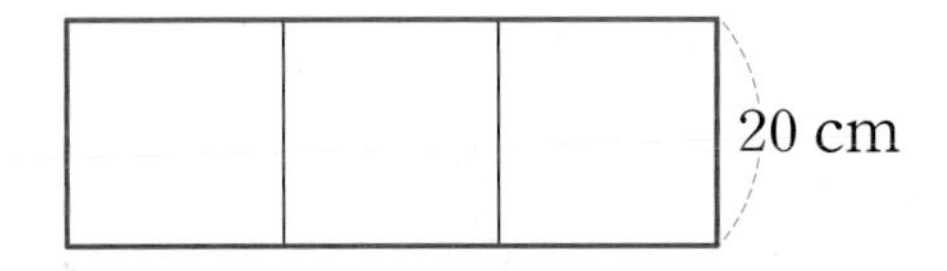

풀이

답

4 단원

점수

78~83쪽에서 같은 유형의 문제를 더 풀 수 있어요.

01 그림을 보고 □ 안에 알맞은 수를 써넣으세요.

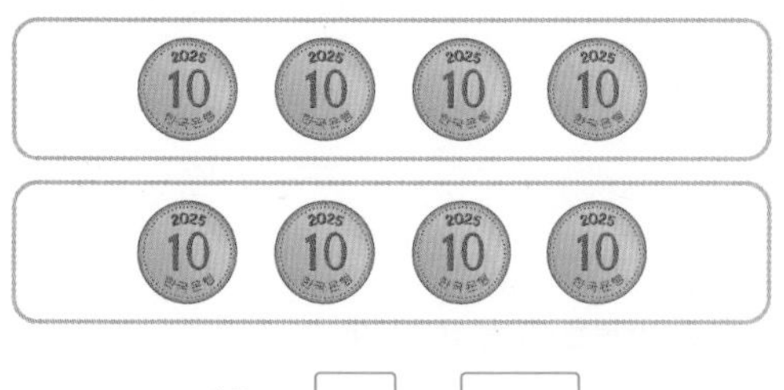

$40 \times \square = \square$

02 □ 안에 알맞은 수를 써넣으세요.

$$\begin{array}{r} 18 \\ \times \quad 4 \\ \hline \square \\ 40 \\ \hline \square \end{array}$$

03~04 계산해 보세요.

03
$$\begin{array}{r} 20 \\ \times \quad 7 \\ \hline \end{array}$$

04
$$\begin{array}{r} 81 \\ \times \quad 5 \\ \hline \end{array}$$

05 **보기**와 같은 방법으로 계산해 보세요.

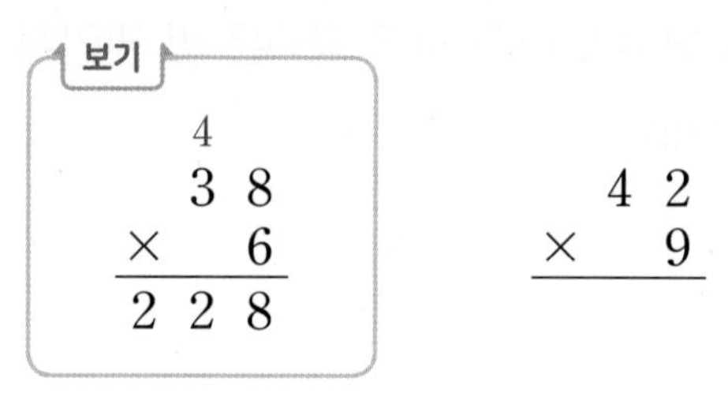

보기

$$\begin{array}{r} {}^{4} \\ 38 \\ \times \quad 6 \\ \hline 228 \end{array}$$

$$\begin{array}{r} 42 \\ \times \quad 9 \\ \hline \end{array}$$

06 빈칸에 두 수의 곱을 써넣으세요.

92	3

07 빈칸에 알맞은 수를 써넣으세요.

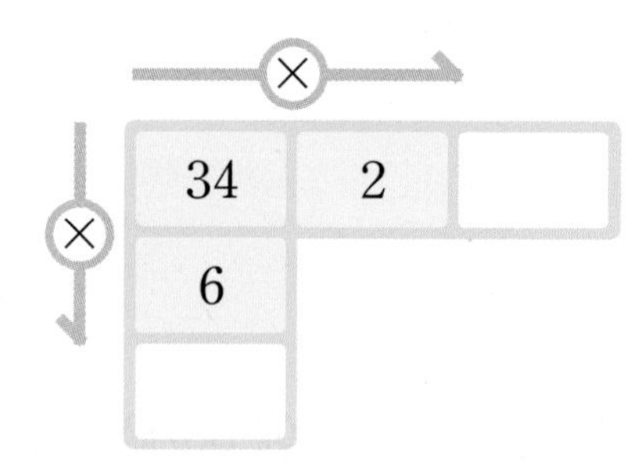

08 계산 결과가 다른 하나를 찾아 ○표 해 보세요.

15×8 30×4 20×7

AI가 뽑은 정답률 낮은 문제

09 계산 결과의 크기를 비교하여 ◯ 안에 >, =, <를 알맞게 써넣으세요.

79쪽 유형 3

31의 2배  17과 3의 곱

10 다음이 나타내는 수를 6배 한 수를 구해 보세요.

10이 3개, 1이 11개인 수

(　　　　　　　　)

11 52×3을 잘못 계산한 사람은 누구인지 이름을 써 보세요.

- 정호: $52+52+52$로 계산했어.
- 채린: 52와 3을 더해서 계산했어.
- 윤지: 50×3과 2×3을 각각 구한 다음 더했어.

(　　　　　　　　)

12 곱이 300에 더 가까운 것의 기호를 써 보세요.

㉠ 51×6　　　㉡ 74×4

(　　　　　　　　)

AI가 뽑은 정답률 낮은 문제

13 잘못 계산한 곳을 찾아 이유를 쓰고, 바르게 계산해 보세요.

78쪽 유형 2

이유

14 혜수는 시장 놀이를 하면서 한 장에 80원인 색종이를 6장 사고 500원을 냈습니다. 혜수가 거슬러 받아야 할 돈은 얼마인지 구해 보세요.

(　　　　　　　　)

AI가 뽑은 정답률 낮은 문제

15 떡집에서 모두 7가지 종류의 떡을 만들었습니다. 5가지 종류의 떡은 각각 27개씩 만들고, 2가지 종류의 떡은 각각 43개씩 만들었습니다. 이 떡집에서 만든 떡은 모두 몇 개인지 구해 보세요.

81쪽 유형 7

(　　　　　　　　)

AI가 뽑은 정답률 낮은 문제

16 1부터 9까지의 수 중에서 □ 안에 들어갈 수 있는 수는 모두 몇 개인지 구해 보세요.

81쪽 유형 8

$84 \times \square > 47 \times 9$

(　　　　　　　　)

서술형

17 과일 가게에서 복숭아 40상자 중 34상자를 팔았습니다. 한 상자에 복숭아가 12개씩 들어 있다면 팔고 남은 복숭아는 몇 개인지 풀이 과정을 쓰고 답을 구해 보세요.

풀이

답

18 굵기가 일정한 나무 막대를 한 번 자르는 데 11분이 걸립니다. 같은 빠르기로 이 나무 막대를 쉬지 않고 6도막으로 자르는 데 걸리는 시간은 몇 분인지 구해 보세요.

(　　　　　　　　)

AI가 뽑은 정답률 낮은 문제

19 수 카드 3장을 모두 사용하여 곱이 가장 작은 (몇십몇)×(몇)의 곱셈식을 만들려고 합니다. □ 안에 알맞은 수를 써넣으세요.

83쪽 유형 12

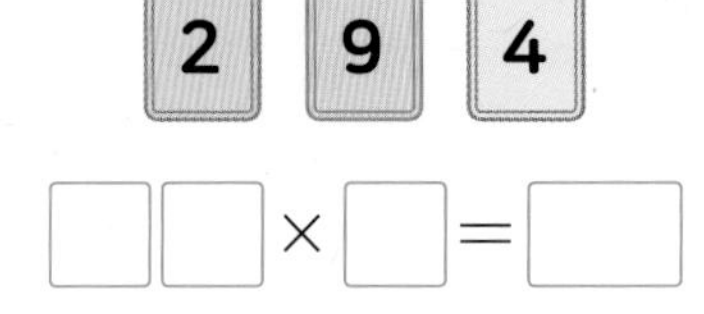

□□ × □ = □

20 수를 일정한 규칙에 따라 늘어놓았습니다. 48 다음에 올 수는 얼마인지 구해 보세요.

2, 2, 4, 12, 48……

(　　　　　　　　)

점수

78~83쪽에서 같은 유형의 문제를 더 풀 수 있어요.

01 그림을 보고 □ 안에 알맞은 수를 써넣으세요.

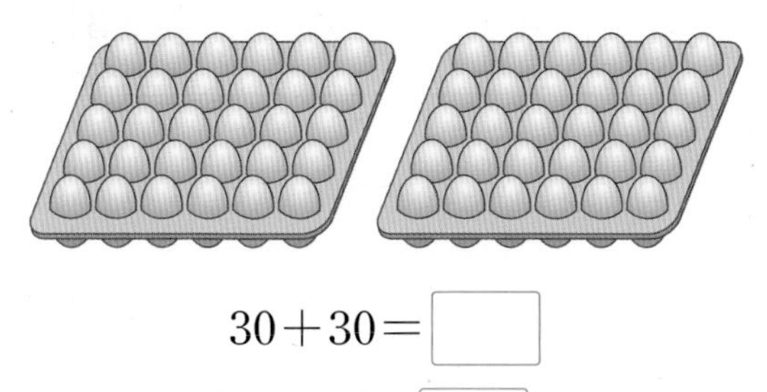

$30+30=$ □

$30\times2=$ □

02 그림을 보고 □ 안에 알맞은 수를 써넣으세요.

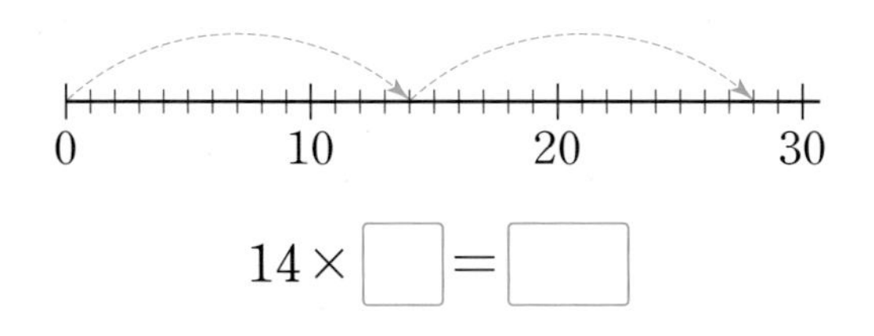

$14\times$ □ $=$ □

03 계산해 보세요.

23×4

04 ㉠에 알맞은 수가 실제로 나타내는 수는 얼마인지 구해 보세요.

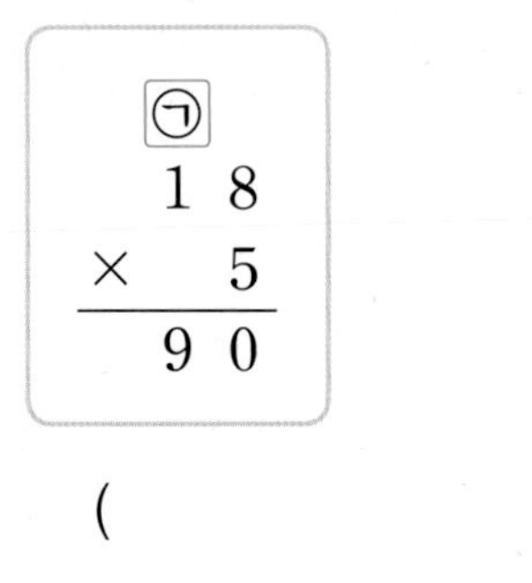

(　　　　　　　　)

05 □ 안에 알맞은 수를 써넣으세요.

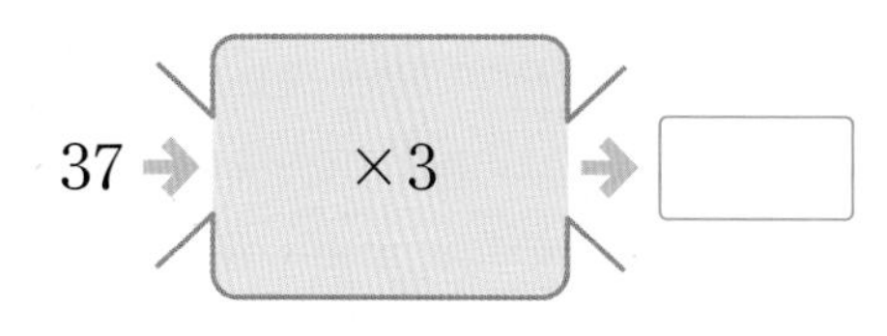

06 곱셈식으로 나타내어 계산해 보세요.

11씩 6묶음

곱셈식 ____________________

07 계산 결과가 다른 하나를 찾아 기호를 써 보세요.

㉠ 21씩 5번 뛰어 센 수
㉡ $21+21+5+5$
㉢ 21과 5의 곱

(　　　　　　　　)

08 계산 결과가 같은 것끼리 선으로 이어 보세요.

64×4	27×4
30×7	32×8
36×3	42×5

4 단원

09 빈칸에 알맞은 수를 써넣으세요.

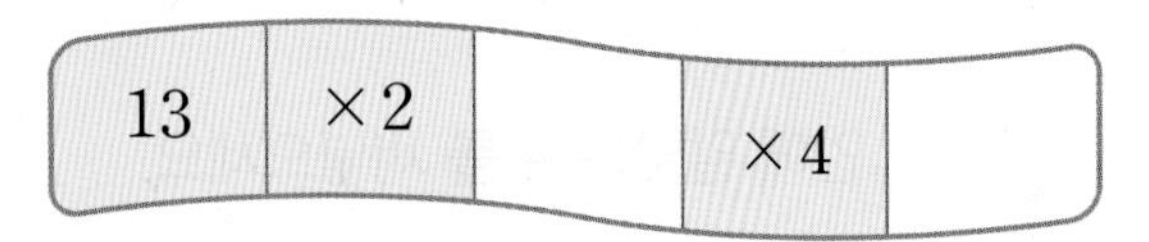

10 계산을 하고, 계산 결과가 작은 것부터 차례대로 기호를 써 보세요.

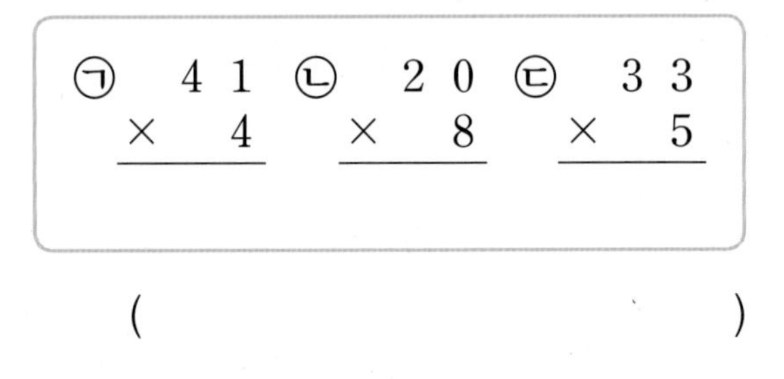

(   )

AI가 뽑은 정답률 낮은 문제

11 두 번째로 큰 수와 가장 작은 수의 곱을 구하려고 합니다. 풀이 과정을 쓰고 답을 구해 보세요.

78쪽 유형 1

19　　37　　5　　8

풀이

답

12 빈칸에 알맞은 수를 써넣으세요.

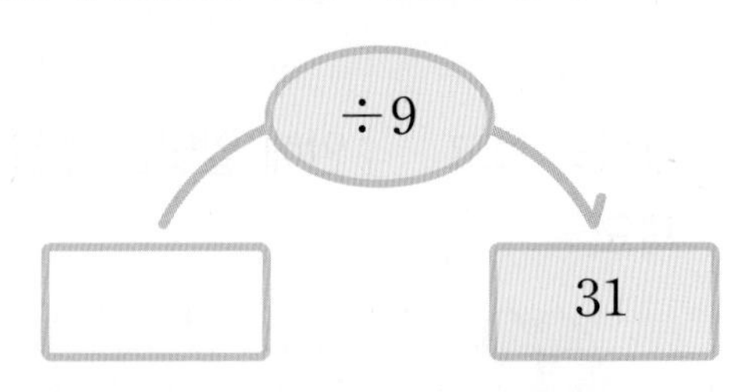

13 대화를 읽고 연수가 윗몸 일으키기를 한 횟수는 몇 번인지 구해 보세요.

- 소윤: 나는 윗몸 일으키기를 27번 했어.
- 연수: 나는 소윤이의 3배만큼 했어.

(   )

AI가 뽑은 정답률 낮은 문제

14 과수원에서 배를 105개 수확했습니다. 이 배를 한 상자에 10개씩 담아서 7상자를 팔았다면 남은 배는 몇 개인지 구해 보세요.

80쪽 유형 5

(   )

AI가 뽑은 정답률 낮은 문제

15 □ 안에 알맞은 수를 써넣으세요.

80쪽 유형 6

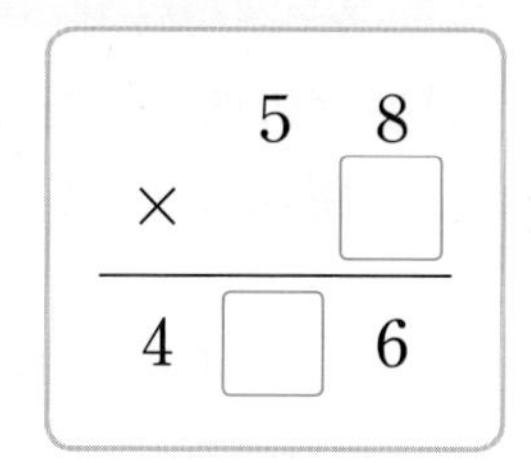

서술형

16 주머니 한 개에 파란색 구슬을 5개, 빨간색 구슬을 7개 넣었습니다. 같은 방법으로 주머니 8개에 넣은 구슬은 모두 몇 개인지 풀이 과정을 쓰고 답을 구해 보세요.

풀이

답

AI가 뽑은 정답률 낮은 문제

17 어떤 수에 6을 곱해야 할 것을 잘못하여 6을 더했더니 46이 되었습니다. 바르게 계산한 값을 구해 보세요.

82쪽 유형 9

(   )

18 도로의 한쪽에 처음부터 끝까지 51 m 간격으로 가로수를 심었습니다. 도로의 한쪽에 심은 가로수가 8그루라면 도로 한쪽의 길이는 몇 m인지 구해 보세요. (단, 가로수의 두께는 생각하지 않습니다.)

(   )

AI가 뽑은 정답률 낮은 문제

19 길이가 43 cm인 색 테이프 3장을 그림과 같이 9 cm씩 겹치도록 한 줄로 길게 이어 붙였습니다. 이어 붙인 색 테이프의 전체 길이는 몇 cm인지 구해 보세요.

83쪽 유형 11

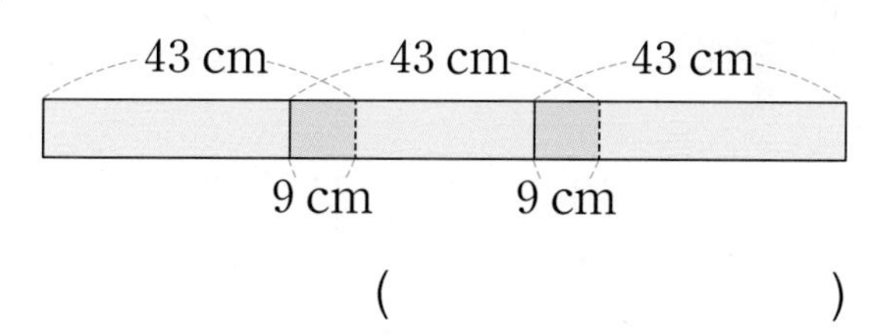

(   )

20 1부터 10까지의 합은 **보기**와 같은 방법으로 곱셈식을 이용하여 구할 수 있습니다. **보기**의 방법을 이용하여 11부터 20까지의 합을 구해 보세요.

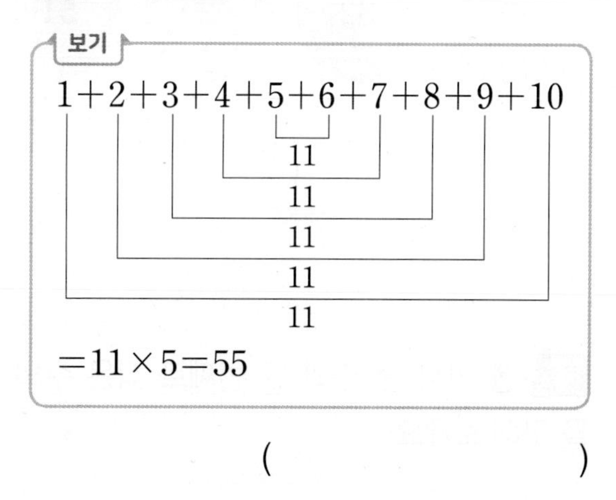

(   )

2회 10번 | 4회 11번

유형 1 수의 크기를 비교하여 계산하기

가장 큰 수와 가장 작은 수의 곱을 구해 보세요.

24　3　16

(　　　　　　)

Tip 먼저 수의 크기를 비교하여 곱해야 하는 두 수를 찾아요.

1-1 가장 큰 수와 가장 작은 수의 곱을 구해 보세요.

40　4　7　32

(　　　　　　)

1-2 두 번째로 큰 수와 가장 작은 수의 곱을 구해 보세요.

(　　　　　　)

1-3 가장 큰 수와 두 번째로 작은 수의 곱을 구해 보세요.

6　25　9　42

(　　　　　　)

1회 10번 | 3회 13번

유형 2 잘못 계산한 곳을 찾아 바르게 계산하기

잘못 계산한 곳을 찾아 바르게 계산해 보세요.

$$\begin{array}{r} 17 \\ \times\ \ 3 \\ \hline 31 \end{array} \rightarrow \begin{array}{r} 17 \\ \times\ \ 3 \\ \hline \end{array}$$

Tip 일의 자리에서 올림한 수를 잊지 않고 더해야 해요.

2-1 잘못 계산한 곳을 찾아 바르게 계산해 보세요.

$$\begin{array}{r} 52 \\ \times\ \ 6 \\ \hline 12 \\ 30 \\ \hline 42 \end{array} \rightarrow \begin{array}{r} 52 \\ \times\ \ 6 \\ \hline \end{array}$$

2-2 잘못 계산한 곳을 찾아 이유를 쓰고, 바르게 계산해 보세요.

$$\begin{array}{r} 66 \\ \times\ \ 2 \\ \hline 122 \end{array} \rightarrow \begin{array}{r} 66 \\ \times\ \ 2 \\ \hline \end{array}$$

이유

3회 9번

유형 3 곱셈식으로 나타내어 계산 결과의 크기 비교하기

계산 결과가 더 큰 사람의 이름을 써 보세요.

- 윤호: 23씩 3묶음
- 소유: $12+12+12+12+12$

(　　　　　　　　)

Tip • ■씩 ●묶음 → ■×●
• ▲를 ★번 더한 것 → ▲×★

3-1 계산 결과의 크기를 비교하여 ○ 안에 >, =, <를 알맞게 써넣으세요.

19의 6배  24와 5의 곱

3-2 계산 결과가 가장 작은 것을 찾아 기호를 써 보세요.

㉠ 31과 7의 곱
㉡ 46씩 5묶음
㉢ $62+62+62+62$

(　　　　　　　　)

3-3 계산 결과가 큰 것부터 차례대로 기호를 써 보세요.

㉠ 40씩 2묶음　　㉡ $30+30+30$
㉢ 20의 3배　　㉣ 17과 5의 곱

(　　　　　　　　)

2회 14번

유형 4 어떤 수 구하기

어떤 수를 4로 나누었더니 몫이 20이 되었습니다. 어떤 수는 얼마인지 구해 보세요.

(　　　　　　　　)

Tip 어떤 수를 □라 하고 나눗셈식을 만든 다음 곱셈과 나눗셈의 관계를 이용하여 □ 안에 알맞은 수를 구해요.

4-1 어떤 수를 3으로 나누었더니 몫이 42가 되었습니다. 어떤 수는 얼마인지 구해 보세요.

(　　　　　　　　)

4-2 어떤 수를 2로 나누었더니 몫이 39가 되었습니다. 어떤 수는 얼마인지 구해 보세요.

(　　　　　　　　)

4-3 어떤 수를 7로 나누었더니 몫이 52가 되었습니다. 어떤 수는 얼마인지 구해 보세요.

(　　　　　　　　)

2회 15번 | 4회 14번

유형 5 남은 물건의 수 구하기

장난감 공장에서 장난감을 150개 생산했습니다. 이 장난감을 한 상자에 36개씩 담아서 4상자를 팔았다면 남은 장난감은 몇 개인지 구해 보세요.

( )

Tip (남은 장난감의 수)
=(생산한 장난감의 수)
−(판 장난감의 수)

5-1 밭에서 오이를 264개 수확했습니다. 이 오이를 한 상자에 48개씩 담아서 5상자를 팔았다면 남은 오이는 몇 개인지 구해 보세요.

( )

5-2 마트에서 한 판에 30개씩 들어 있는 달걀을 4판 사 왔습니다. 그중 8개를 먹었다면 남은 달걀은 몇 개인지 구해 보세요.

( )

5-3 과일 가게에 귤이 21개씩 5상자가 있었습니다. 그중에서 59개가 썩어서 버렸다면 남은 귤은 몇 개인지 구해 보세요.

( )

2회 16번 | 4회 15번

유형 6 곱셈식 완성하기

□ 안에 알맞은 수를 써넣으세요.

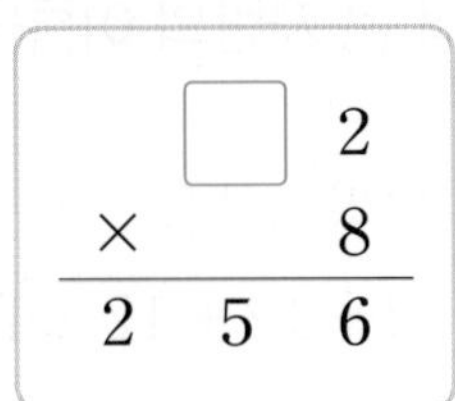

Tip 일의 자리의 계산 $2\times8=16$에서 올림한 수 1을 □$\times8$의 계산에 더한 것이 25예요.

6-1 □ 안에 알맞은 수를 써넣으세요.

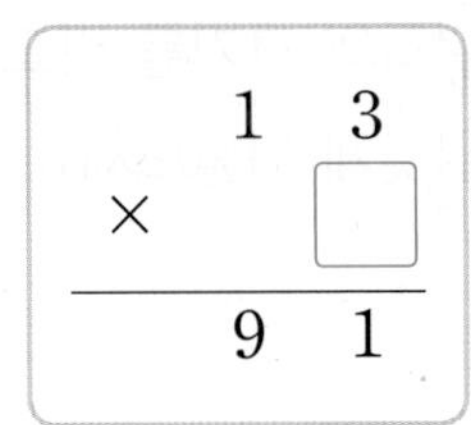

6-2 □ 안에 알맞은 수를 써넣으세요.

$$\begin{array}{r} 6\;\square \\ \times\quad 2 \\ \hline \square\;2\;8 \end{array}$$

6-3 같은 기호는 같은 숫자를 나타냅니다. ●에 알맞은 수를 구해 보세요.

$$\begin{array}{r} ●● \\ \times\; ● \\ \hline 176 \end{array}$$

( )

1회 16번 3회 15번

유형 7 전체 물건의 수 구하기

호두가 한 봉지에 29개씩 들어 있습니다. 호두 5봉지와 낱개 26개가 있을 때 호두는 모두 몇 개인지 구해 보세요.

( )

Tip 먼저 5봉지에 들어 있는 호두의 수를 구한 다음 낱개의 수와 더해요.

7-1 빨간색 구슬이 한 상자에 50개씩 2상자가 있고, 파란색 구슬이 한 상자에 70개씩 2상자가 있습니다. 빨간색 구슬과 파란색 구슬은 모두 몇 개 있는지 구해 보세요.

( )

7-2 수지는 집에서 출발하여 1분에 53 m씩 가는 빠르기로 7분 동안 걷다가 1분에 41 m씩 가는 빠르기로 3분 동안 더 걸어서 학교에 도착했습니다. 수지가 집에서 학교까지 걸어간 거리는 몇 m인지 구해 보세요.

( )

7-3 ㉮ 기계는 5분마다 붕어빵을 35개 만들 수 있고, ㉯ 기계는 7분마다 붕어빵을 23개 만들 수 있습니다. 두 기계를 동시에 사용하여 35분 동안 붕어빵을 만들면 모두 몇 개를 만들 수 있는지 구해 보세요.

( )

1회 17번 3회 16번

유형 8 □ 안에 들어갈 수 있는 수 구하기

1부터 9까지의 수 중에서 □ 안에 들어갈 수 있는 수를 모두 구해 보세요.

$31 \times \square < 88$

( )

Tip 31을 30으로 생각하여 □ 안에 들어갈 수 있는 수를 어림해요.

8-1 □ 안에 들어갈 수 있는 수에 모두 ○표 해 보세요.

$56 \times \square > 415$

(6 , 7 , 8 , 9)

8-2 1부터 9까지의 수 중에서 □ 안에 들어갈 수 있는 수는 모두 몇 개인지 구해 보세요.

$47 \times \square < 32 \times 3$

( )

8-3 1부터 9까지의 수 중에서 □ 안에 들어갈 수 있는 수를 모두 구해 보세요.

$20 \times 6 < 41 \times \square < 68 \times 3$

( )

4회 17번

유형 9 바르게 계산한 값 구하기

어떤 수에 8을 곱해야 할 것을 잘못하여 8을 더했더니 30이 되었습니다. 바르게 계산한 값을 구해 보세요.

( )

Tip 덧셈과 뺄셈의 관계를 이용하여 어떤 수를 먼저 구한 다음 바르게 계산한 값을 구해요.

9-1 어떤 수에 4를 곱해야 할 것을 잘못하여 어떤 수에서 4를 뺐더니 25가 되었습니다. 바르게 계산한 값을 구해 보세요.

( )

9-2 어떤 수에 7을 곱해야 할 것을 잘못하여 어떤 수를 7로 나누었더니 몫이 3이 되었습니다. 바르게 계산한 값을 구해 보세요.

( )

9-3 어떤 수에 8을 곱해야 할 것을 잘못하여 8을 더했더니 80이 되었습니다. 바르게 계산한 값과 잘못 계산한 값의 차를 구해 보세요.

( )

2회 19번

유형 10 같은 빠르기로 일한 양 구하기

목수가 탁자를 한 시간에 4개씩 만든다고 합니다. 같은 빠르기로 하루에 5시간씩 3일 동안 만들 수 있는 탁자는 모두 몇 개인지 구해 보세요.

( )

Tip (하루에 만들 수 있는 탁자 수)
=(한 시간에 만드는 탁자 수)
×(하루에 일하는 시간)
→ (만들 수 있는 전체 탁자 수)
=(하루에 만들 수 있는 탁자 수)
×(일하는 날수)

10-1 공장에서 자동차를 한 시간에 8대씩 만든다고 합니다. 같은 빠르기로 하루에 3시간씩 2일 동안 만들 수 있는 자동차는 모두 몇 대인지 구해 보세요.

( )

10-2 공장에서 가방을 한 시간에 6개씩 만든다고 합니다. 같은 빠르기로 하루에 4시간씩 6일 동안 만들 수 있는 가방은 모두 몇 개인지 구해 보세요.

( )

10-3 정원사가 나무를 30분에 7그루씩 가지치기한다고 합니다. 같은 빠르기로 5시간 동안 가지치기할 수 있는 나무는 모두 몇 그루인지 구해 보세요.

( )

4회 19번

유형 11 색 테이프의 전체 길이 구하기

길이가 28 cm인 색 테이프 3장을 그림과 같이 6 cm씩 겹치도록 한 줄로 길게 이어 붙였습니다. 이어 붙인 색 테이프의 전체 길이는 몇 cm인지 구해 보세요.

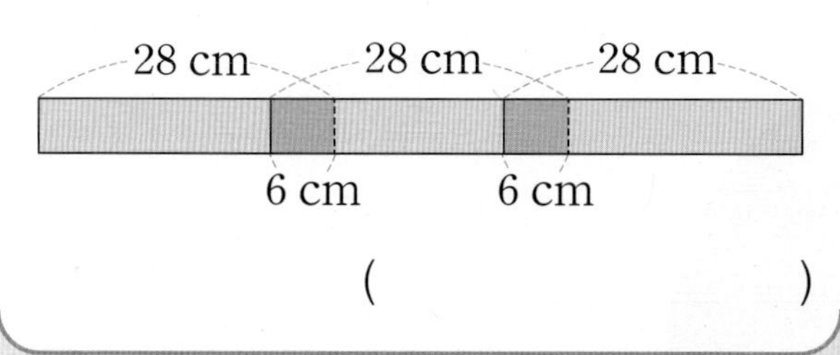

( )

Tip (이어 붙인 색 테이프의 전체 길이)
=(색 테이프 3장의 길이의 합)
−(겹쳐진 부분의 길이의 합)

11-1 길이가 42 cm인 색 테이프 4장을 그림과 같이 10 cm씩 겹치도록 한 줄로 길게 이어 붙였습니다. 이어 붙인 색 테이프의 전체 길이는 몇 cm인지 구해 보세요.

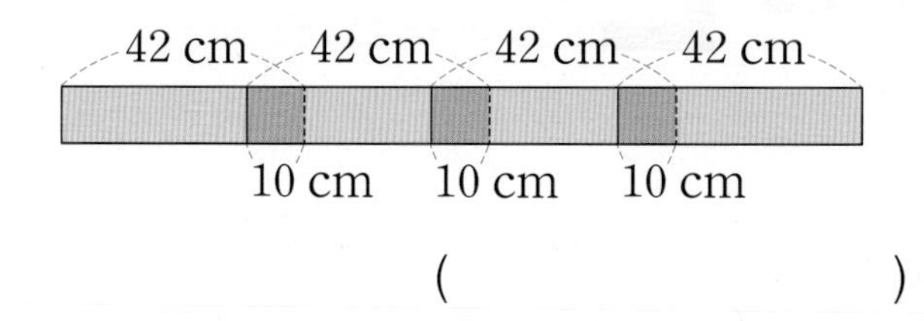

( )

11-2 길이가 31 cm인 색 테이프 3장을 그림과 같이 일정한 간격으로 겹치도록 한 줄로 길게 이어 붙였더니 전체 길이가 77 cm가 되었습니다. 색 테이프를 몇 cm씩 겹치게 붙였는지 구해 보세요.

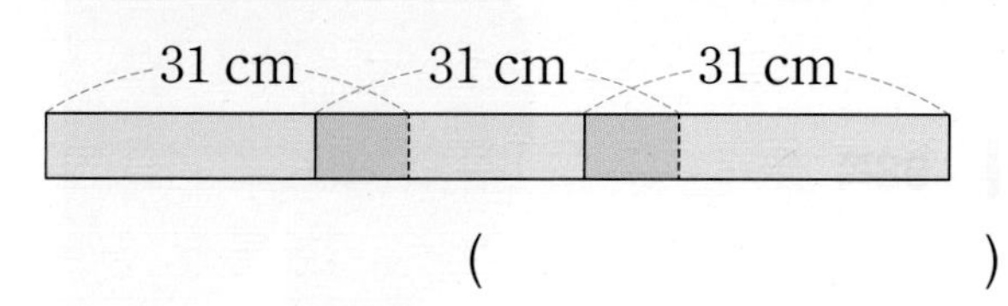

( )

1회 20번 3회 19번

유형 12 수 카드로 곱셈식 만들기

수 카드 3장을 모두 사용하여 곱이 가장 큰 (몇십몇)×(몇)의 곱셈식을 만들려고 합니다. □ 안에 알맞은 수를 써넣으세요.

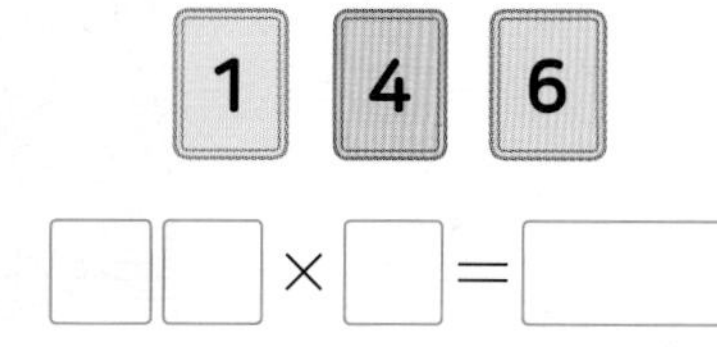

Tip 곱이 가장 큰 (몇십몇)×(몇)을 만들려면 곱하는 수를 가장 큰 수로 하고, 곱해지는 수를 나머지 2개의 수로 더 큰 수를 만들어요.

12-1 수 카드 3장을 모두 사용하여 곱이 가장 작은 (몇십몇)×(몇)의 곱셈식을 만들려고 합니다. □ 안에 알맞은 수를 써넣으세요.

12-2 수 카드 4장 중에서 3장을 골라 한 번씩만 사용하여 곱이 가장 큰 (몇십몇)×(몇)의 곱셈식을 만들려고 합니다. □ 안에 알맞은 수를 써넣으세요.

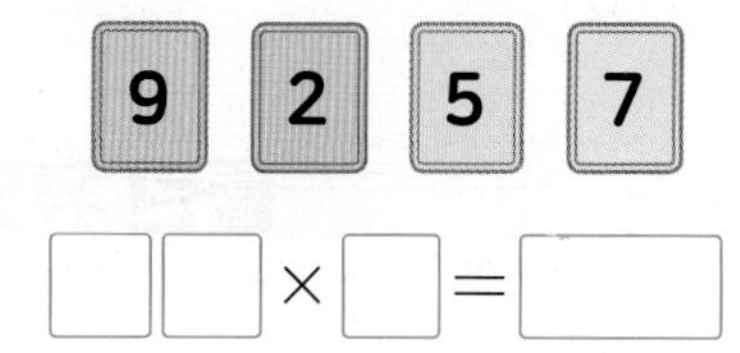

4 단원

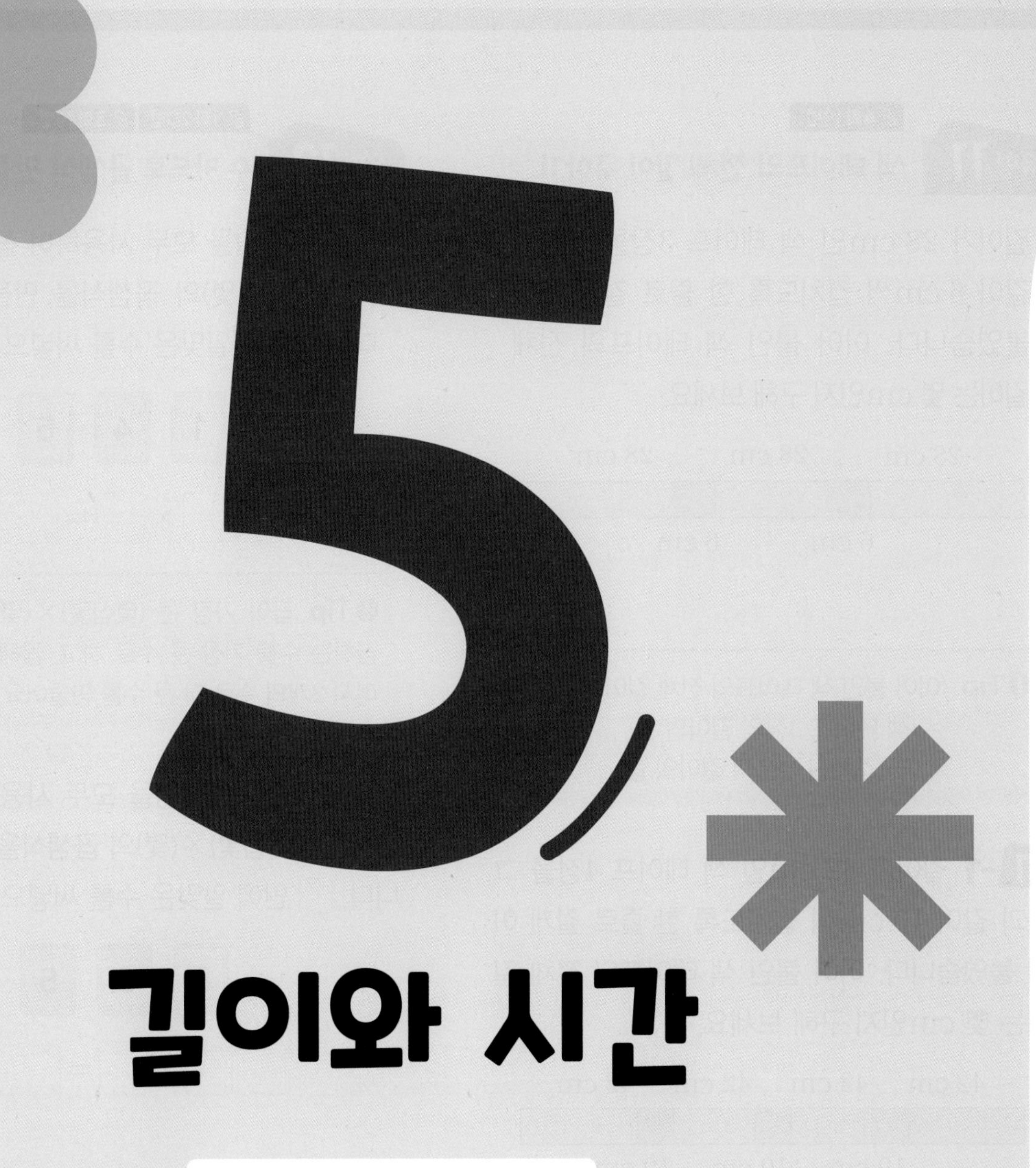

5. 길이와 시간

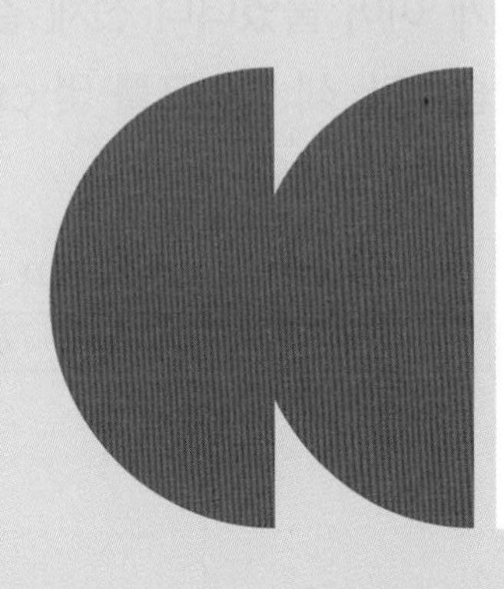

개념정리 5단원 길이와 시간

개념 1 cm보다 더 작은 단위

◆**1 mm 알아보기**

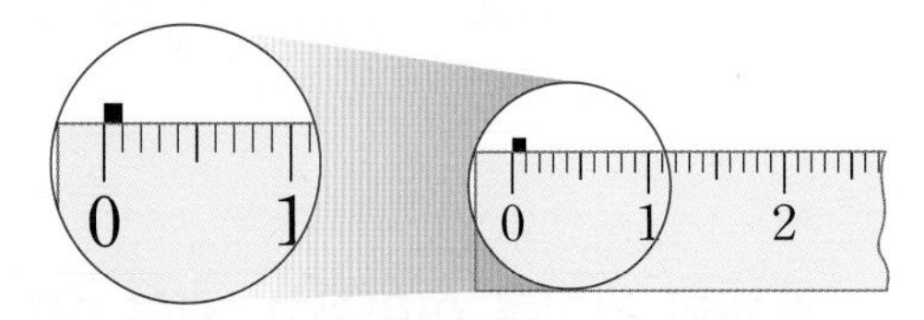

1 cm를 10칸으로 똑같이 나누었을 때
작은 눈금 한 칸의 길이(▪)를 **1 mm**라 쓰고
1 밀리미터라고 읽습니다.

1 cm=☐ mm

◆**6 cm 5 mm 알아보기**

6 cm보다 5 mm 더 긴 것
➡ **6 cm 5 mm (6 센티미터 5 밀리미터)**

개념 2 m보다 더 큰 단위

◆**1 km 알아보기**

1000 m를 **1 km**라 쓰고 **1 킬로미터**라고 읽습니다.

1 km

1000 m=☐ km

◆**1 km 600 m 알아보기**

1 km보다 600 m 더 긴 것
➡ **1 km 600 m (1 킬로미터 600 미터)**

개념 3 길이와 거리를 어림하고 재기

길이를 어림하여 말할 때에는 ☐을/를 붙입니다.

예

물건	어림한 길이	잰 길이
가위	약 12 cm	12 cm 4 mm

개념 4 분보다 더 작은 단위

◆**1초 알아보기**

• 초바늘(시계의 가장 가는 바늘)이 작은 눈금 한 칸을 가는 동안 걸리는 시간을 **1초**라고 합니다.

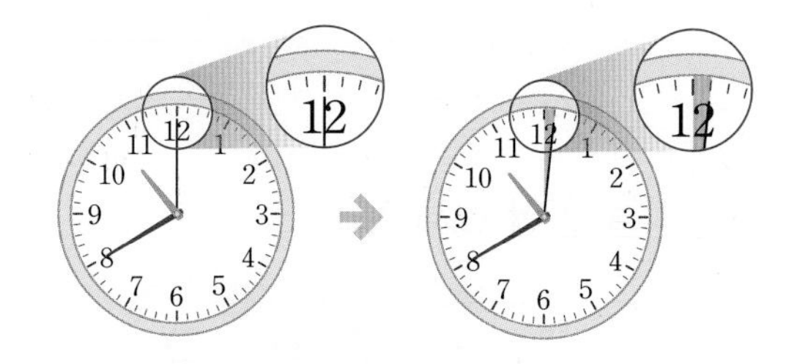

• 초바늘이 시계를 한 바퀴 도는 데 걸리는 시간은 **60초**입니다.

60초=☐분

개념 5 시간의 덧셈

시는 시끼리, 분은 분끼리, 초는 초끼리 더합니다.

	4시	30 분	20초
+	1시간	15 분	10초
	5시	☐분	30초

개념 6 시간의 뺄셈

시는 시끼리, 분은 분끼리, 초는 초끼리 뺍니다.

	5시	55분	40 초
−	2시간	30분	20 초
	3시	25분	☐초

정답 ❶10 ❷1 ❸약 ❹1 ❺45 ❻20

5 단원

점수

98~103쪽에서 같은 유형의 문제를 더 풀 수 있어요.

01 □ 안에 알맞은 수를 써넣으세요.

1 cm=□mm

1 km=□m

02 시각을 읽어 보세요.

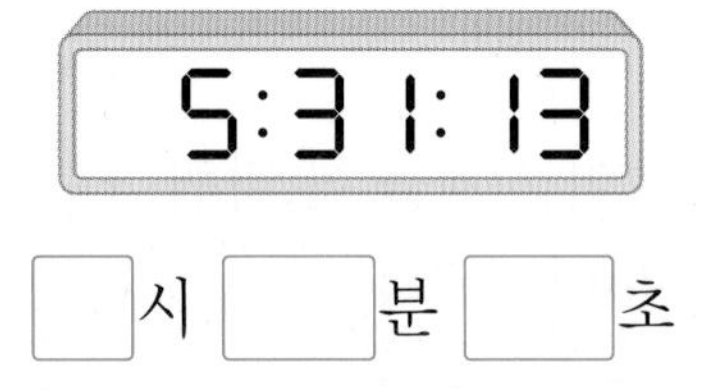

□시 □분 □초

03 크레파스의 길이는 얼마인지 □ 안에 알맞은 수를 써넣으세요.

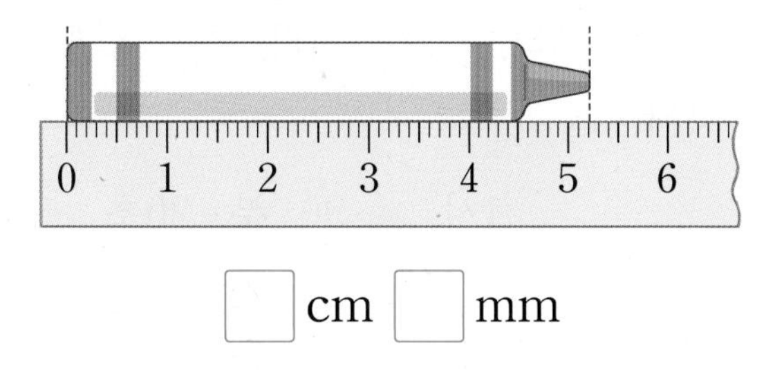

□cm □mm

04 자를 이용하여 주어진 길이를 그어 보세요.

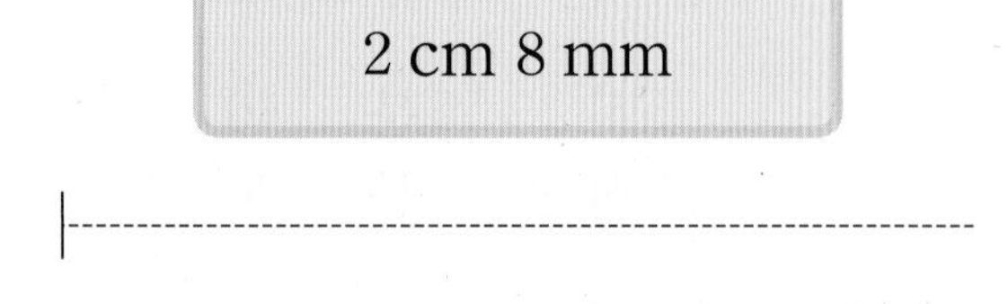

05 □ 안에 알맞은 수를 써넣으세요.

3500 m=□km □m

06 지우개의 길이를 어림하고, 자를 이용하여 몇 cm 몇 mm인지 재어 보세요.

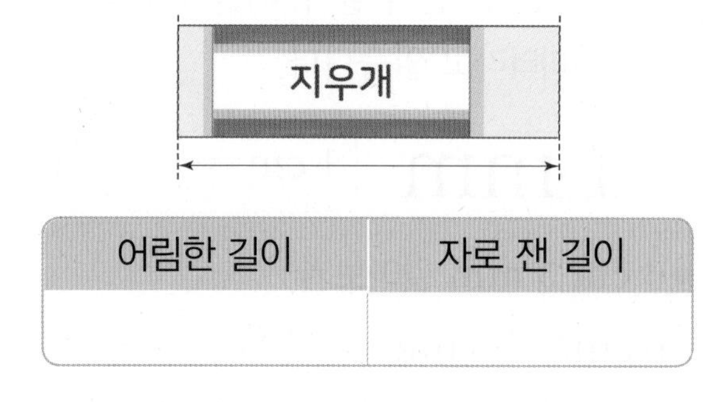

어림한 길이	자로 잰 길이

07 시각에 맞게 초바늘을 그려 보세요.

3시 24분 40초

08 길이를 비교하여 ○ 안에 >, =, <를 알맞게 써넣으세요.

5 cm 4 mm ○ 52 mm

09 ☐ 안에 알맞은 수를 써넣으세요.

	33 분	27 초
+	20 분	12 초
	☐ 분	☐ 초

10 길이가 1 km보다 더 긴 것을 찾아 기호를 써 보세요.

㉠ 한라산의 높이
㉡ 기차의 길이
㉢ 교실의 긴 쪽의 길이

(　　　　　　　)

11 재훈이는 색 테이프를 17 cm 9 mm 사용하여 미술 작품을 만들었습니다. 재훈이가 사용한 색 테이프의 길이는 몇 mm인지 구해 보세요.

(　　　　　　　)

12 ☐ 안에 알맞은 수를 써넣으세요.

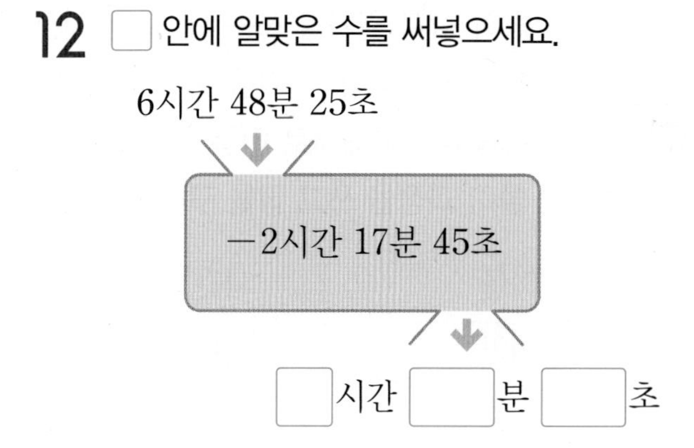

AI가 뽑은 정답률 낮은 문제

100쪽 유형 5

13 채민이네 집에서 도서관까지의 거리는 5 km 40 m입니다. 채민이가 버스를 타고 5 km를 간 다음 나머지는 걸어갔습니다. 채민이가 걸어간 거리는 몇 m인지 구해 보세요.

(　　　　　　　)

서술형

14 그림을 보고 km를 넣어서 **보기**와 같은 방법으로 문장을 만들어 보세요.

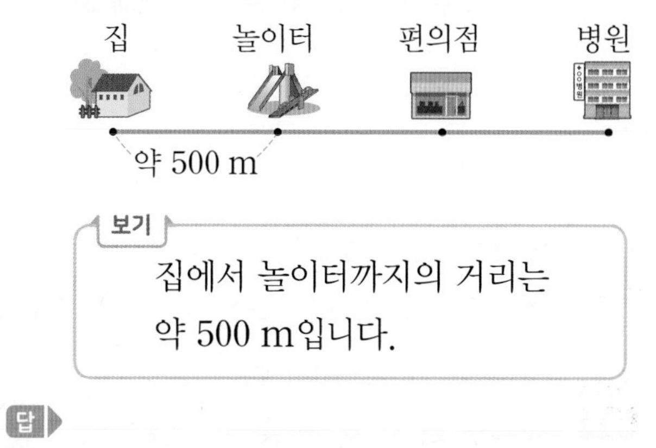

보기
집에서 놀이터까지의 거리는 약 500 m입니다.

답

AI가 뽑은 정답률 낮은 문제 서술형

15 세 사람이 각자 일기를 쓰는 데 걸린 시간을 나타낸 표입니다. 일기를 쓰는 데 오래 걸린 사람부터 차례대로 이름을 쓰려고 합니다. 풀이 과정을 쓰고 답을 구해 보세요.

99쪽 유형 4

이름	시간
지민	7분 43초
선호	517초
채연	8분 26초

풀이

답

16 은하는 위인전을 어제는 1시간 26분 동안 읽었고, 오늘은 2시간 13분 동안 읽었습니다. 은하가 어제와 오늘 위인전을 읽은 시간은 모두 몇 시간 몇 분인지 구해 보세요.

( )

AI가 뽑은 정답률 낮은 문제

17 오른쪽 시계가 나타내는 시각에서 39분 40초 전의 시각은 몇 시 몇 분 몇 초인지 구해 보세요.

101쪽 유형 7

( )

18 지혜는 꽃 축제에서 한 시간 동안 체험 활동 2가지를 하려고 합니다. 한 시간이 넘지 않도록 할 수 있는 활동 2가지를 골라 써 보세요.

꽃 그리기	화분 만들기	책갈피 만들기
35분	50분	14분 20초

(,)

19 현수가 2시간 15분 50초 동안 피아노 연습을 했더니 끝난 시각이 4시 46분 15초였습니다. 현수가 피아노 연습을 시작한 시각은 몇 시 몇 분 몇 초인지 구해 보세요.

( )

AI가 뽑은 정답률 낮은 문제

20 소희네 학교에서는 1교시 수업을 오전 9시에 시작하여 40분씩 수업을 하고 10분씩 쉽니다. 3교시 수업이 시작하는 시각은 오전 몇 시 몇 분인지 구해 보세요.

103쪽 유형 11

( )

점수

98~103쪽에서 같은 유형의 문제를 더 풀 수 있어요.

01 길이를 써 보세요.

8 센티미터 4 밀리미터

(   )

02 시각을 읽어 보세요.

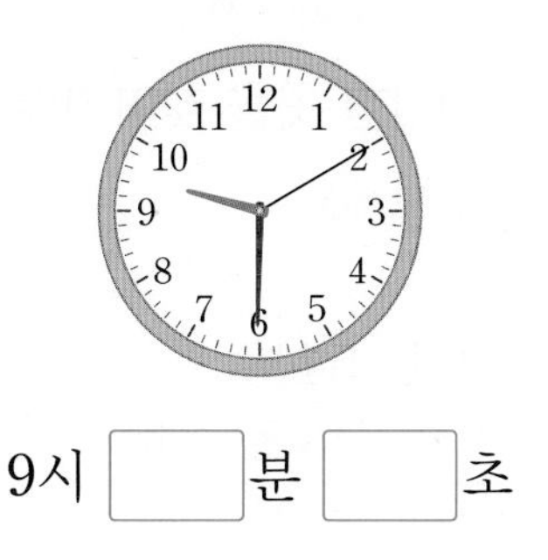

9시 ☐분 ☐초

03 그림을 보고 ☐ 안에 알맞은 수를 써넣으세요.

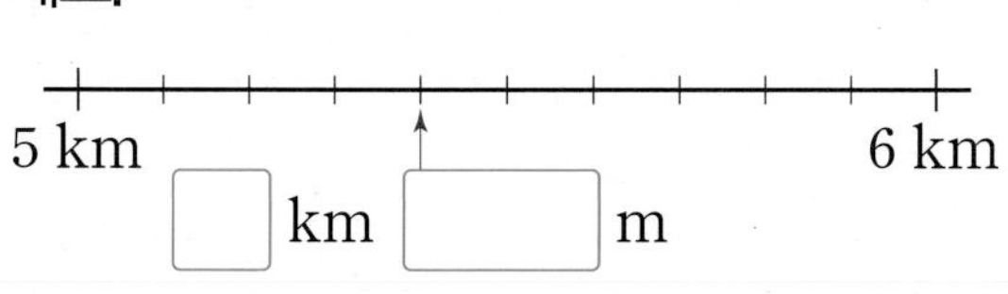

☐ km ☐ m

04 1초 동안 할 수 있는 일에 ○표 해 보세요.

양치질하기	( )
손뼉 한 번 치기	( )

05 ☐ 안에 알맞은 수를 써넣으세요.

216초=☐분 ☐초

06 자를 사용하여 길이가 같은 것을 찾아 기호를 써 보세요.

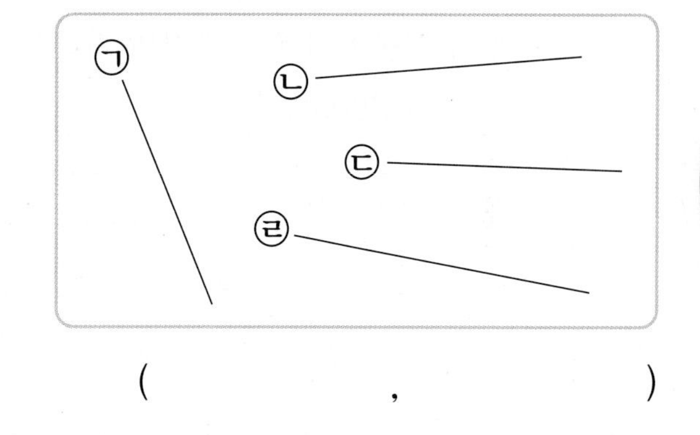

(,   )

07 mm 단위를 사용하여 길이를 나타내기에 가장 알맞은 것은 어느 것인가요?

(   )

① 기차의 길이 ② 교과서의 두께
③ 지리산의 높이 ④ 학교 건물의 높이
⑤ 서울에서 대전까지의 거리

08 길이를 비교하여 ○ 안에 >, =, <를 알맞게 써넣으세요.

7020 m ○ 7 km 200 m

5 단원

09 계산해 보세요.

7시 32분 19초+2시간 18분 26초

AI가 뽑은 정답률 낮은 문제

10 단위를 잘못 쓴 사람을 찾아 이름을 써 보세요.

98쪽 유형 2

- 은아: 교실 문의 높이는 약 2 m야.
- 민준: 강아지 목줄의 길이는 약 200 cm야.
- 해인: 서울에서 광주까지의 거리는 약 300 m야.

( )

11 마트에서 영화관까지의 거리는 약 500 m입니다. 마트에서 약 1 km 떨어진 곳에 있는 장소를 모두 찾아 써 보세요.

경찰서 영화관 마트 집 놀이터

약 500 m

( )

12 성민이는 오늘 하루 종일 8850 m를 걸었습니다. 성민이가 오늘 하루 걸은 거리는 몇 km 몇 m인지 구해 보세요.

( )

13 색 테이프 가와 나 중에서 길이가 더 긴 것을 써 보세요.

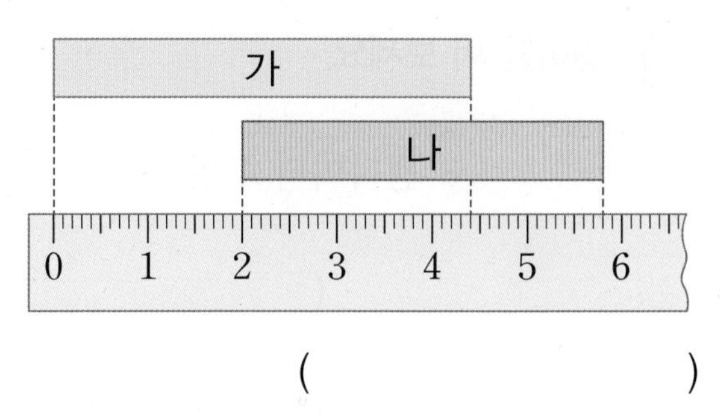

( )

AI가 뽑은 정답률 낮은 문제 

14 잘못 계산한 곳을 찾아 이유를 쓰고 바르게 계산해 보세요.

100쪽 유형 6

$$\begin{array}{rrr} & 2\text{시} & 54\text{분} \\ + & 9\text{분} & 40\text{초} \\ \hline & 12\text{시} & 34\text{분} \end{array}$$ →

이유

15 버스 정류장의 전광판을 보고 6541번 버스의 예상 도착 시각은 몇 시 몇 분 몇 초인지 구해 보세요.

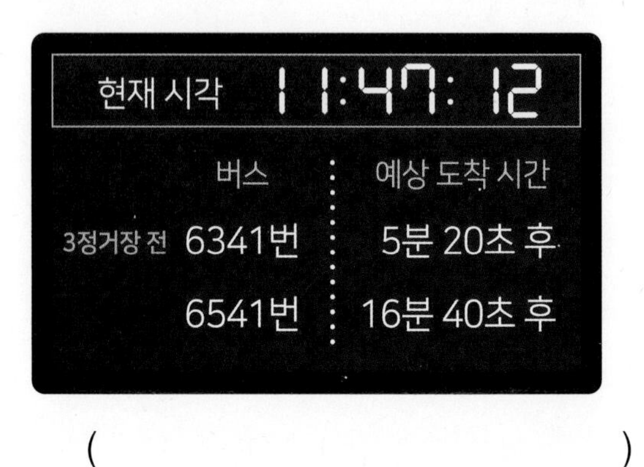

( )

AI가 뽑은 정답률 낮은 문제

16 수진이가 봉사 활동을 시작한 시각과 끝낸 시각입니다. 수진이가 봉사 활동을 한 시간은 몇 시간 몇 분 몇 초인지 구해 보세요.

101쪽 유형 8

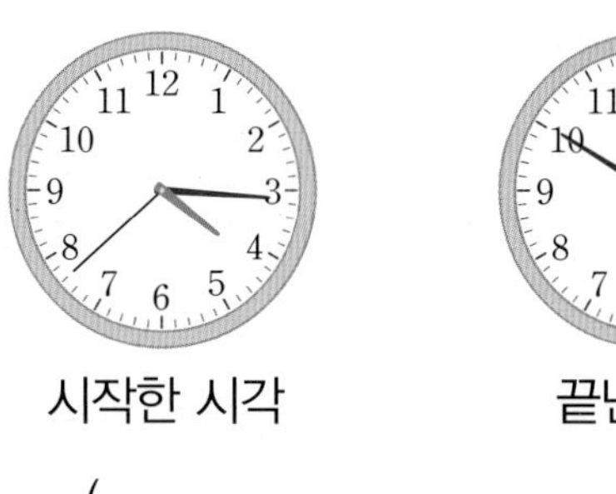

(　　　　　　　　　　　　)

서술형

17 승민이네 반의 모둠별 이어달리기 기록을 나타낸 표입니다. 1등 모둠과 3등 모둠의 기록의 차는 몇 분 몇 초인지 풀이 과정을 쓰고 답을 구해 보세요.

모둠	기록
승민이네 모둠	5분 15초
지혜네 모둠	6분 27초
태연이네 모둠	348초

풀이

답

AI가 뽑은 정답률 낮은 문제

18 □ 안에 알맞은 수를 써넣으세요.

102쪽 유형10

	5 시간	□	분	45	초
−	1 시간	11	분	□	초
	□ 시간	28	분	29	초

19 윤후가 태권도 연습을 시작한 시각에 시계를 보았더니 다음과 같았습니다. 윤후가 태권도 연습을 92분 30초 동안 했다면 태권도 연습을 끝낸 시각은 몇 시 몇 분 몇 초인지 구해 보세요.

(　　　　　　　　　　　　)

AI가 뽑은 정답률 낮은 문제

20 어느 날 해가 뜬 시각은 오전 6시 18분 49초이고, 해가 진 시각은 오후 6시 32분 26초였습니다. 이날 밤의 길이는 몇 시간 몇 분 몇 초인지 구해 보세요.

103쪽 유형12

(　　　　　　　　　　　　)

5 단원

점수

98~103쪽에서 같은 유형의 문제를 더 풀 수 있어요.

01 □ 안에 알맞은 수를 써넣으세요.

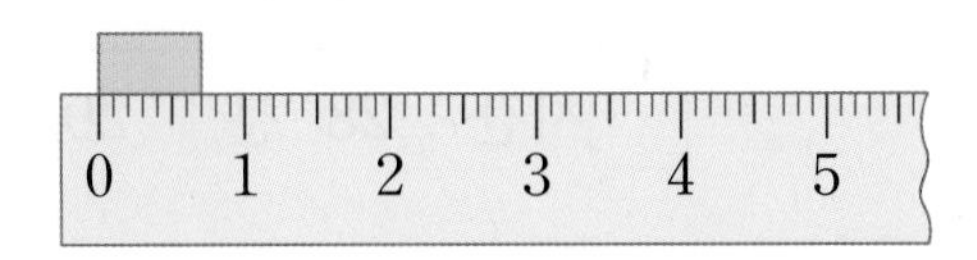

색 테이프의 길이는 □ mm입니다.

02 10시 30분 18초를 바르게 나타낸 시계에 ○표 해 보세요.

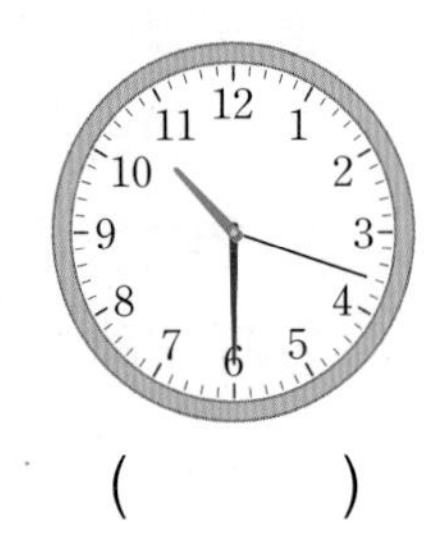

( ) ( )

03 □ 안에 알맞은 수는 어느 것인가요? ( )

8 km=□ m

① 8 ② 80 ③ 800
④ 8000 ⑤ 80000

04 **보기**에서 알맞은 시간의 단위를 골라 □ 안에 써넣으세요.

보기
초 분 시간

횡단보도를 건너는 데 15 □ 이/가 걸렸습니다.

05 **보기**에서 알맞은 길이를 골라 문장을 완성해 보세요.

보기
7 cm 220 mm

선정이의 집게손가락의 길이는 약 □ 이고, 발의 길이는 약 □ 입니다.

06 길이가 다른 하나를 찾아 기호를 써 보세요.

㉠ 6 km 300 m
㉡ 6 km보다 30 m 더 긴 거리
㉢ 6300 m

( )

07 같은 것끼리 선으로 이어 보세요.

42 mm	42 cm
402 mm	4 cm 2 mm
420 mm	40 cm 2 mm

08 시간의 단위를 바르게 고친 사람의 이름을 써 보세요.

• 진영: 4분 30초=430초
• 나은: 5분 40초=340초

( )

09~10 계산해 보세요.

09

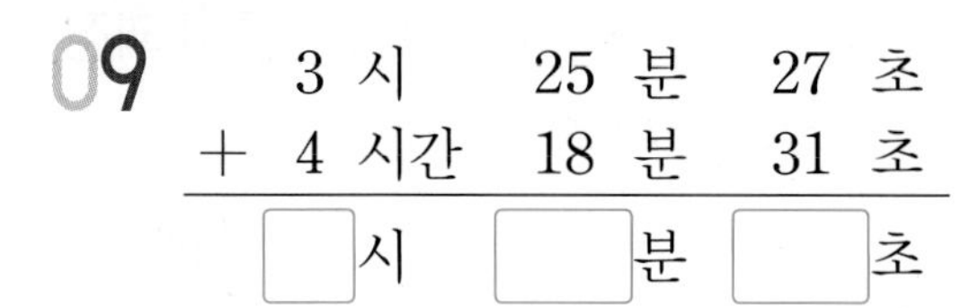

10

7 시 38 분 44 초
− 1 시간 16 분 23 초
□시 □분 □초

AI가 뽑은 정답률 낮은 문제

11 사탕의 길이는 얼마인지 □ 안에 알맞은 수를 써넣으세요.

98쪽 유형 1

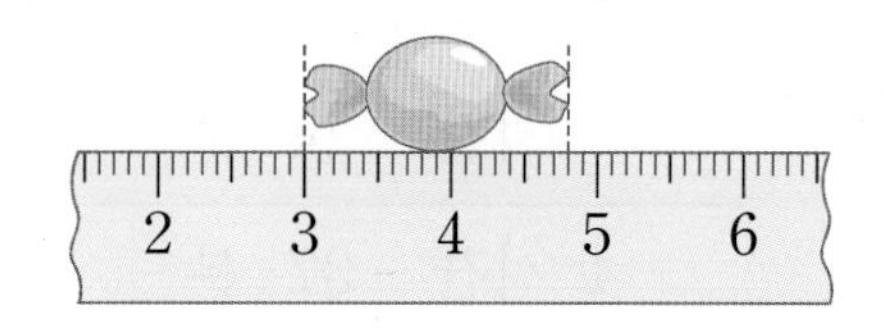

□ cm □ mm = □ mm

12 초바늘이 시계를 7바퀴 도는 데 걸리는 시간은 몇 초인지 구해 보세요.

(   )

13 서울에서 충주까지의 거리는 약 110 km입니다. 지도를 보고 서울에서 부산까지의 거리는 약 몇 km인지 어림해 보세요.

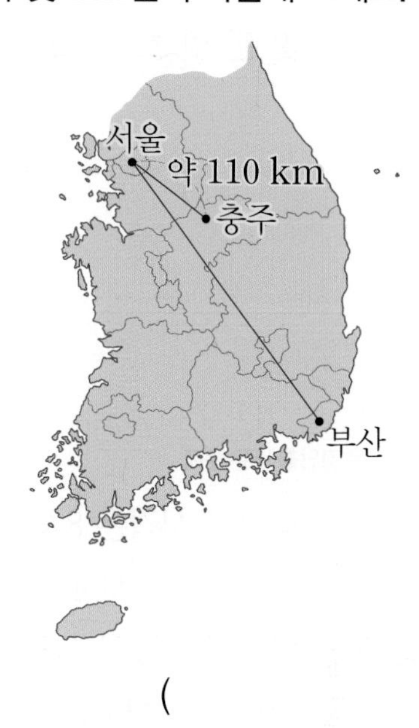

(   )

AI가 뽑은 정답률 낮은 문제 서술형

14 세 사람이 가지고 있는 리본의 길이를 나타낸 것입니다. 길이가 가장 짧은 리본을 가지고 있는 사람은 누구인지 풀이 과정을 쓰고 답을 구해 보세요.

99쪽 유형 3

- 은서: 360 mm
- 도연: 30 cm 6 mm
- 민혁: 316 mm

풀이

답

5 단원

15 윤아는 직업 체험을 했습니다. 의사 체험은 33분 26초 동안 했고, 소방관 체험은 21분 42초 동안 했습니다. 의사 체험은 소방관 체험보다 몇 분 몇 초 더 오래 했는지 구해 보세요.

( )

AI가 뽑은 정답률 낮은 문제

16 윤진이가 등교한 시각은 8시 24분 40초이고, 하교한 시각은 12시 41분 30초입니다. 윤진이가 학교에 있었던 시간은 몇 시간 몇 분 몇 초인지 구해 보세요.

101쪽 유형 8

( )

17 준호가 아침 식사를 하는 데 35분 15초가 걸렸습니다. 아침 식사를 7시 45분 23초에 시작했다면 아침 식사를 끝낸 시각은 몇 시 몇 분 몇 초인지 시곗바늘을 알맞게 그려 보세요.

서술형

18 집에서 출발하여 우체국까지 가려면 적어도 몇 km 몇 m를 가야 하는지 풀이 과정을 쓰고 답을 구해 보세요.

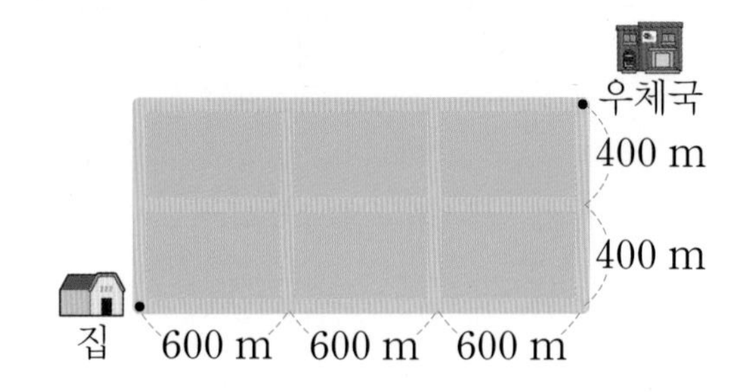

풀이

답

AI가 뽑은 정답률 낮은 문제

19 □ 안에 알맞은 수를 써넣으세요.

102쪽 유형 9

	1 시간	□ 분	42 초
+	□ 시간	24 분	32 초
	4 시간	37 분	□ 초

20 승아와 정후가 숙제를 시작한 시각과 끝낸 시각을 나타낸 표입니다. 숙제를 한 시간이 더 짧은 사람의 이름을 써 보세요.

	시작한 시각	끝낸 시각
승아	1시 24분 35초	2시 12분 26초
정후	3시 38분 13초	4시 22분 40초

( )

점수

98~103쪽에서 같은 유형의 문제를 더 풀 수 있어요.

01 초바늘이 가리키는 숫자와 초를 나타낸 것입니다. 빈칸에 알맞은 수를 써넣으세요.

숫자	1	4	7	9	11
초	5	20			

02 길이를 읽어 보세요.

4 km 700 m

(　　　　　　　　)

03 km를 사용하여 길이를 나타내기에 가장 알맞은 것을 찾아 ○표 해 보세요.

휴대 전화의 긴 쪽의 길이 (　　　)

배추흰나비의 길이 (　　　)

서울에서 대구까지의 거리 (　　　)

04 자를 이용하여 주어진 길이를 그어 보세요.

43 mm

05 □ 안에 cm와 mm 중에서 알맞은 단위를 써넣으세요.

칫솔의 길이는 약 19 □ 입니다.

06 전자시계를 보고 오른쪽 시계에 시곗바늘을 알맞게 그려 보세요.

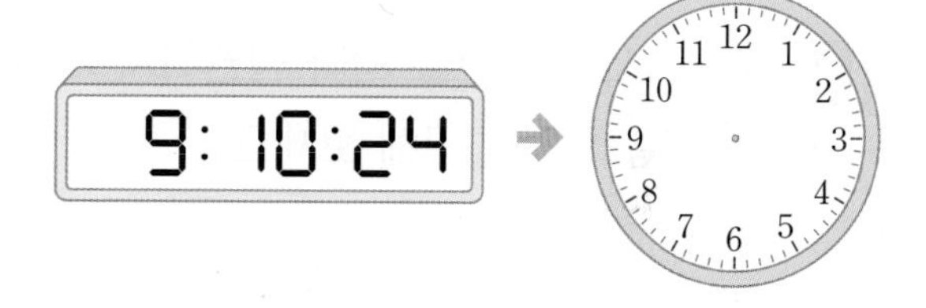

07 [1]이 실제로 나타내는 시간은 얼마인가요?

(　　　)

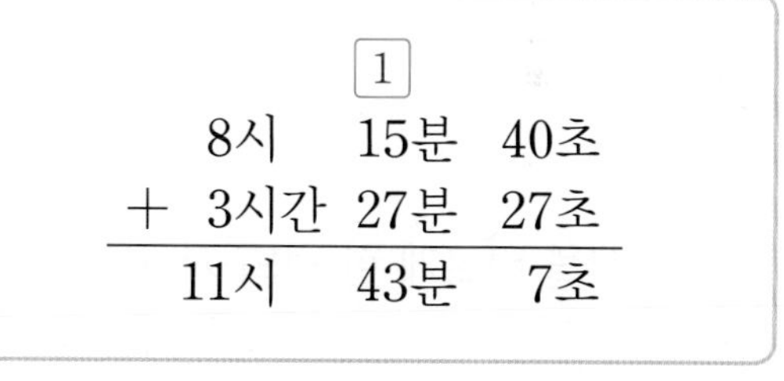

	1	
8시	15분	40초
+ 3시간	27분	27초
11시	43분	7초

① 1초 ② 10초 ③ 30초
④ 60초 ⑤ 100초

08 시간의 길이를 비교하여 ○ 안에 >, =, <를 알맞게 써넣으세요.

425초 ○ 7분 50초

09 연필꽂이의 높이는 15 cm 4 mm입니다. 연필꽂이에 똑바로 넣었을 때 보이는 물건은 어느 것인지 구해 보세요.

물건	풀	색연필
길이	147 mm	17 cm 8 cm

(　　　　　　　)

10 학교에서 도서관을 지나 병원까지 가는 거리는 몇 m인지 구해 보세요.

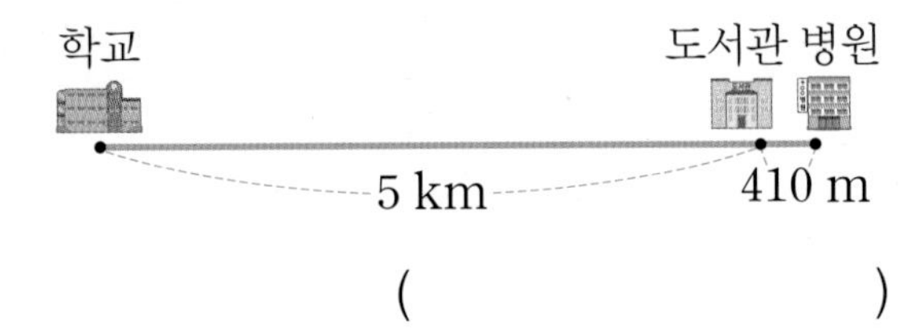

(　　　　　　　)

11 계산을 바르게 한 것의 기호를 써 보세요.

㉠ 1시간 40분+2시간 25분 37초
=3시간 5분 37초

㉡ 5시간 27분−1시간 35분 16초
=3시간 51분 44초

(　　　　　　　)

12 은행에서 편의점까지의 거리는 약 500 m입니다. 은행에서 약 1 km 떨어진 곳에 있는 장소를 찾아 써 보세요.

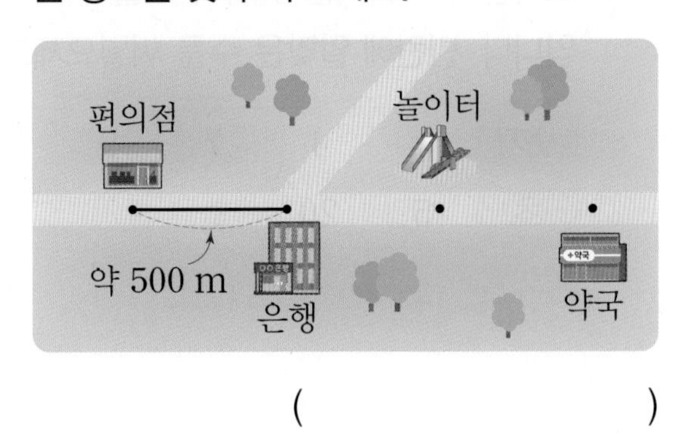

(　　　　　　　)

AI가 뽑은 정답률 낮은 문제

13 단위를 잘못 말한 사람의 이름을 쓰고 바르게 고쳐 보세요.

98쪽 유형 2

• 민수: 물을 한 모금 마시는 데 2초가 걸렸어.
• 수영: 야구 경기를 하는 데 3분이 걸렸어.

답 ▶

14 초바늘이 8에서 작은 눈금 3칸만큼 더 간 곳을 가리키고 있습니다. 몇 초를 나타내는지 구해 보세요.

(　　　　　　　)

AI가 뽑은 정답률 낮은 문제

15 동진이네 집에서 가까운 곳부터 차례대로 써 보세요.

99쪽 유형 3

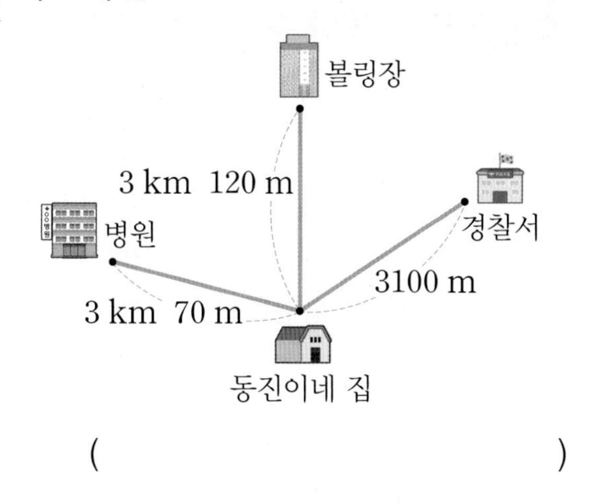

(　　　　　　　　　　)

16 은정이는 체육 시간에 줄넘기를 3분 20초 동안 했고, 달리기를 4분 50초 동안 했습니다. 은정이가 줄넘기와 달리기를 한 시간은 모두 몇 분 몇 초인지 구해 보세요.

(　　　　　　　　　　)

AI가 뽑은 정답률 낮은 문제

17 기차가 서울역에서 출발한 시각과 부산역에 도착한 시각입니다. 기차가 서울역에서 부산역까지 가는 데 걸린 시간은 몇 시간 몇 분인지 구해 보세요.

101쪽 유형 8

출발한 시각	도착한 시각
오전 11시 26분	오후 2시 9분

(　　　　　　　　　　)

18 혜진이가 시은이네 집에 가기 위해 집에서 나올 때 시계를 봤더니 다음과 같았습니다. 혜진이네 집에서 시은이네 집까지 가는 데 29분 53초가 걸렸다면 시은이네 집에 도착한 시각은 몇 시 몇 분 몇 초인지 구해 보세요.

(　　　　　　　　　　)

AI가 뽑은 정답률 낮은 문제

서술형

19 어느 날 낮의 길이는 12시간 28분 31초였습니다. 이날 밤의 길이는 몇 시간 몇 분 몇 초인지 풀이 과정을 쓰고 구해 보세요.

103쪽 유형12

풀이

답

20 하루에 12초씩 빨라지는 시계가 있습니다. 이 시계를 오늘 오전 11시에 정확히 맞추어 놓았습니다. 7일 후 오전 11시에 이 시계가 가리키는 시각은 오전 몇 시 몇 분 몇 초인지 구해 보세요.

(　　　　　　　　　　)

3회 11번

유형 1 물건의 길이 재기

물감의 길이는 얼마인지 □ 안에 알맞은 수를 써넣으세요.

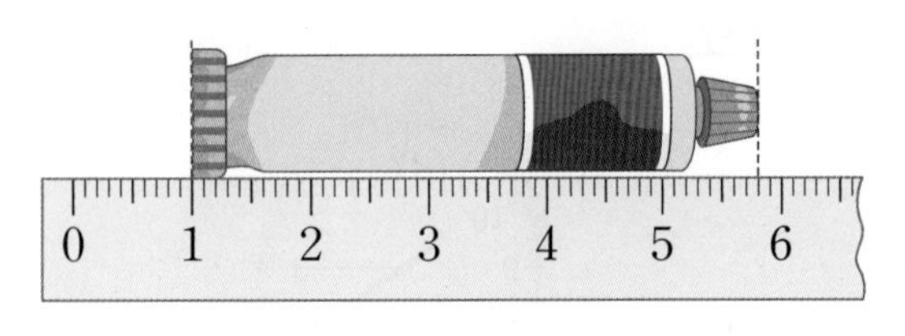

□ cm □ mm

Tip 물감의 길이를 잴 때 자의 눈금 0에서 시작하지 않는 것에 주의해요.

1-1 머리핀의 길이를 바르게 말한 사람의 이름을 써 보세요.

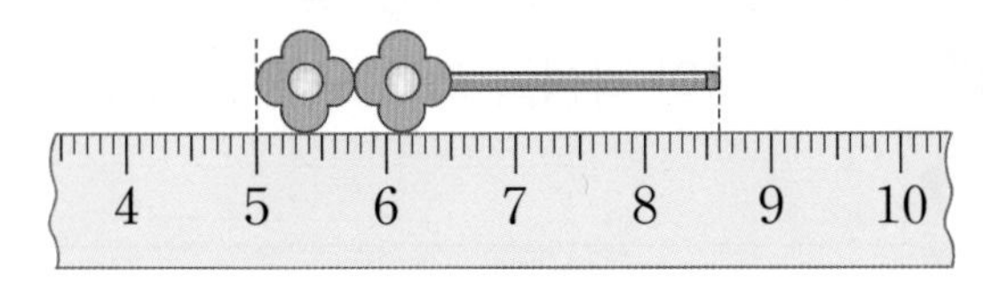

- 유미: 머리핀의 길이는 8 cm 6 mm야.
- 성준: 머리핀의 길이는 3 cm 6 mm야.

(　　　　　　　)

1-2 열쇠의 길이는 얼마인지 □ 안에 알맞은 수를 써넣으세요.

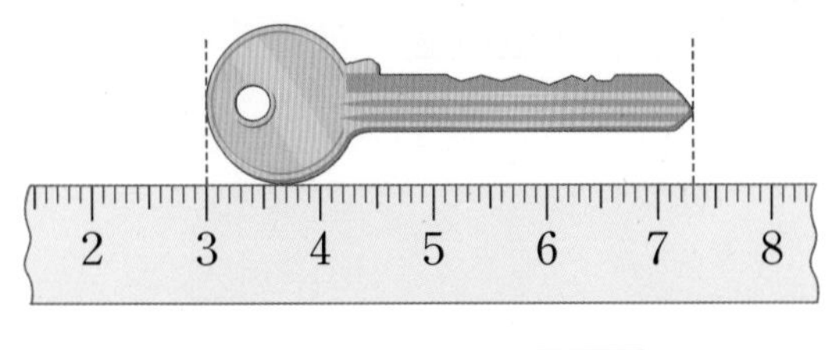

□ cm □ mm = □ mm

2회 10번 4회 13번

유형 2 단위를 잘못 쓴 것 찾기

단위를 잘못 쓴 것의 기호를 써 보세요.

㉠ 내 발의 길이는 약 210 mm입니다.
㉡ 교과서의 짧은 쪽의 길이는 약 25 mm입니다.

(　　　　　　　)

Tip 단위에 맞게 어림하여 생각해요.

2-1 단위를 잘못 쓴 것의 기호를 써 보세요.

㉠ 점심을 30초 동안 먹었습니다.
㉡ 영화 한 편을 2시간 동안 봤습니다.

(　　　　　　　)

2-2 단위를 잘못 쓴 사람의 이름을 써 보세요.

- 세훈: 동화책의 두께는 약 7 m야.
- 채원: 한라산의 높이는 약 2 km야.

(　　　　　　　)

2-3 단위를 잘못 쓴 것을 찾아 기호를 쓰고 바르게 고쳐 보세요.

㉠ 학교 운동장 한 바퀴를 달리는 데 약 3분이 걸렸습니다.
㉡ 책상의 높이는 약 70 cm입니다.
㉢ 자동차의 길이는 약 4 cm입니다.

3회 14번 4회 15번

유형 3 길이(거리) 비교하기

길이가 더 긴 물건의 이름을 써 보세요.

- 가위: 12 cm 9 mm
- 볼펜: 136 mm

( )

Tip 길이의 단위를 '몇 cm 몇 mm' 또는 '몇 mm'로 같게 나타낸 다음 길이를 비교해요.

3-1 장수풍뎅이의 몸길이는 82 mm이고, 사슴벌레의 몸길이는 7 cm 6 mm입니다. 몸길이가 더 짧은 곤충은 무엇인지 써 보세요.

( )

3-2 경호네 집에서 더 먼 곳은 어디인지 써 보세요.

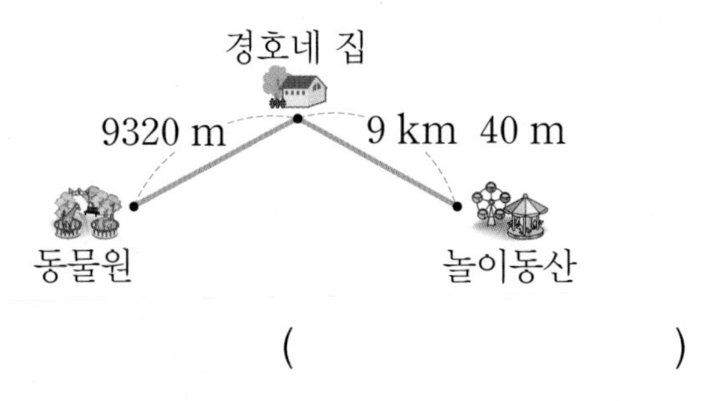

( )

3-3 지하철역에서 가까운 곳부터 차례대로 써 보세요.

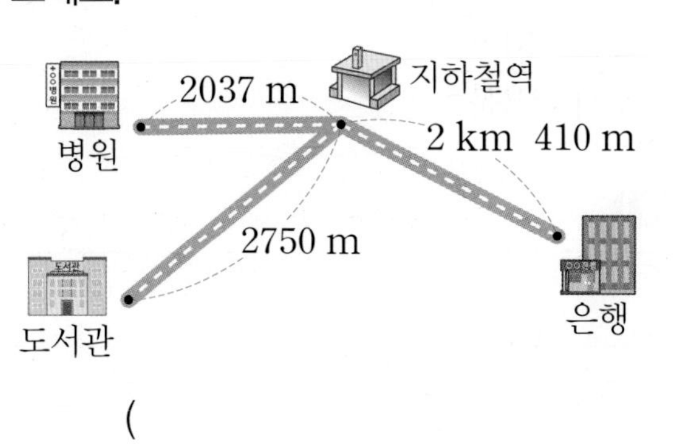

( )

1회 15번

유형 4 시간 비교하기

일기 쓰기와 세수하기 중에서 민우가 하는 데 더 오래 걸린 일은 무엇인지 써 보세요.

일기 쓰기	세수하기
4분 24초	278초

( )

Tip 시간의 단위를 '몇 분 몇 초' 또는 '몇 초'로 같게 나타낸 다음 시간을 비교해요.

4-1 이불 정리하기와 가방 싸기 중에서 은정이가 하는 데 더 짧게 걸린 일은 무엇인지 써 보세요.

이불 정리하기	가방 싸기
135초	2분 12초

( )

4-2 세진이와 재윤이의 오래 매달리기 기록을 나타낸 것입니다. 더 오래 매달린 사람의 이름을 써 보세요.

세진	재윤
1분 23초	85초

( )

4-3 연주곡 중에서 재생 시간이 가장 짧은 것을 찾아 써 보세요.

가야금 연주곡	바이올린 연주곡	거문고 연주곡
194초	4분 17초	3분 59초

( )

1회 13번

유형 5 거리 구하기

지은이는 학교에서 출발하여 도서관까지 가는 데 버스를 타고 1 km를 간 다음 750 m를 걸어갔습니다. 지은이가 학교에서 도서관까지 가는 데 움직인 거리는 모두 몇 km 몇 m인지 구해 보세요.

( )

Tip ■ km보다 ▲ m 더 긴 거리는 ■ km ▲ m예요.

5-1 주혁이는 집에서 출발하여 버스를 타고 3 km를 간 다음 400 m를 더 걸어갔더니 영화관에 도착했습니다. 주혁이가 집에서 영화관까지 가는 데 움직인 거리는 몇 km 몇 m인지 구해 보세요.

( )

5-2 보미네 집에서 할머니 댁까지의 거리는 7 km 320 m입니다. 보미가 지하철을 타고 7 km 간 다음 나머지는 걸어갔습니다. 보미가 걸어간 거리는 몇 m인지 구해 보세요.

( )

5-3 공원의 시계탑에서 분수대까지의 거리는 2800 m입니다. 수연이가 공원의 시계탑에서 분수대까지 가는 데 자전거를 타고 2 km를 갔다면 몇 m를 더 가야 하는지 구해 보세요.

( )

2회 14번

유형 6 잘못 계산한 곳을 찾아 바르게 계산하기

잘못 계산한 곳을 찾아 바르게 계산해 보세요.

	3시	40분
+	5분	15초
	8시	55분

→

Tip 시간의 덧셈과 뺄셈을 할 때에는 시는 시끼리, 분은 분끼리, 초는 초끼리 계산해야 해요.

6-1 잘못 계산한 곳을 찾아 바르게 계산해 보세요.

	7시	29분
−	4분	20초
	3시	9분

→

6-2 잘못 계산한 곳을 찾아 이유를 쓰고 바르게 계산해 보세요.

	9시	52분
−	2분	40초
	7시	12분

→

이유

1회 17번

유형 7 몇 분 몇 초 전(후)의 시각 구하기

오른쪽 시계가 나타내는 시각에서 25분 10초 전의 시각은 몇 시 몇 분 몇 초인지 구해 보세요.

(　　　　　　　　　　)

Tip 시계가 나타내는 시각에서 25분 10초 전의 시각은 시계가 나타내는 시각에서 25분 10초를 빼서 구해요.

7-1 오른쪽 시계가 나타내는 시각에서 15분 34초 후의 시각은 몇 시 몇 분 몇 초인지 구해 보세요.

(　　　　　　　　　　)

7-2 오른쪽 시계가 나타내는 시각에서 1시간 41분 40초 후의 시각은 몇 시 몇 분 몇 초인지 구해 보세요.

(　　　　　　　　　　)

7-3 오른쪽 시계가 나타내는 시각에서 2시간 52분 15초 전의 시각을 왼쪽 시계에 나타내어 보세요.

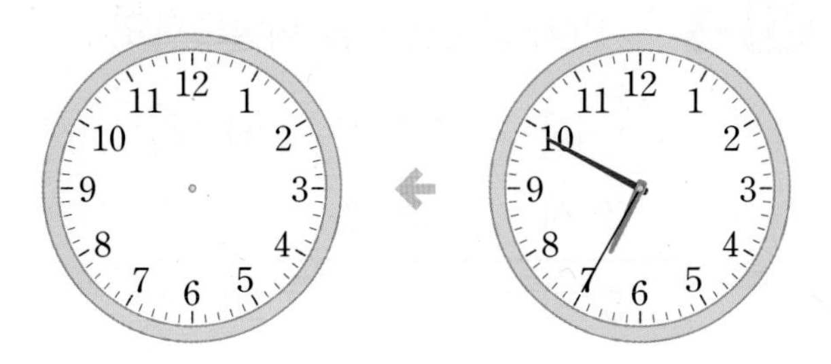

2회 16번 3회 16번 4회 17번

유형 8 걸린 시간 구하기

서윤이가 수영을 시작한 시각과 끝낸 시각입니다. 서윤이가 수영을 한 시간은 몇 시간 몇 분 몇 초인지 구해 보세요.

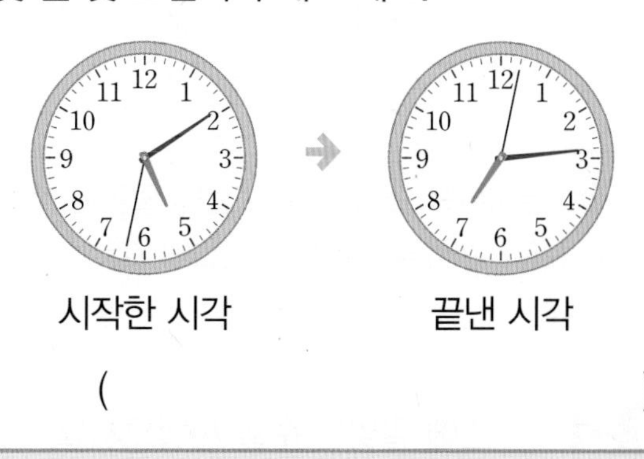

(　　　　　　　　　　)

Tip (서윤이가 수영을 한 시간)
=(수영을 끝낸 시각)−(수영을 시작한 시각)

8-1 원희가 미술관에 가서 관람을 시작한 시각과 끝낸 시각입니다. 미술관에서 관람한 시간은 몇 시간 몇 분 몇 초인지 구해 보세요.

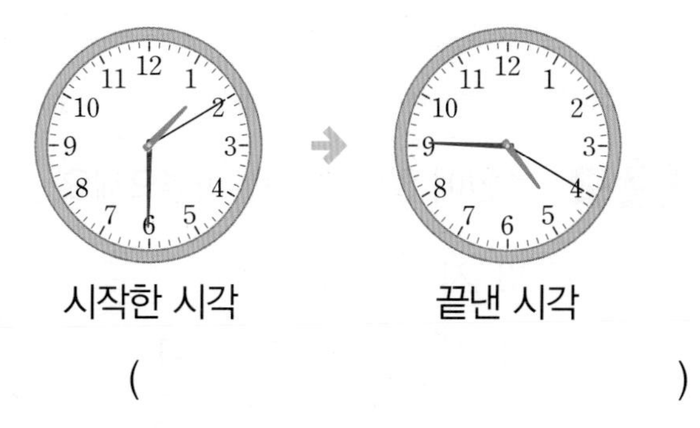

(　　　　　　　　　　)

8-2 영화가 시작한 시각과 끝난 시각입니다. 영화의 상영 시간은 몇 시간 몇 분인지 구해 보세요.

영화가 시작한 시각	영화가 끝난 시각
오전 11시 35분	오후 1시 29분

(　　　　　　　　　　)

3회 19번

유형 9 시간의 덧셈식 완성하기

□ 안에 알맞은 수를 써넣으세요.

	□	시	15	분
+	3	시간	□	분
	6	시	38	분

Tip 분끼리의 덧셈에서 □ 안에 알맞은 수를 구한 다음, 시끼리의 덧셈에서 □ 안에 알맞은 수를 구해요.

9-1 □ 안에 알맞은 수를 써넣으세요.

	5	시간	□	분
+	□	시간	29	분
	11	시간	56	분

9-2 □ 안에 알맞은 수를 써넣으세요.

	3	시	27	분	□	초
+	1	시간	□	분	41	초
	□	시	49	분	52	초

9-3 □ 안에 알맞은 수를 써넣으세요.

	□	시간	39	분	□	초
+	5	시간	17	분	42	초
	10	시간	□	분	27	초

2회 18번

유형 10 시간의 뺄셈식 완성하기

□ 안에 알맞은 수를 써넣으세요.

	7	시	□	분
−	□	시간	24	분
	3	시	17	분

Tip 분끼리의 뺄셈에서 □ 안에 알맞은 수를 구한 다음, 시끼리의 뺄셈에서 □ 안에 알맞은 수를 구해요.

10-1 □ 안에 알맞은 수를 써넣으세요.

	□	시간	51	분
−	2	시간	□	분
	6	시간	35	분

10-2 □ 안에 알맞은 수를 써넣으세요.

	□	시	39	분	□	초
−	5	시간	17	분	32	초
	2	시	□	분	27	초

10-3 □ 안에 알맞은 수를 써넣으세요.

	□	시	23	분	51	초
−	3	시	39	분	□	초
	5	시간	□	분	20	초

1회 20번

유형 11 끝나는(시작하는) 시각 구하기

윤하네 학교에서는 1교시 수업을 오전 8시 50분에 시작하여 40분씩 수업을 하고 10분씩 쉽니다. 2교시 수업이 끝나는 시각은 오전 몇 시 몇 분인지 구해 보세요.

( )

Tip 2교시 수업이 끝나는 시각이 되려면 수업 시간이 2번, 쉬는 시간이 1번 지나야 해요.

11-1 태현이네 학교에서는 1교시 수업을 오전 9시에 시작하여 40분씩 수업을 하고 15분씩 쉽니다. 3교시 수업이 시작하는 시각은 오전 몇 시 몇 분인지 구해 보세요.

( )

11-2 떡 만들기 축제에서 떡 만들기 행사를 35분 동안 진행하고 10분 동안 쉰다고 합니다. 첫째 행사를 오전 10시에 시작했다면 둘째 행사가 끝나는 시각은 오전 몇 시 몇 분인지 구해 보세요.

( )

11-3 현수네 학교에서는 45분 동안 수업을 하고 10분씩 쉽니다. 3교시가 오전 11시 20분에 끝났다면 1교시 수업을 시작한 시각은 오전 몇 시 몇 분인지 구해 보세요.

( )

2회 20번 4회 19번

유형 12 낮(밤)의 길이 구하기

어느 날 낮의 길이는 13시간 18분 30초였습니다. 이날 밤의 길이는 몇 시간 몇 분 몇 초인지 구해 보세요.

( )

Tip 하루는 24시간이에요.

12-1 어느 날 낮의 길이는 11시간 22분 25초였습니다. 이날 밤의 길이는 몇 시간 몇 분 몇 초인지 구해 보세요.

( )

12-2 어느 날 해가 뜬 시각과 해가 진 시각입니다. 이날 밤의 길이는 몇 시간 몇 분 몇 초인지 구해 보세요.

해가 뜬 시각	해가 진 시각
오전 7시 47분 24초	오후 6시 11분 43초

( )

12-3 어느 날 해가 뜬 시각은 오전 6시 17분 35초이고, 해가 진 시각은 오후 7시 29분 16초였습니다. 이날 밤의 길이는 몇 시간 몇 분 몇 초인지 구해 보세요.

( )

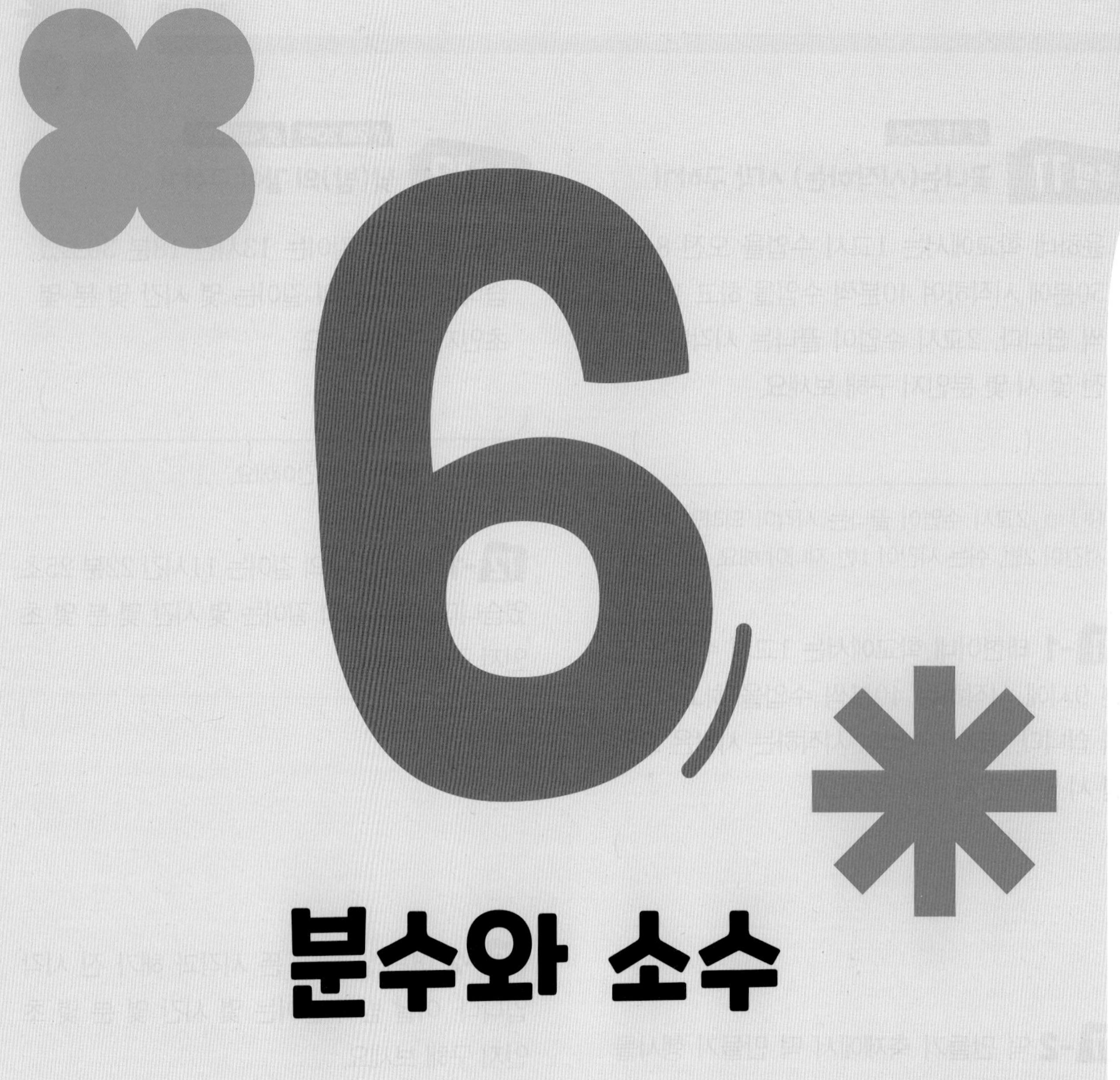

분수와 소수

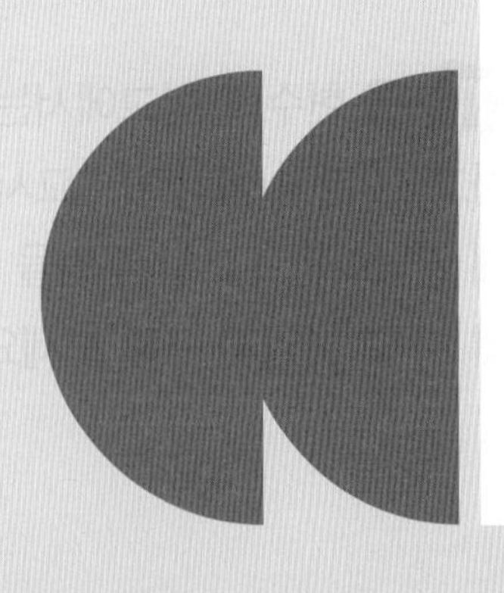

개념정리 6단원 분수와 소수

개념 1 똑같이 나누기

◆똑같이 셋으로 나누기

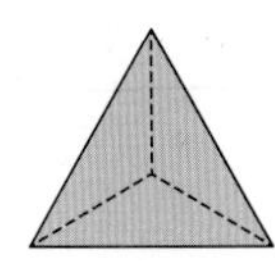
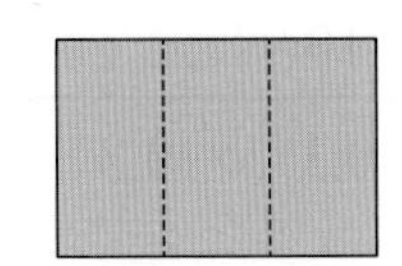

나누어진 조각을 겹쳐 보면 꼭 맞게 겹쳐지므로 크기와 모양이 (같습니다 , 다릅니다).

개념 2 분수 알아보기

◆분수 알아보기

• 전체를 똑같이 4로 나눈 것 중의 3을 $\frac{3}{4}$이라 쓰고 4분의 3이라고 읽습니다.

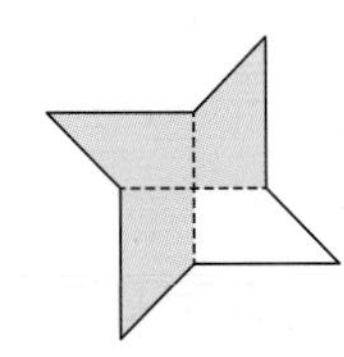
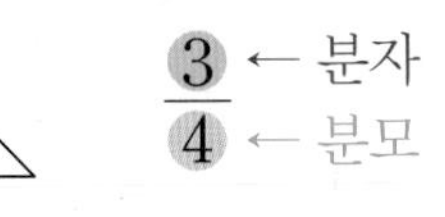

• $\frac{1}{3}$, $\frac{3}{4}$과 같은 수를 분수라고 합니다.

◆전체에 대한 부분을 분수로 나타내기

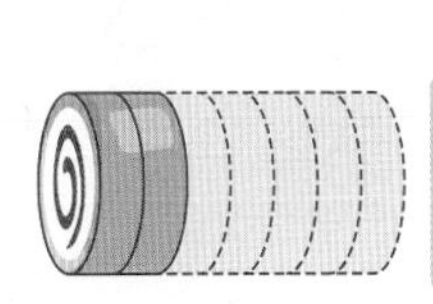

남은 부분: 전체의 $\frac{2}{7}$

먹은 부분: 전체의 $\frac{\square}{7}$

개념 3 분모가 같은 분수의 크기 비교

◆$\frac{3}{4}$과 $\frac{2}{4}$의 크기 비교

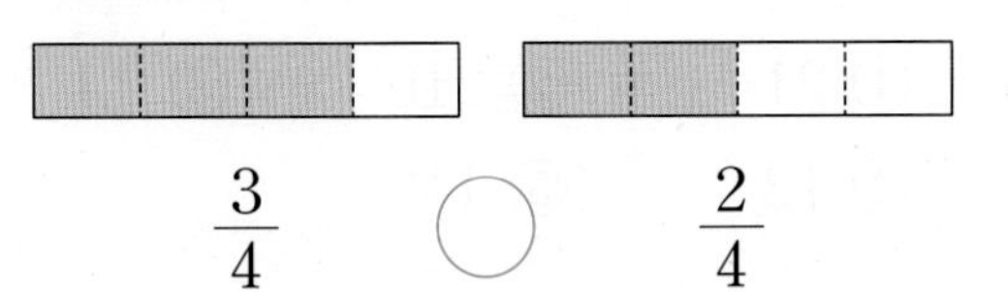

$\frac{3}{4}$ ○ $\frac{2}{4}$

분모가 같은 분수는 분자가 클수록 더 큰 분수입니다.

개념 4 단위분수의 크기 비교

◆단위분수 알아보기

분수 중에서 $\frac{1}{2}$, $\frac{1}{3}$, $\frac{1}{4}$, $\frac{1}{5}$과 같이 분자가 □인 분수를 단위분수라고 합니다.

◆$\frac{1}{4}$과 $\frac{1}{6}$의 크기 비교

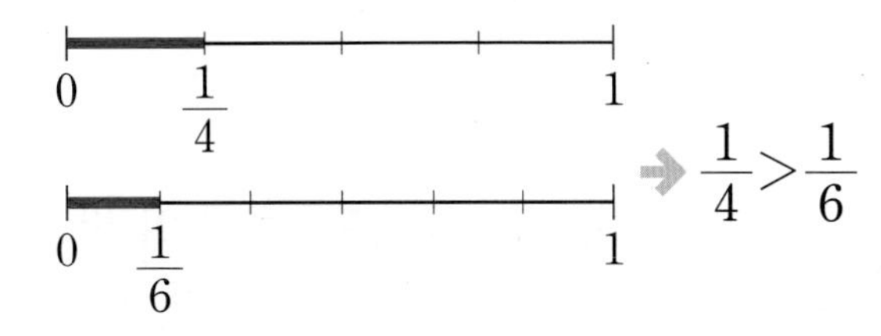

➔ $\frac{1}{4} > \frac{1}{6}$

단위분수는 분모가 작을수록 더 큰 분수입니다.

개념 5 소수 알아보기

◆소수 알아보기

0.1, 0.2, 0.3과 같은 수를 소수라 하고, '.'을 소수점이라고 합니다.

◆1과 0.5만큼을 알아보기

1과 0.5만큼을 □(이)라 쓰고, 일 점 오라고 읽습니다.

개념 6 소수의 크기 비교

◆1.4와 1.8의 크기 비교

소수점 왼쪽의 수가 같으면 소수점 오른쪽의 수가 큰 소수가 더 큽니다. ➔ 1.4 < 1.8

◆3.4와 2.9의 크기 비교

소수점 왼쪽의 수가 다르면 소수점 왼쪽의 수가 큰 소수가 더 큽니다. ➔ 3.4 ○ 2.9

정답 ❶ 같습니다 ❷ 5 ❸ > ❹ 1 ❺ 1.5 ❻ >

6 단원

점수

118~123쪽에서 같은 유형의 문제를 더 풀 수 있어요.

01 □ 안에 알맞은 수를 써넣으세요.

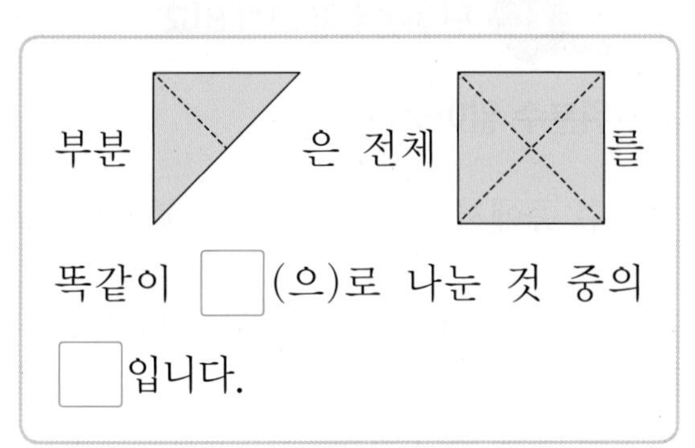

02 똑같이 셋으로 나누어진 도형을 찾아 써 보세요.

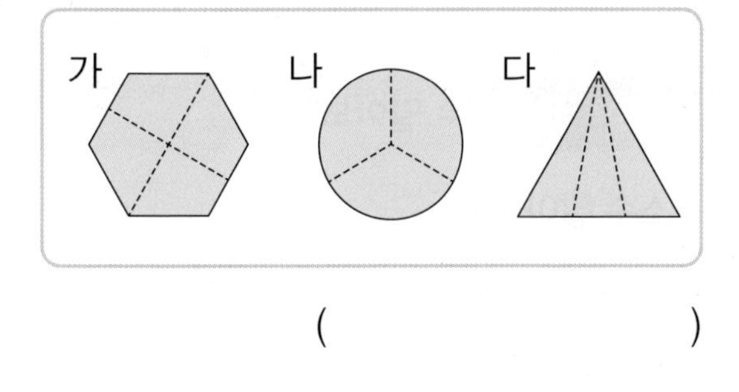

(　　　　　　　)

03 색칠한 부분은 전체의 얼마인지 알맞은 분수를 찾아 ○표 해 보세요.

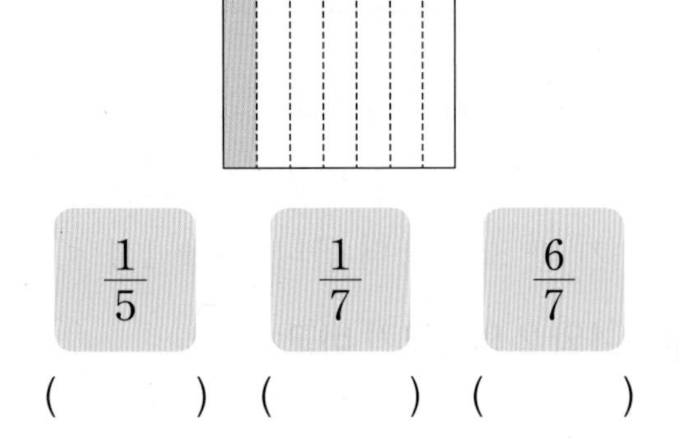

$\frac{1}{5}$　$\frac{1}{7}$　$\frac{6}{7}$

(　　) (　　) (　　)

04 □ 안에 알맞은 분수 또는 소수를 써넣으세요.

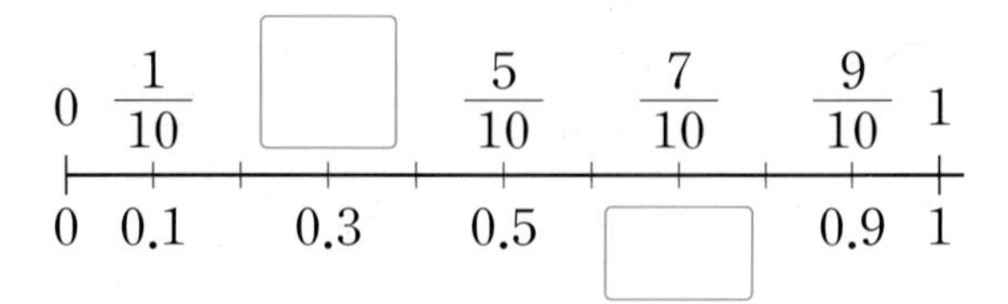

05 그림을 보고 알맞은 말에 ○표 해 보세요.

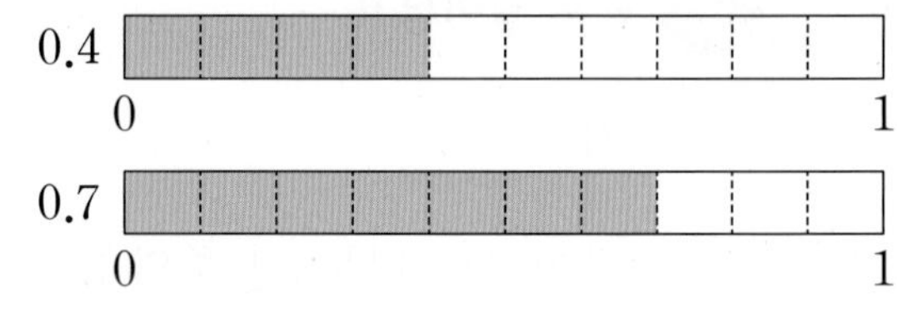

0.4는 0.7보다 더 (큽니다 , 작습니다).

06 주어진 분수만큼 색칠해 보세요.

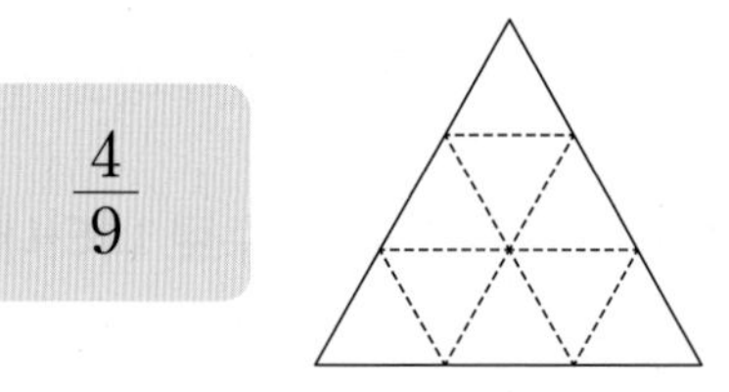

07 □ 안에 알맞은 수는 어느 것인가요? (　　)

0.1이 21개이면 □입니다.

① 21　② 210　③ 2.1
④ 12　⑤ 1.2

08 두 분수의 크기를 비교하여 ◯ 안에 >, =, <를 알맞게 써넣으세요.

$\frac{1}{9}$ ◯ $\frac{1}{6}$

09 색칠한 부분과 색칠하지 않은 부분을 각각 분수로 나타내어 보세요.

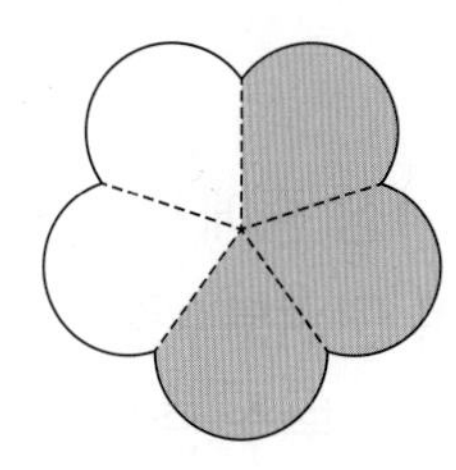

색칠한 부분 (　　　　　　)

색칠하지 않은 부분 (　　　　　　)

10 점을 이용하여 도형을 똑같이 넷으로 나누어 보세요.

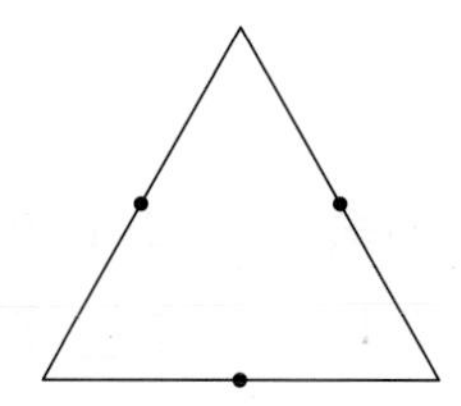

AI가 뽑은 정답률 낮은 문제

11 가장 작은 분수에 ◯표 해 보세요.

118쪽 유형 2

$\frac{3}{7}$　$\frac{5}{7}$　$\frac{2}{7}$　$\frac{6}{7}$

12 식빵 한 개를 똑같이 8조각으로 나누었습니다. 그중에서 3조각은 전체의 얼마인지 분수로 나타내어 보세요.

(　　　　　　)

AI가 뽑은 정답률 낮은 문제

13 재훈이는 7 cm보다 9 mm 더 긴 색 테이프를 가지고 있습니다. 재훈이가 가지고 있는 색 테이프의 길이는 몇 cm인지 소수로 나타내어 보세요.

119쪽 유형 3

(　　　　　　)

서술형

14 한나의 설명이 맞는지 틀린지 알맞은 말에 ◯표 하고, 그 이유를 설명해 보세요.

설명이 (맞습니다 , 틀립니다).

이유

AI가 뽑은 정답률 낮은 문제

15 5.4보다 작은 소수를 모두 찾아 기호를 써 보세요.

120쪽 유형 6

㉠ 0.1이 49개인 수

㉡ $\frac{1}{10}$이 58개인 수

㉢ 5와 0.1만큼인 수

(　　　　　　　　)

서술형

16 세 사람이 가지고 있는 연필의 길이를 나타낸 표입니다. 가장 긴 연필을 가지고 있는 사람은 누구인지 풀이 과정을 쓰고 답을 구해 보세요.

재형	상희	유현
9.2 cm	84 mm	8.6 cm

풀이

답

AI가 뽑은 정답률 낮은 문제

17 1부터 9까지의 수 중에서 □ 안에 들어갈 수 있는 수를 모두 구해 보세요.

122쪽 유형 9

$$\frac{7}{12}<\frac{\square}{12}<\frac{10}{12}$$

(　　　　　　　　)

18 케이크를 똑같이 6조각으로 나누어 보미는 전체의 $\frac{1}{2}$만큼 먹고, 은성이는 전체의 $\frac{1}{3}$만큼 먹었습니다. 보미는 은성이보다 몇 조각 더 많이 먹었는지 구해 보세요.

(　　　　　　　　)

19 수 카드 4장 중에서 2장을 골라 한 번씩만 사용하여 단위분수를 만들려고 합니다. 만들 수 있는 분수 중에서 가장 작은 분수를 구해 보세요.

1　4　2　7

(　　　　　　　　)

20 다음을 만족하는 소수 ●.◆를 모두 구해 보세요. (단, ●와 ◆는 각각 한 자리 수입니다.)

- ●.◆는 4보다 크고 7보다 작습니다.
- ●는 ◆의 2배입니다.

(　　　　　　　　)

점수

118~123쪽에서 같은 유형의 문제를 더 풀 수 있어요.

01 호두파이를 똑같이 몇 조각으로 나누었는지 □ 안에 알맞은 수를 써넣으세요.

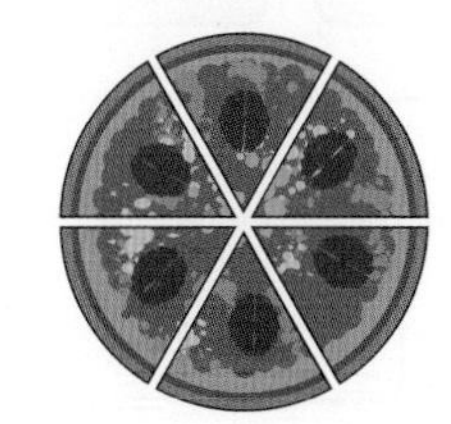

□조각

02 그림을 보고 □ 안에 알맞은 소수나 말을 써넣으세요.

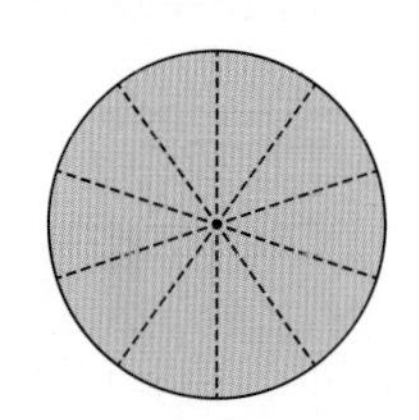 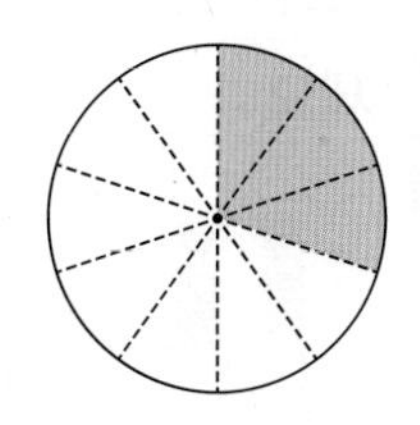

색칠한 부분은 1과 □ 만큼이므로 소수로 □(이)라 쓰고, □(이)라고 읽습니다.

03 분수로 나타내어 보세요.

6분의 1

(　　　　　　)

04 $\frac{4}{7}$만큼 색칠하고 □ 안에 알맞은 수를 써넣으세요.

$\frac{1}{7}$	$\frac{1}{7}$	$\frac{1}{7}$	$\frac{1}{7}$	$\frac{1}{7}$	$\frac{1}{7}$	$\frac{1}{7}$

$\frac{4}{7}$는 $\frac{1}{7}$이 □개입니다.

05 그림을 보고 ○ 안에 >, =, <를 알맞게 써넣으세요.

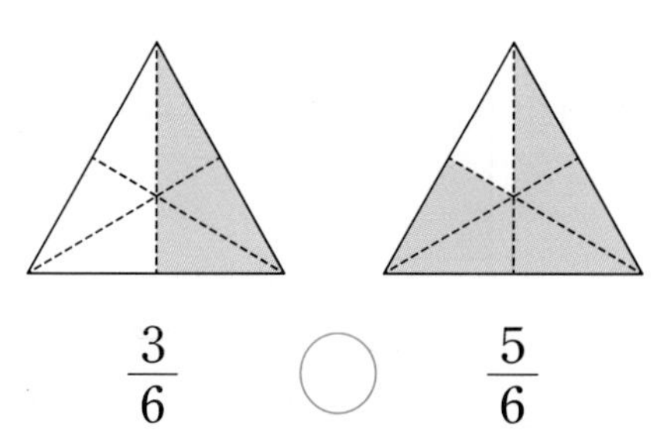

$\frac{3}{6}$ ○ $\frac{5}{6}$

06 □ 안에 알맞은 수를 써넣으세요.

$7\text{ mm}=\frac{\square}{10}\text{ cm}=\square\text{ cm}$

07 분수는 소수로, 소수는 분수로 나타내어 보세요.

분수	소수
$\frac{8}{10}$	
	0.9

08 시루떡 한 상자에서 서아네 가족이 먹고 남은 것입니다. 남은 부분과 먹은 부분을 각각 분수로 나타내어 보세요.

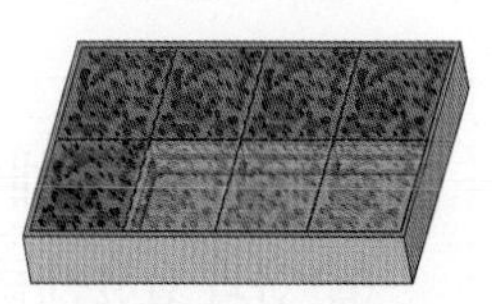

• 남은 부분은 전체의 $\frac{\square}{8}$입니다.

• 먹은 부분은 전체의 $\frac{\square}{\square}$입니다.

09 전체에 알맞은 도형을 모두 찾아 써 보세요.

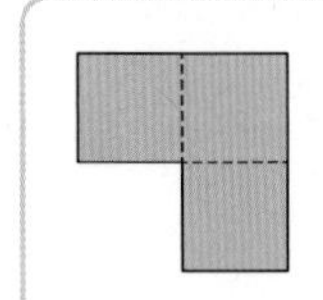

전체를 똑같이 5로 나눈 것 중의 3입니다.

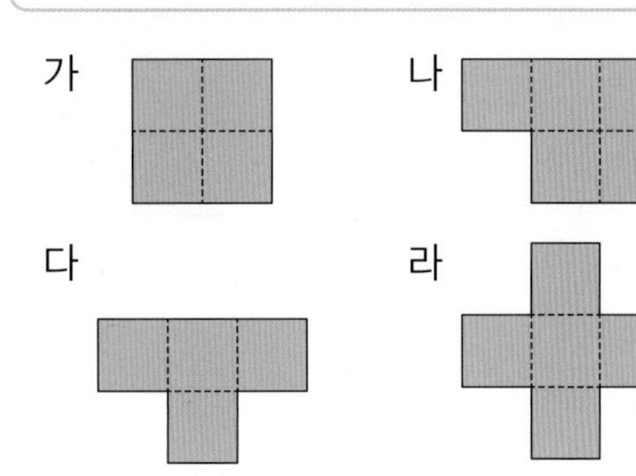

(　　　　　　　　　　　　)

AI가 뽑은 정답률 낮은 문제

10 색칠한 부분이 나타내는 분수가 $\frac{5}{6}$인 것을 찾아 써 보세요.

118쪽 유형 1

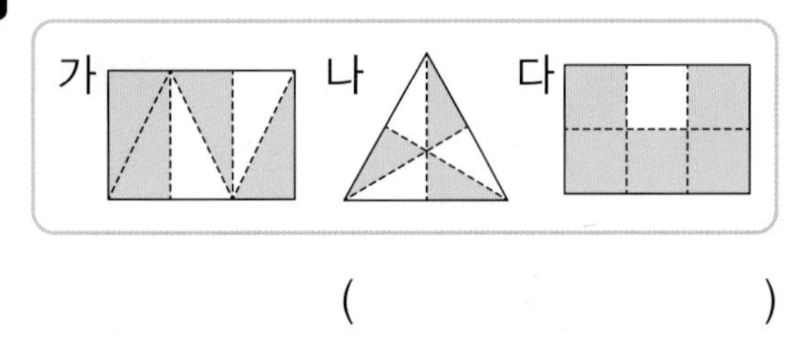

(　　　　　　　　　　　　)

11 나타내는 수가 다른 하나를 찾아 기호를 써 보세요.

㉠ 이 점 구
㉡ 0.1이 39개인 수
㉢ 3과 0.9만큼인 수

(　　　　　　　　　　　　)

12 두 수의 크기를 비교하여 더 작은 수를 빈칸에 써넣으세요.

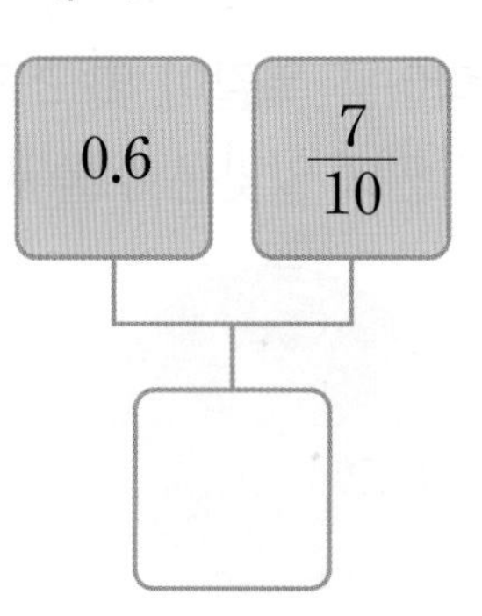

AI가 뽑은 정답률 낮은 문제

13 크레파스는 몇 cm인지 소수로 나타내어 보세요.

119쪽 유형 3

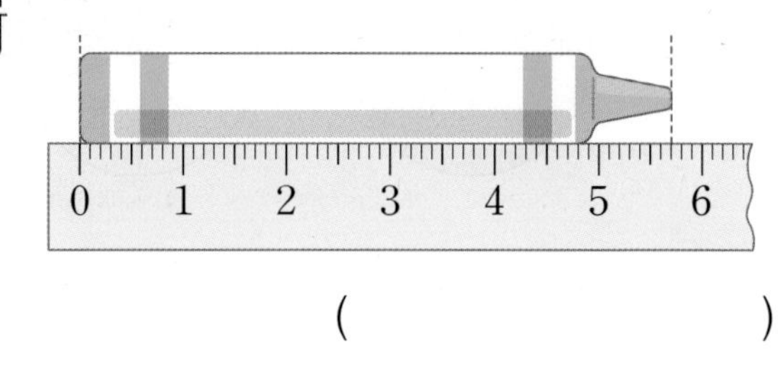

(　　　　　　　　　　　　)

서술형

14 다음은 똑같이 나누어진 도형이 아닙니다. 그 이유를 써 보세요.

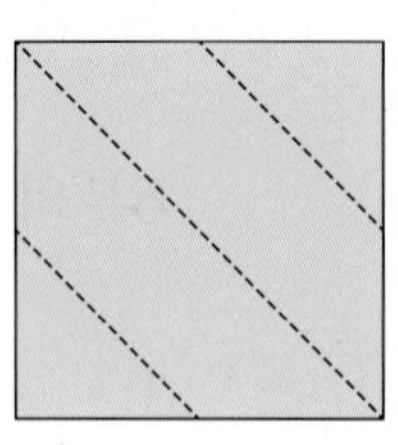

이유

AI가 뽑은 정답률 낮은 문제

15 □ 안에 들어갈 수 있는 수에 모두 ○표 해 보세요.

122쪽 유형 9

$1.3 < 1.\square < 1.6$

(4 , 5 , 6 , 7 , 8)

16 영주는 음료수 한 병의 $\frac{1}{4}$을 마셨고, 현수는 똑같은 음료수 한 병의 $\frac{3}{4}$을 마셨습니다. 현수가 마신 음료수는 영주가 마신 음료수의 몇 배인지 구해 보세요.

( )

AI가 뽑은 정답률 낮은 문제

17 백설기 한 개를 똑같이 10조각으로 나누어 지훈이와 현지가 다음과 같이 먹었습니다. 지훈이와 현지가 먹고 남은 백설기의 양을 소수로 나타내어 보세요.

122쪽 유형10

- 지훈: 나는 백설기를 3조각 먹었어.
- 현지: 나는 백설기를 4조각 먹었어.

( )

18 학교, 우체국, 병원 중 버스 정류장에서 가장 먼 곳은 어디인지 써 보세요.

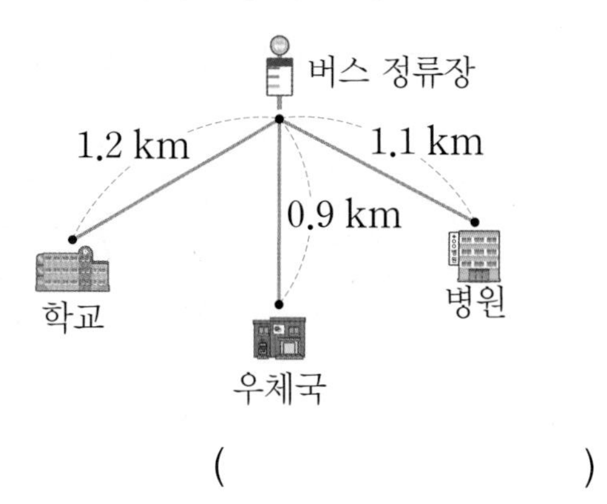

( )

서술형

19 은서와 지우는 똑같은 과자를 한 봉지씩 사 먹었습니다. 은서는 전체의 $\frac{6}{7}$을 먹고, 지우는 전체의 $\frac{8}{9}$을 먹었습니다. 과자가 더 많이 남은 사람은 누구인지 풀이 과정을 쓰고 답을 구해 보세요.

풀이

답

20 윤지네 가족이 할머니 댁에 다녀왔습니다. 집에서 할머니 댁까지의 전체 거리의 0.9는 기차를 탔고, 나머지 거리는 버스를 탔습니다. 버스를 탄 거리가 2 km일 때, 윤지네 집에서 할머니 댁까지의 거리는 몇 km인지 구해 보세요.

( )

6 단원

점수

118~123쪽에서 같은 유형의 문제를 더 풀 수 있어요.

01 똑같이 나누어진 도형을 찾아 써 보세요.

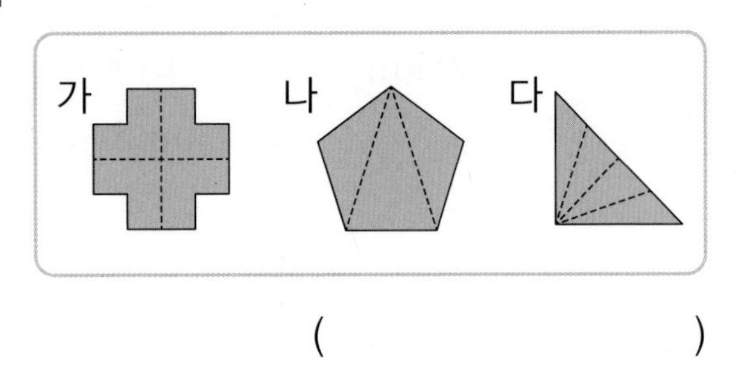

( )

02 □ 안에 알맞은 수를 써넣으세요.

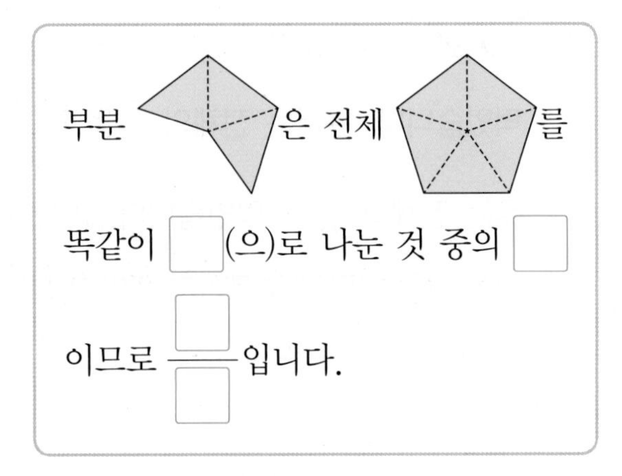

03 소수를 잘못 읽은 것은 어느 것인가요? ( )

① 0.4 → 영 점 사 ② 2.1 → 이 점 일
③ 1.8 → 일 점 팔 ④ 3.8 → 셋 점 팔
⑤ 5.9 → 오 점 구

04 □ 안에 알맞은 수를 써넣고 알맞은 말에 ○표 해 보세요.

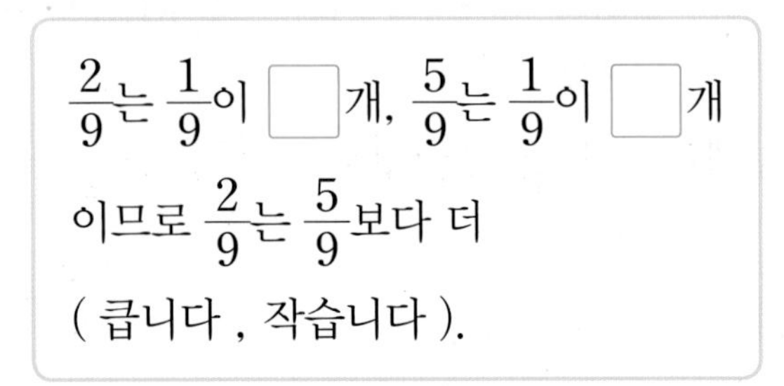

$\frac{2}{9}$는 $\frac{1}{9}$이 □개, $\frac{5}{9}$는 $\frac{1}{9}$이 □개

이므로 $\frac{2}{9}$는 $\frac{5}{9}$보다 더

(큽니다 , 작습니다).

05 그림을 보고 ○ 안에 >, =, <를 알맞게 써넣으세요.

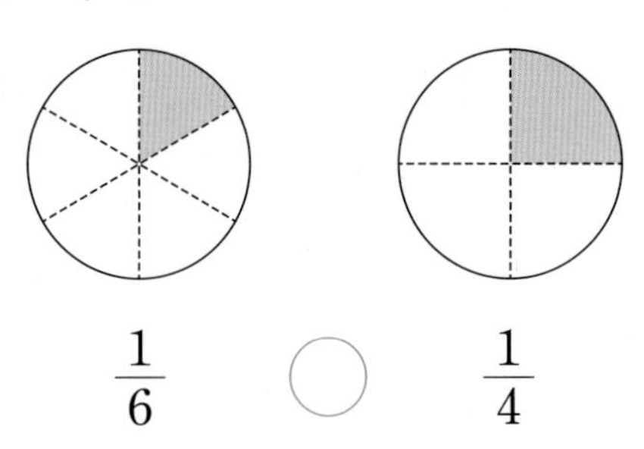

$\frac{1}{6}$ ○ $\frac{1}{4}$

06 관계있는 것끼리 선으로 이어 보세요.

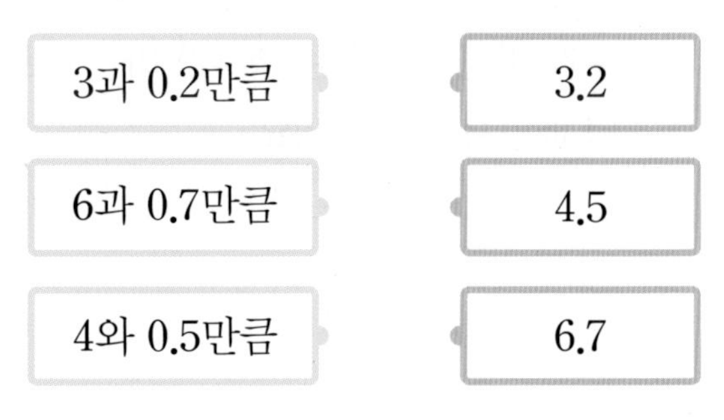

07 그림을 보고 색칠한 부분을 분수와 소수로 각각 나타내어 보세요.

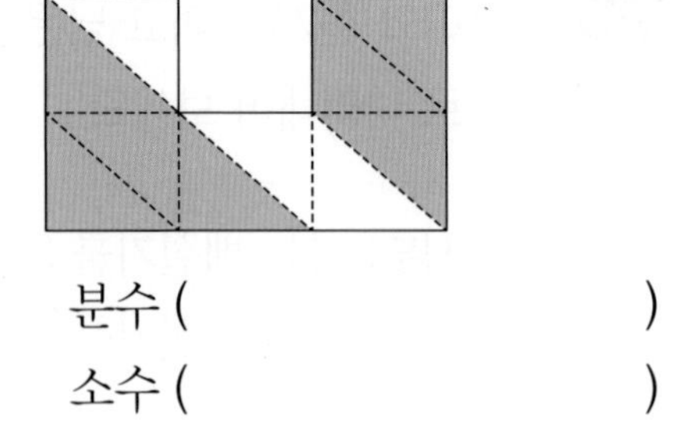

분수 ( )

소수 ( )

08 □ 안에 알맞은 소수를 써넣으세요.

0 1 2 3

09 더 작은 분수를 찾아 △표 해 보세요.

$\frac{1}{11}$이 7개인 수 (　　　)

$\frac{1}{11}$이 4개인 수 (　　　)

10 부분을 보고 전체에 알맞은 도형을 찾아 써 보세요.

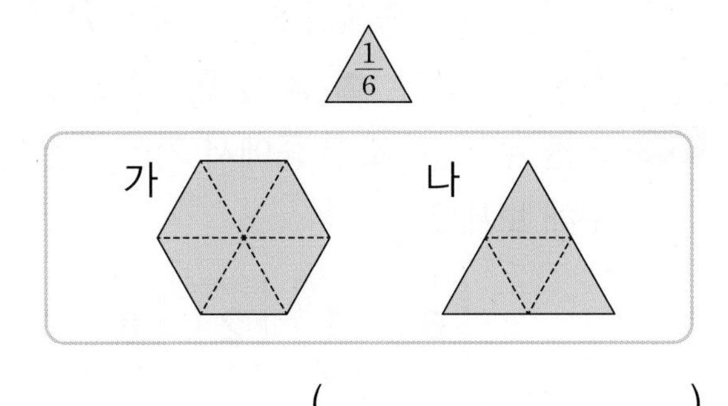

(　　　　　　　　)

AI가 뽑은 정답률 낮은 문제

11 색칠한 부분이 전체의 $\frac{6}{8}$이 되도록 색칠하려고 합니다. 더 색칠해야 하는 부분은 몇 칸인지 구해 보세요.

119쪽 유형 4

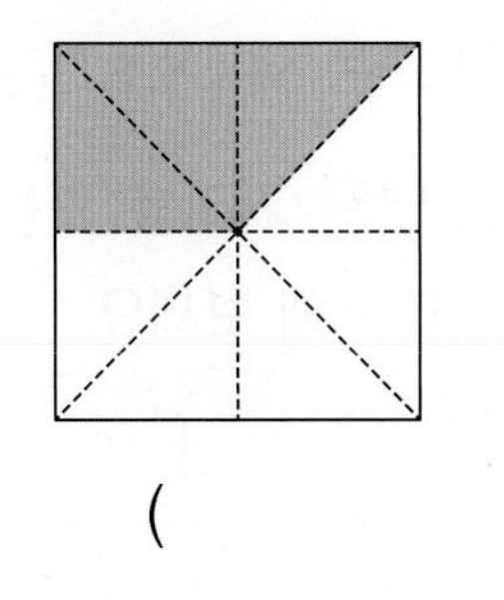

(　　　　　　　　)

AI가 뽑은 정답률 낮은 문제

12 똑같이 나누어 $\frac{2}{5}$만큼 색칠해 보세요.

121쪽 유형 7

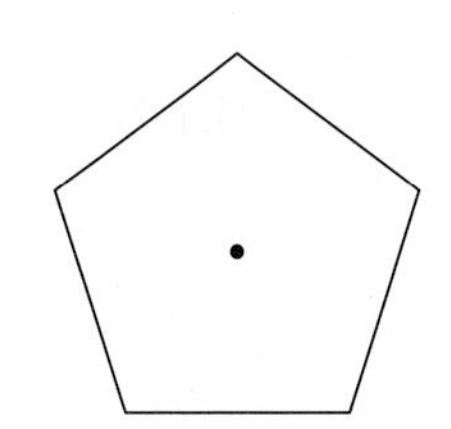

13 가장 큰 수를 찾아 기호를 써 보세요.

㉠ 2.6　　㉡ 0.8　　㉢ 1.4

(　　　　　　　　)

서술형

14 시후와 선영이는 모양과 크기가 똑같은 컵에 우유를 가득 부어서 마셨습니다. 시후는 한 컵의 $\frac{7}{10}$만큼을 마셨고, 선영이는 한 컵의 0.5만큼을 마셨습니다. 우유를 더 많이 마신 사람은 누구인지 풀이 과정을 쓰고 답을 구해 보세요.

풀이 ▶

답 ▶

6 단원

15 ㉠과 ㉡에 알맞은 수의 합을 구해 보세요.

- 2.4는 0.1이 ㉠개입니다.
- 0.6은 $\frac{1}{10}$이 ㉡개입니다.

(　　　　　　　　)

16 $\frac{1}{6}$보다 큰 분수는 모두 몇 개인지 구해 보세요.

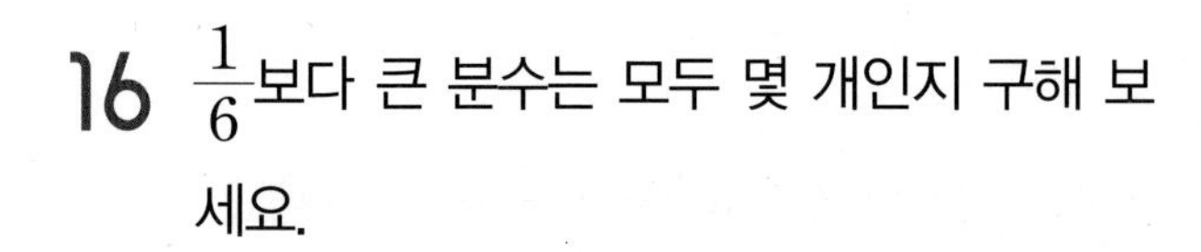

$\frac{3}{6}$　$\frac{1}{8}$　$\frac{1}{2}$　$\frac{1}{9}$　$\frac{1}{4}$

(　　　　　　　　)

AI가 뽑은 정답률 낮은 문제

17 주영이는 피자를 똑같이 10조각으로 나누어 전체의 $\frac{2}{5}$만큼 먹었습니다. 주영이가 먹은 피자는 몇 조각인지 풀이 과정을 쓰고 답을 구해 보세요.

121쪽 유형 8

풀이

답

18 정민이가 도화지의 $\frac{4}{15}$에는 노란색을 칠하고, $\frac{6}{15}$에는 초록색을 칠했습니다. 나머지 부분은 모두 파란색을 칠했다면 세 가지 색 중에서 가장 넓은 부분을 색칠한 것은 무슨 색인지 구해 보세요.

(　　　　　　　　)

AI가 뽑은 정답률 낮은 문제

19 수 카드 4장 중에서 2장을 골라 한 번씩만 사용하여 소수 ■.▲를 만들려고 합니다. 만들 수 있는 소수 중에서 가장 작은 수를 구해 보세요.

123쪽 유형 12

(　　　　　　　　)

20 현우는 자전거를 타고 일정한 빠르기로 운동장을 한 바퀴 돌려고 합니다. 운동장의 $\frac{3}{9}$만큼 도는 데 18초가 걸렸을 때, 같은 빠르기로 남은 거리를 도는 데에는 몇 초가 걸리는지 구해 보세요.

(　　　　　　　　)

점수

118~123쪽에서 같은 유형의 문제를 더 풀 수 있어요.

01 소수를 읽어 보세요.

0.6

(　　　　　　　)

02 분수에서 분모와 분자를 각각 찾아 써 보세요.

$\frac{5}{6}$

분모 (　　　　　　　)

분자 (　　　　　　　)

03 똑같이 나누어진 도형을 찾아 ○표 해 보세요.

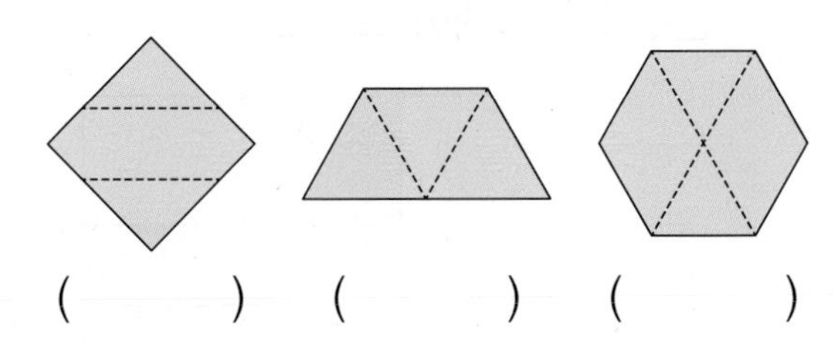

(　　) (　　) (　　)

04 □ 안에 알맞은 수를 써넣으세요.

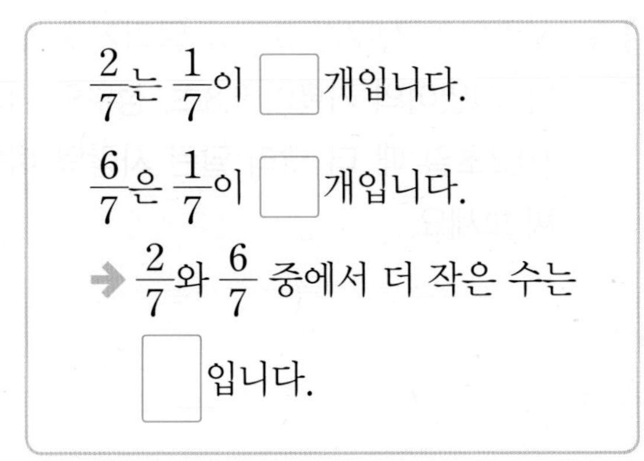

$\frac{2}{7}$는 $\frac{1}{7}$이 □개입니다.

$\frac{6}{7}$은 $\frac{1}{7}$이 □개입니다.

➔ $\frac{2}{7}$와 $\frac{6}{7}$ 중에서 더 작은 수는 □입니다.

05 포도주스가 몇 컵 있는지 소수로 나타내어 보세요.

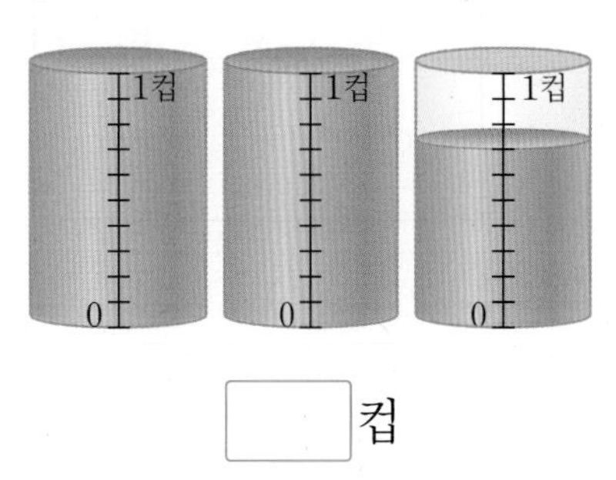

□컵

06 오스트리아 국기에서 빨간색 부분은 전체의 얼마인지 분수로 바르게 나타낸 것에 ○표 해 보세요.

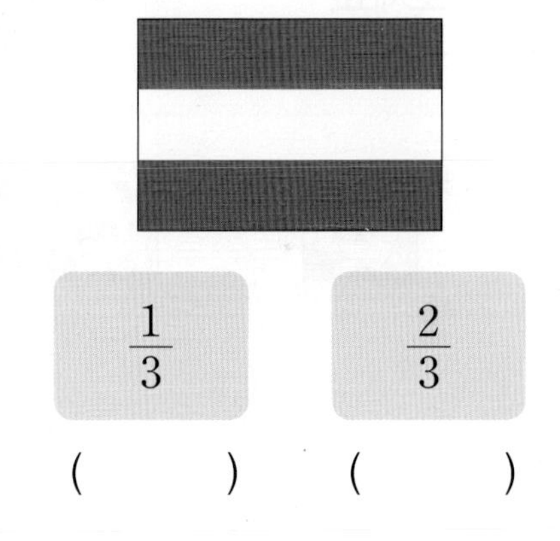

$\frac{1}{3}$ 　 $\frac{2}{3}$

(　　) (　　)

07 단위분수를 모두 찾아 써 보세요.

$\frac{3}{5}$ 　 $\frac{1}{7}$ 　 $\frac{7}{9}$ 　 $\frac{1}{4}$ 　 $\frac{1}{2}$

(　　　　　　　)

6 단원

08 $\frac{6}{10}$만큼 색칠하고, 색칠한 부분을 소수로 나타내어 보세요.

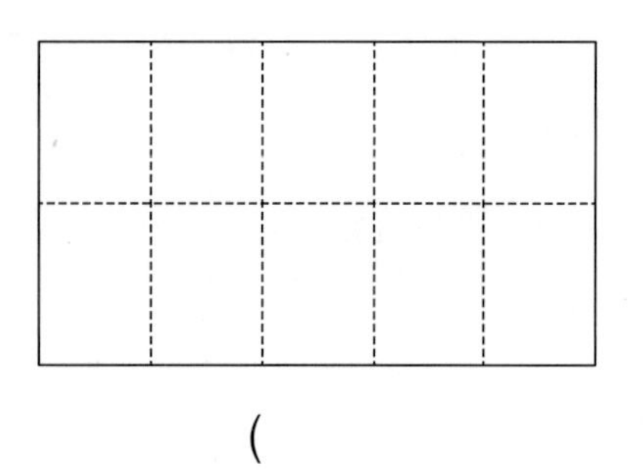

(　　　　　　　　)

09 오른쪽 그림과 같이 피자를 똑같이 6조각으로 나누었습니다. 그중 1조각이 될 수 있는 것의 기호를 써 보세요.

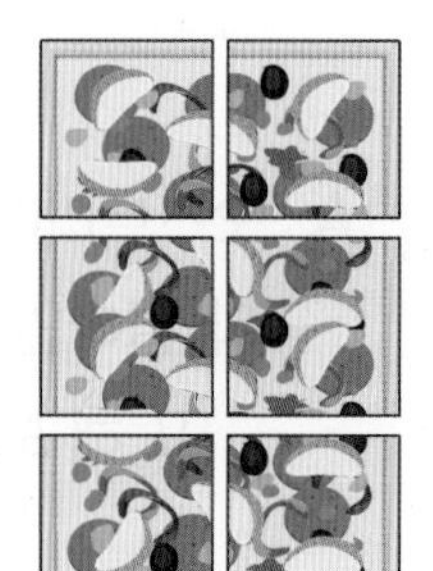

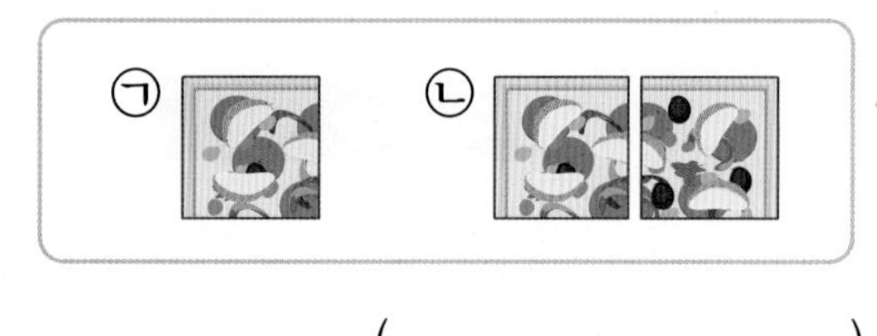

(　　　　　　　　)

10 잘못 나타낸 것을 찾아 기호를 써 보세요.

㉠ 9 cm=0.9 mm
㉡ 3 cm 4 mm=3.4 cm

(　　　　　　　　)

11 두 분수의 크기를 비교하여 더 큰 분수를 빈칸에 써넣으세요.

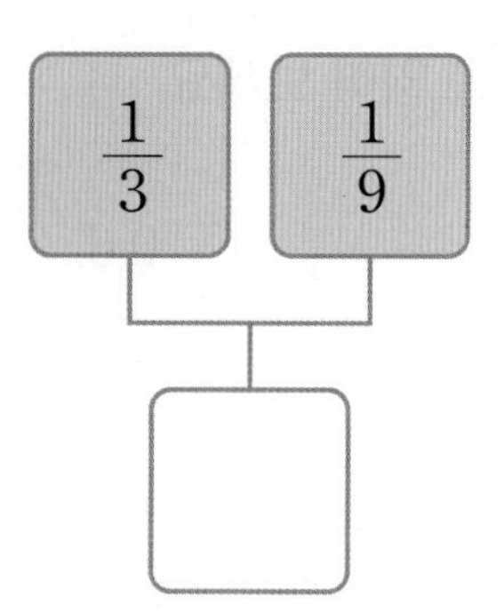

AI가 뽑은 정답률 낮은 문제

12 부분을 보고 전체를 그려 보세요.

120쪽 유형 5

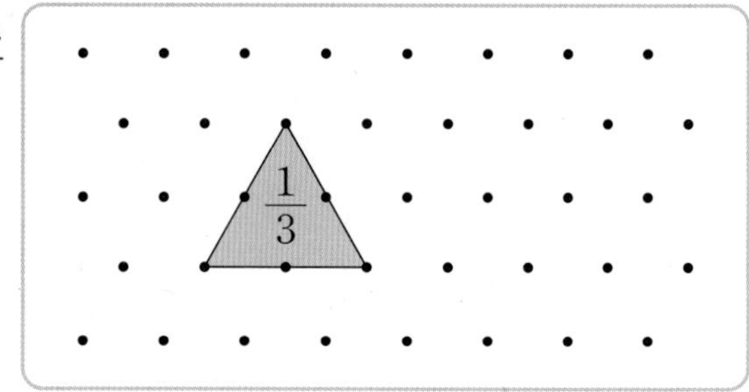

13 색칠한 부분을 보고 색칠하지 않은 부분을 분수로 나타내어 보세요.

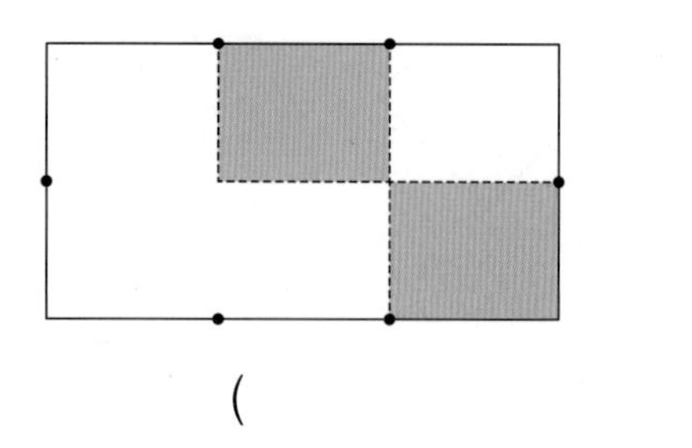

(　　　　　　　　)

14 서연이와 정우가 50 m 달리기를 했습니다. 서연이의 기록이 9.8초, 정우의 기록이 10.2초일 때 더 빨리 달린 사람의 이름을 써 보세요.

(　　　　　　　　)

AI가 뽑은 정답률 낮은 문제 

15 가장 큰 수를 찾아 기호를 쓰려고 합니다. 풀이 과정을 쓰고 답을 구해 보세요.

120쪽 유형 6

㉠ 0.1이 34개인 수
㉡ 2.6
㉢ 3과 0.9만큼인 수

풀이

답

16 주어진 소수를 그림에 ↑로 나타내고, 작은 소수부터 차례대로 써 보세요.

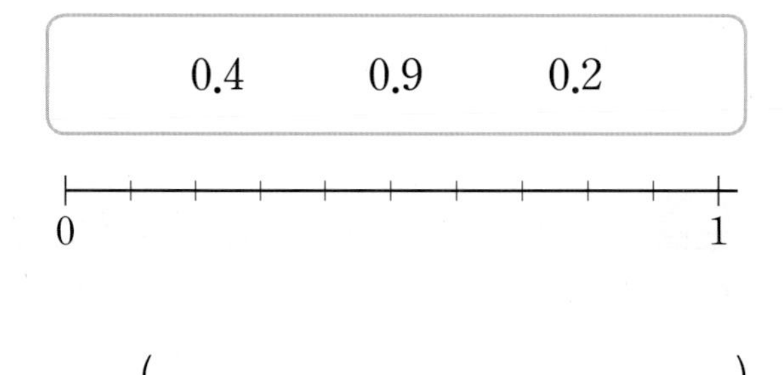

( )

AI가 뽑은 정답률 낮은 문제

17 1부터 9까지의 수 중에서 □ 안에 공통으로 들어갈 수 있는 수를 모두 구해 보세요.

122쪽 유형 9

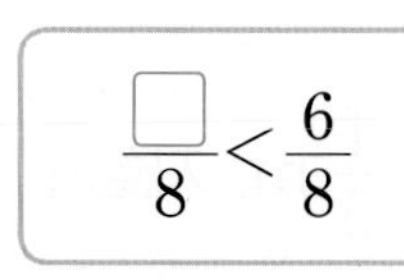

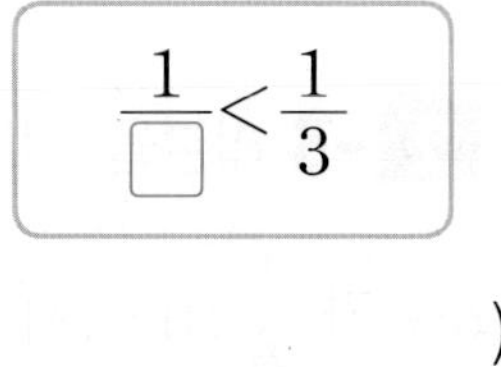

( )

AI가 뽑은 정답률 낮은 문제 

18 윤하는 꽃밭에 장미와 튤립을 심었습니다. 꽃밭 전체의 $\frac{4}{10}$에는 장미를 심고 꽃밭 전체의 0.5에는 튤립을 심었습니다. 아무것도 심지 않은 부분은 꽃밭 전체의 얼마인지 소수로 나타내려고 합니다. 풀이 과정을 쓰고 답을 구해 보세요.

122쪽 유형 10

풀이

답

AI가 뽑은 정답률 낮은 문제

19 **조건**에 맞는 분수를 모두 구해 보세요.

123쪽 유형 11

조건
- 단위분수입니다.
- $\frac{1}{6}$보다 작은 분수입니다.
- 분모는 10보다 작습니다.

( )

20 준우가 동화책을 매일 같은 쪽수만큼씩 읽어서 7일 동안 모두 읽으려고 합니다. 오늘까지 전체의 $\frac{3}{7}$을 읽었다면 앞으로 며칠을 더 읽어야 하는지 구해 보세요.

( )

6 단원

2회 10번

유형 1 색칠한 부분이 나타내는 분수 구하기

색칠한 부분이 나타내는 분수가 $\frac{1}{3}$인 것을 찾아 써 보세요.

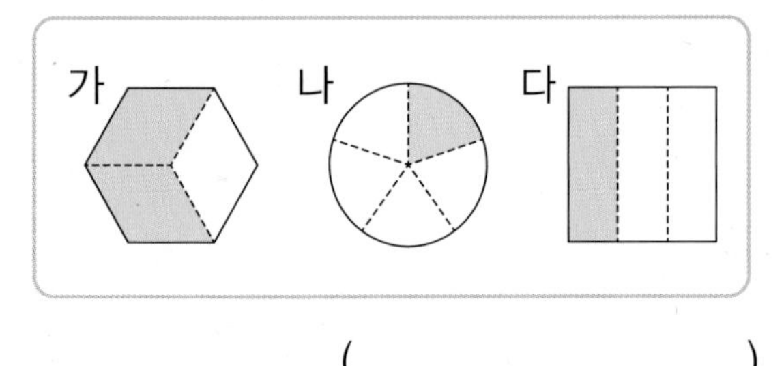

(　　　　　　　　)

Tip 전체를 똑같이 ■로 나눈 것 중의 ●만큼 색칠한 것을 분수로 나타내면 $\frac{●}{■}$예요.

1-1 색칠한 부분이 나타내는 분수가 $\frac{4}{6}$인 것을 모두 찾아 ○표 해 보세요.

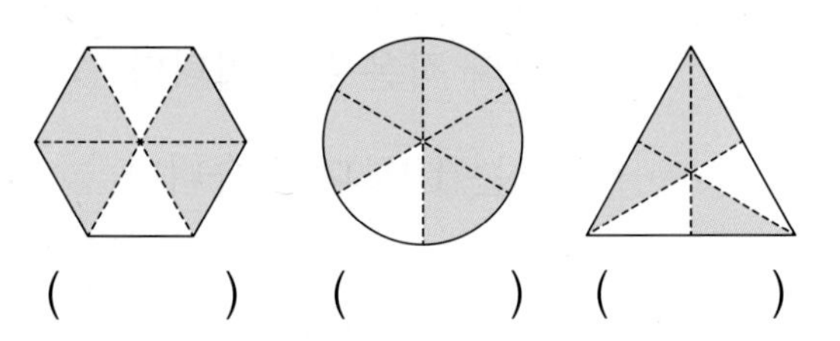

(　　) (　　) (　　)

1-2 색칠한 부분이 나타내는 분수가 다른 하나를 찾아 써 보세요.

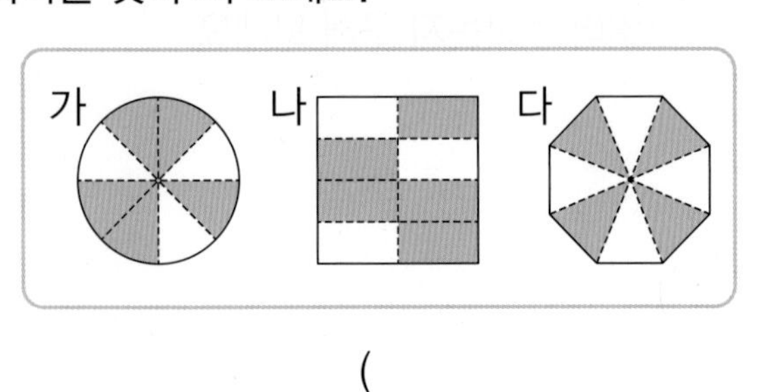

(　　　　　　　　)

1회 11번

유형 2 여러 분수의 크기 비교하기

가장 큰 분수에 ○표 해 보세요.

$\frac{5}{8}$　$\frac{1}{8}$　$\frac{2}{8}$　$\frac{7}{8}$

Tip 분모가 같은 분수는 분자가 클수록 큰 분수이고, 단위분수는 분모가 작을수록 큰 분수예요.

2-1 가장 작은 분수를 찾아 써 보세요.

$\frac{1}{3}$　$\frac{1}{7}$　$\frac{1}{10}$　$\frac{1}{6}$

(　　　　　　　　)

2-2 가장 큰 분수에 ○표, 가장 작은 분수에 △표 해 보세요.

$\frac{6}{9}$　$\frac{8}{9}$　$\frac{1}{9}$　$\frac{4}{9}$

2-3 리본을 민주가 $\frac{1}{5}$ m, 지호가 $\frac{1}{16}$ m, 소유가 $\frac{1}{8}$ m 가지고 있습니다. 가지고 있는 리본의 길이가 가장 긴 사람은 누구인지 구해 보세요.

(　　　　　　　　)

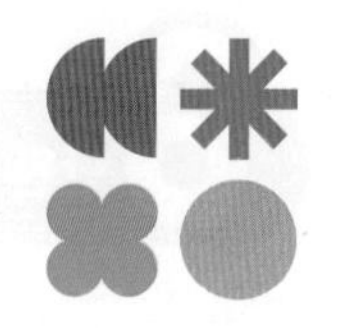

🔗 1회 13번 🔗 2회 13번

유형 3 몇 cm인지 소수로 나타내기

왕사슴벌레의 몸길이는 6 cm 3 mm입니다. 왕사슴벌레의 몸길이는 몇 cm인지 소수로 나타내어 보세요.

( )

Tip $1\text{ mm}=\frac{1}{10}\text{ cm}=0.1\text{ cm}$이므로

$■\text{ mm}=\frac{■}{10}\text{ cm}=0.■\text{ cm}$예요.

3-1 못의 길이는 몇 cm인지 소수로 나타내어 보세요.

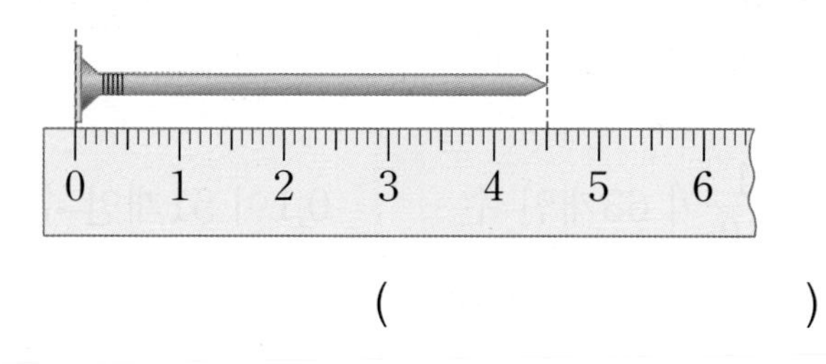

( )

3-2 어제 비가 3 cm보다 7 mm 더 많이 내렸습니다. 어제 내린 비는 몇 cm인지 소수로 나타내어 보세요.

( )

3-3 우정이의 발 길이는 225 mm입니다. 우정이의 발 길이는 몇 cm인지 소수로 나타내어 보세요.

( )

🔗 3회 11번

유형 4 더 색칠해야 하는 부분 구하기

색칠한 부분이 전체의 $\frac{5}{8}$가 되도록 색칠하려고 합니다. 더 색칠해야 하는 부분은 몇 칸인지 구해 보세요.

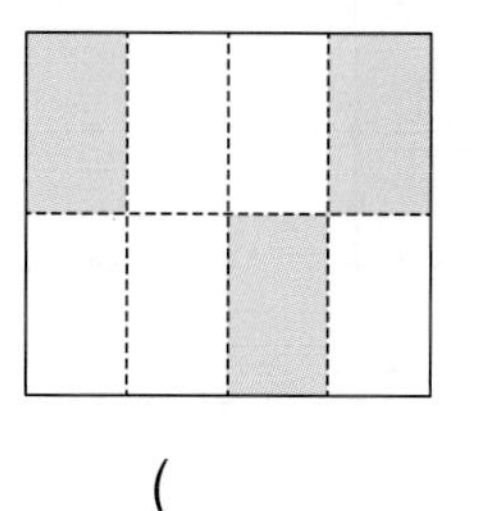

( )

Tip 색칠한 부분이 전체의 $\frac{5}{8}$가 되려면 전체 8칸 중에서 5칸을 색칠해야 해요.

4-1 색칠한 부분이 전체의 $\frac{7}{9}$이 되도록 색칠하려고 합니다. 더 색칠해야 하는 부분은 몇 칸인지 구해 보세요.

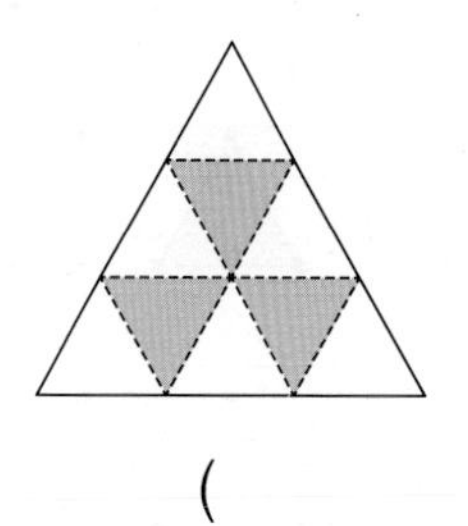

( )

4-2 색칠한 부분이 전체의 $\frac{1}{4}$이 되도록 색칠하려고 합니다. 더 색칠해야 하는 부분은 몇 칸인지 구해 보세요.

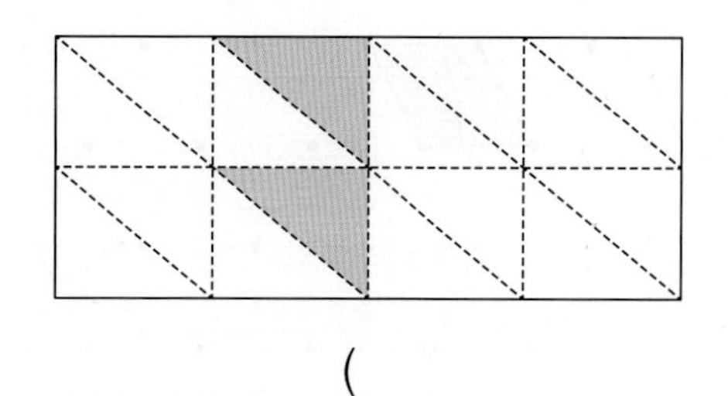

( )

4회 12번

유형 5 부분을 보고 전체 그리기

부분을 보고 전체를 그려 보세요.

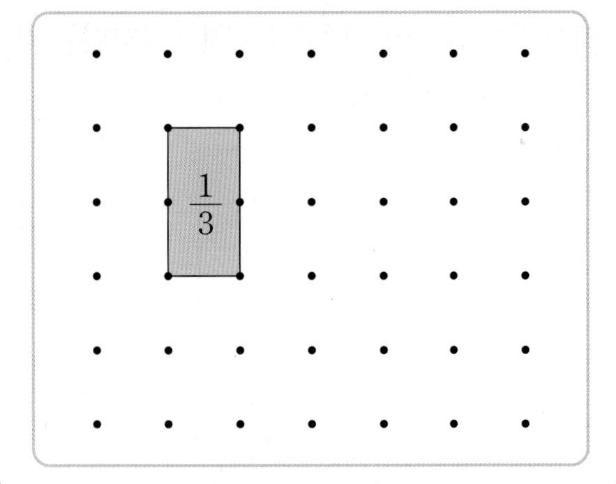

Tip $\frac{1}{3}$은 전체를 똑같이 3으로 나눈 것 중의 1이므로 $\frac{1}{3}$이 $3-1=2$가 더 있어야 전체가 돼요.

5-1 부분을 보고 전체를 그려 보세요.

5-2 부분을 보고 전체를 그려 보세요.

1회 15번 4회 15번

유형 6 나타내는 수의 크기 비교하기

더 큰 수의 기호를 써 보세요.

㉠ 0.1이 27개인 수

㉡ $\frac{1}{10}$이 32개인 수

( )

Tip $0.1\left(=\frac{1}{10}\right)$이 ■▲개인 수를 소수로 나타내면 ■.▲예요.

6-1 두 수의 크기를 비교하여 더 큰 수에 색칠해 보세요.

$\frac{1}{10}$이 63개인 수	0.1이 51개인 수

6-2 더 작은 수의 기호를 써 보세요.

㉠ $\frac{1}{10}$이 46개인 수

㉡ 0.1이 48개인 수

( )

6-3 작은 수부터 차례대로 기호를 써 보세요.

㉠ 0.1이 55개인 수

㉡ $\frac{1}{10}$이 62개인 수

㉢ 5와 0.8만큼인 수

( )

3회 12번

유형 7 똑같이 나누어 분수만큼 색칠하기

똑같이 나누어 $\frac{1}{4}$만큼 색칠해 보세요.

Tip $\frac{1}{4}$은 전체를 똑같이 4로 나눈 것 중의 1이므로 먼저 도형을 똑같이 4로 나눈 다음 1만큼 색칠해요.

7-1 똑같이 나누어 $\frac{4}{6}$만큼 색칠해 보세요.

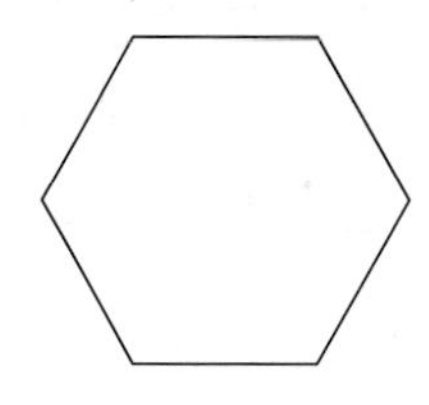

7-2 똑같이 나누어 $\frac{3}{5}$만큼 색칠해 보세요.

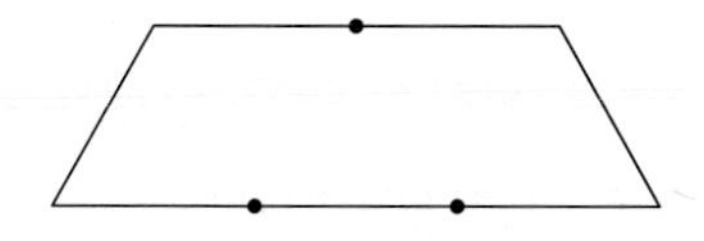

7-3 두 가지 방법으로 똑같이 나누어 $\frac{3}{8}$만큼 색칠해 보세요.

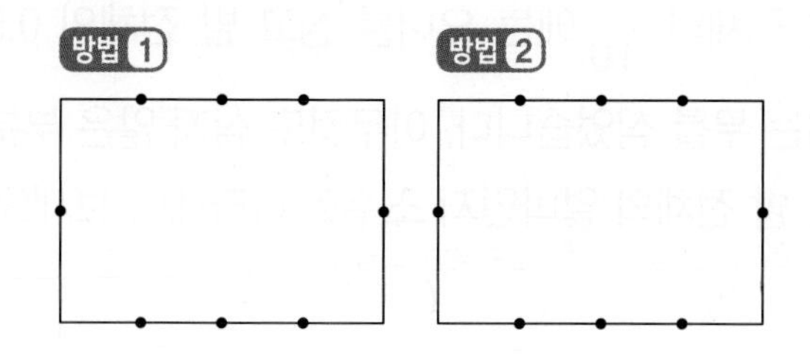

3회 17번

유형 8 먹은 조각의 수 구하기

현우는 케이크를 똑같이 6조각으로 나누어 전체의 $\frac{1}{2}$만큼 먹었습니다. 현우가 먹은 케이크는 몇 조각인지 구해 보세요.

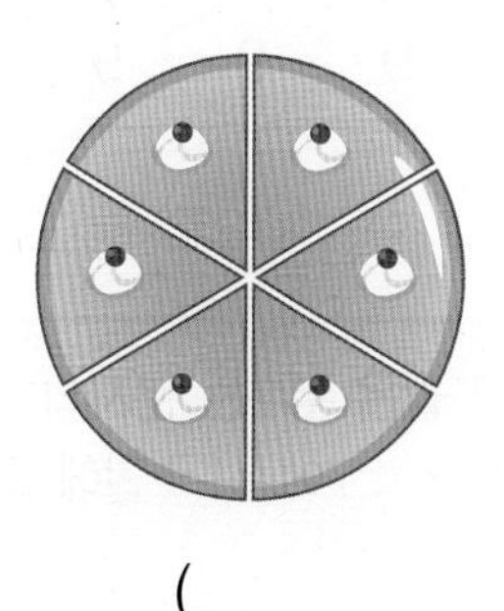

(　　　　　　　)

Tip 전체의 $\frac{1}{2}$은 전체를 똑같이 2로 나눈 것 중의 1이므로 6조각을 똑같이 2로 나눈 것 중의 1만큼이 몇 조각인지 구해요.

8-1 연경이는 피자를 똑같이 8조각으로 나누어 전체의 $\frac{1}{4}$만큼 먹었습니다. 연경이가 먹은 피자는 몇 조각인지 구해 보세요.

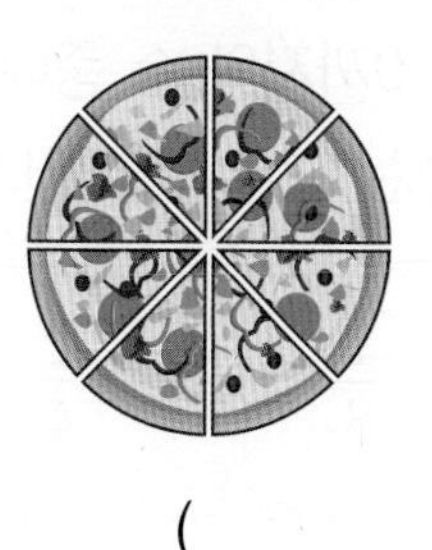

(　　　　　　　)

8-2 민우는 부침개를 똑같이 9조각으로 나누어 전체의 $\frac{2}{3}$만큼 먹었습니다. 민우가 먹은 부침개는 몇 조각인지 구해 보세요.

(　　　　　　　)

6 단원

1회 17번 | 2회 15번 | 4회 17번

유형 9 □ 안에 들어갈 수 있는 수 구하기

1부터 9까지의 수 중에서 □ 안에 들어갈 수 있는 수를 모두 구해 보세요.

$$\frac{3}{9} < \frac{\square}{9} < \frac{7}{9}$$

(　　　　　　　　　　)

Tip 분모가 같은 분수는 분자의 크기를 비교해야 하므로 3<□<7에서 □ 안에 들어갈 수 있는 수를 구해요.

9-1 1부터 9까지의 수 중에서 □ 안에 들어갈 수 있는 수를 모두 구해 보세요.

$$2.2 < 2.\square < 2.5$$

(　　　　　　　　　　)

9-2 1부터 9까지의 수 중에서 □ 안에 들어갈 수 있는 수는 모두 몇 개인지 구해 보세요.

$$\frac{1}{8} < \frac{1}{\square} < \frac{1}{4}$$

(　　　　　　　　　　)

9-3 1부터 9까지의 수 중에서 □ 안에 공통으로 들어갈 수 있는 수를 모두 구해 보세요.

$\square.7 < 6.1$　　$2.3 < 2.\square$

(　　　　　　　　　　)

2회 17번 | 4회 18번

유형 10 남은 양을 소수로 나타내기

색 테이프 1 m를 똑같이 10도막으로 나누어 그중 3도막을 사용했습니다. 남은 색 테이프의 길이는 몇 m인지 소수로 나타내어 보세요.

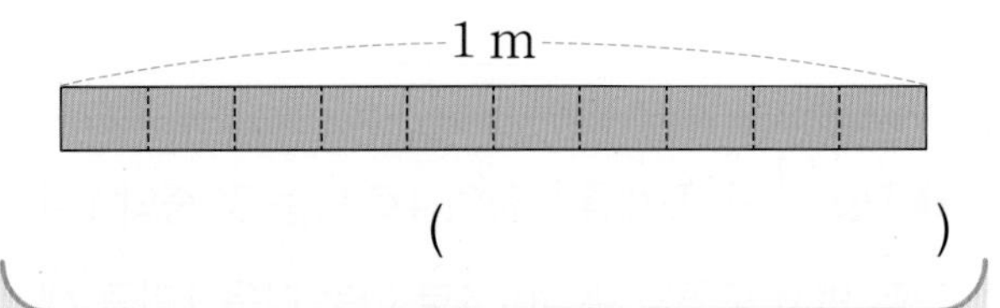

(　　　　　　　　　　)

Tip 남은 색 테이프의 길이는 1 m를 똑같이 10도막으로 자른 것 중의 10−3=7(도막)이에요.

10-1 녹두전 한 판을 똑같이 10조각으로 나누어 그중 6조각을 먹었습니다. 남은 녹두전은 전체의 얼마인지 소수로 나타내어 보세요.

(　　　　　　　　　　)

10-2 은서는 도화지 전체의 0.4에는 파란색을 칠하고, $\frac{1}{10}$에는 빨간색을 칠했습니다. 도화지에 아무 색도 칠하지 않은 부분은 전체의 얼마인지 소수로 나타내어 보세요.

(　　　　　　　　　　)

10-3 윤재는 밭에 오이와 무를 심었습니다. 밭 전체의 $\frac{3}{10}$에는 오이를 심고 밭 전체의 0.5에는 무를 심었습니다. 아무것도 심지 않은 부분은 밭 전체의 얼마인지 소수로 나타내어 보세요.

(　　　　　　　　　　)

4회 19번

유형 11 조건에 맞는 분수 구하기

조건에 맞는 분수를 모두 구해 보세요.

조건
- 단위분수입니다.
- $\frac{1}{7}$보다 큰 분수입니다.
- 분모는 4보다 큽니다.

(　　　　　　　　　　　　)

Tip 먼저 단위분수 중 $\frac{1}{7}$보다 큰 분수를 구한 다음 이 중에서 분모가 4보다 큰 수를 모두 구해요.

11-1 조건에 맞는 분수를 모두 구해 보세요.

조건
- 분모가 9인 분수입니다.
- $\frac{4}{9}$보다 큰 분수입니다.
- 분자가 7보다 작습니다.

(　　　　　　　　　　　　)

11-2 1보다 큰 수 중에서 ★이 될 수 있는 수는 모두 몇 개인지 구해 보세요.

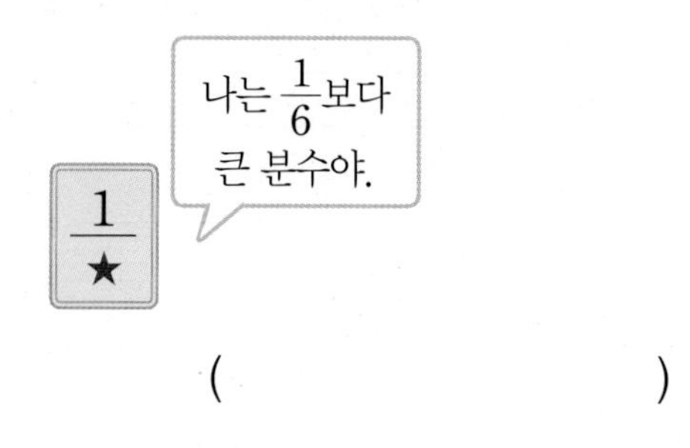

(　　　　　　　　　　　　)

3회 19번

유형 12 수 카드로 소수 만들기

수 카드 4장 중에서 2장을 골라 한 번씩만 사용하여 소수 ■.▲를 만들려고 합니다. 만들 수 있는 소수 중에서 가장 큰 수를 구해 보세요.

5　1　3　9

(　　　　　　　　　　　　)

Tip 가장 큰 소수를 만들려면 수 카드의 크기가 가장 큰 수를 ■에 놓고, 두 번째로 큰 수를 ▲에 놓아야 해요.

12-1 수 카드 4장 중에서 2장을 골라 한 번씩만 사용하여 소수 ■.▲를 만들려고 합니다. 만들 수 있는 소수 중에서 두 번째로 작은 수를 구해 보세요.

8　0　4　6

(　　　　　　　　　　　　)

12-2 수 카드 4장 중에서 2장을 골라 한 번씩만 사용하여 만들 수 있는 소수 ■.▲ 중 2.1보다 크고 6.8보다 작은 소수는 모두 몇 개인지 구해 보세요. (단, 2.0, 5.0, 7.0은 소수로 생각하지 않습니다.)

2　5　0　7

(　　　　　　　　　　　　)

MEMO

아이와 평생
함께할 습관을
만듭니다.

아이스크림 홈런 2.0
공부를 좋아하는 습관

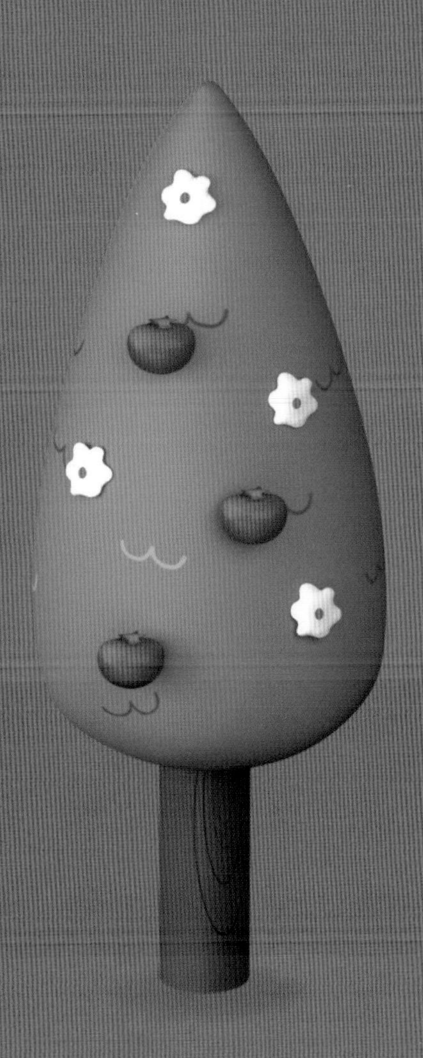

기본을 단단하게
나만의 속도로
무엇보다 재미있게

i-Scream edu

아이스크림 더 실전

정답 및 풀이

정답 및 풀이

1단원 덧셈과 뺄셈

6~8쪽 AI가 추천한 단원 평가 1회

01 379	02 539	03 381
04 338	05 447	
06 (　　)(○)		07 $<$
08 소윤	09 113	10 ㉢
11 1081	12 341 m	13 176 cm
14 풀이 참고, 병		15 479
16 643, 364, 1007 (또는 364, 643, 1007)		
17 풀이 참고, 1042통		18 132
19 배, 63개	20 173명	

02

$$\begin{array}{r} {\scriptstyle 1} \\ 3\ 9\ 7 \\ +\ 1\ 4\ 2 \\ \hline 5\ 3\ 9 \end{array}$$

03

$$\begin{array}{r} {\scriptstyle 6\ 10} \\ \not{7}\ 3\ 4 \\ -\ 3\ 5\ 3 \\ \hline 3\ 8\ 1 \end{array}$$

06 $325+224=549$, $188+371=559$이므로 계산 결과가 559인 것은 $188+371$입니다.

07 $465+231=696$, $872-149=723$이고, $696<723$이므로 $465+231<872-149$입니다.

08
- 태호: $172+625=797$ (○)
- 소윤: $239+366=605$ (×)
- 은수: $547-167=380$ (○)

따라서 잘못 계산한 사람은 소윤이입니다.

09 백 모형 2개, 십 모형 4개, 일 모형 5개이므로 수 모형이 나타내는 수는 245입니다.
따라서 245보다 132만큼 더 작은 수는
$245-132=113$입니다.

10 ㉠ $214+381=595$
㉡ $342+195=537$
㉢ $884-243=641$
따라서 $641>595>537$이므로 계산 결과가 가장 큰 것은 ㉢입니다.

11 삼각형 안에 있는 수는 716, 365입니다.
➔ $716+365=1081$

12 (병원에서 우체국까지의 거리)
=(집에서 우체국까지의 거리)
　−(집에서 병원까지의 거리)
$=875-534=341$(m)

13 (가장 긴 변의 길이)−(가장 짧은 변의 길이)
$=753-577=176$(cm)

14 예 병의 수는 플라스틱병의 수와 유리병의 수를 더하면 되므로 $797+483=1280$(개)입니다.」❶
따라서 $1280>1257$이므로 병이 캔보다 더 많습니다.」❷

채점 기준

❶ 병의 수 구하기	3점
❷ 병과 캔 중에서 더 많은 것 구하기	2점

15 $673-●=194$에서 $●=673-194=479$입니다.

16 두 수의 합이 가장 크게 되려면 가장 큰 수와 두 번째로 큰 수를 더해야 합니다.
$643>364>315>292$이므로
$643+364=1007$입니다.

17 예 올해 수확한 수박은
$459+124=583$(통)입니다.」❶
따라서 작년과 올해 수확한 수박은 모두
$459+583=1042$(통)입니다.」❷

채점 기준

❶ 올해 수확한 수박의 수 구하기	2점
❷ 작년과 올해 수확한 수박은 모두 몇 통인지 구하기	3점

18 어떤 수를 □라 하면 $□+362=856$이므로
$□=856-362=494$입니다.
따라서 어떤 수는 494이므로 바르게 계산하면
$494-362=132$입니다.

19 (남은 배의 수)$=521-174=347$(개),
(남은 사과의 수)$=752-468=284$(개)이므로
배가 $347-284=63$(개) 더 많이 남았습니다.

20 (인천 공항과 두바이에서 탄 승객 수)
$=305+127=432$(명)
➔ (두바이에서 내린 승객 수)
　=(인천 공항과 두바이에서 탄 승객 수)
　　−(파리에 도착한 승객 수)
　$=432-259=173$(명)

9~11쪽 AI가 추천한 단원 평가 2회

01 131　02 ③　03 1022
04 311　05 568　06 924
07 452　08 ㉠　09 ③
10 1212　11 398개
12 (○)(　)(　)　13 ㉠, ㉡, ㉢
14 (위에서부터) 825, 606, 1431
15 49장　16 풀이 참고, 790 m
17 3, 3　18 풀이 참고, 780
19 597　20 144마리

03
```
   1 1
   8 9 4
+  1 2 8
---------
 1 0 2 2
```

04
```
   6 5 2
-  3 4 1
---------
   3 1 1
```

06 (두 수의 합)=539+385=924

07 큰 수에서 작은 수를 뺍니다.
745>293이므로 745−293=452입니다.

08 ㉠ 535+174=709　㉡ 321+308=629
따라서 709>629이므로 계산 결과가 더 큰 것은 ㉠입니다.

09 641보다 158만큼 더 작은 수는
641−158=483이므로 ③입니다.

10 □=585+627=1212

11 (아이스크림의 수)
=(딸기 맛 아이스크림의 수)
+(초콜릿 맛 아이스크림의 수)
=212+186=398(개)

12 789−339=450, 678−288=390,
142+248=390이므로 계산 결과가 다른 하나는 789−339입니다.

13 ㉠ 637−261=376
㉡ 136+264=400
㉢ 989−548=441
따라서 376<400<441이므로 계산 결과가 작은 것부터 차례대로 기호를 쓰면 ㉠, ㉡, ㉢입니다.

14 468+357=825, 357+249=606,
825+606=1431

15 (남은 색종이의 수)
=(처음에 가지고 있던 색종이의 수)
−(동생에게 준 색종이의 수)
−(누나에게 준 색종이의 수)
=408−173−186=235−186=49(장)

16 예 잔디 마당을 지나가는 길은
362+428=790(m)입니다.」❶
카페를 지나가는 길은 325+504=829(m)입니다.」❷
따라서 790<829이므로 동물원에서 놀이공원까지 가는 데 거리가 더 가까운 길은 잔디 마당을 지나가는 길이므로 790 m입니다.」❸

채점 기준

❶ 잔디 마당을 지나가는 길의 거리 구하기	2점
❷ 카페를 지나가는 길의 거리 구하기	2점
❸ 더 가까운 길의 거리 구하기	1점

17
```
     4 10
   8 5 ㉠
-  5 ㉡ 6
---------
   3 1 7
```
• ㉠+10−6=7이므로
㉠+4=7, ㉠=3입니다.
• 4−㉡=1이므로 ㉡=3입니다.

18 예 □−286<495를 □−286=495로 바꾸어 생각해 보면 □=495+286=781입니다.」❶
따라서 □ 안에는 781보다 작은 수가 들어가야 하므로 □ 안에 들어갈 수 있는 세 자리 수 중에서 가장 큰 수는 780입니다.」❷

채점 기준

❶ 등호로 바꾸어 □ 안에 알맞은 수 구하기	3점
❷ □ 안에 들어갈 수 있는 가장 큰 세 자리 수 구하기	2점

19 8>6>4>3이므로 만들 수 있는 가장 큰 세 자리 수는 864입니다.
따라서 864−267=597입니다.

20 동물원에 있는 포유류의 수를 □마리라 하면 양서류의 수가 (□+112)마리이므로 조류의 수는 (□+112+117)마리입니다.
동물원에 있는 포유류와 조류가 517마리이므로
□+(□+112+117)=517,
□+□+229=517, □+□=288,
□=144입니다.
따라서 포유류는 144마리 있습니다.

12~14쪽 AI가 추천한 단원 평가 3회

01 831	02 678	03 297
04 517	05 (　　)(○)	
06	07 >	08 591
09 (위에서부터) 423, 629		10 475
11 풀이 참고	12 828 cm	13 980
14 ㉢	15 817, 161 (또는 161, 817)	
16 117 cm	17 951명	
18 풀이 참고, 203		19 545 cm
20 76장		

04 큰 수에서 작은 수를 뺍니다.
805>288이므로 805−288=517입니다.

05

$$\begin{array}{r} {\scriptstyle 1} \\ 635 \\ +\,527 \\ \hline 1162 \end{array} \qquad \begin{array}{r} {\scriptstyle 1\ 1} \\ 376 \\ +\,858 \\ \hline 1234 \end{array}$$

➔ 받아올림이 2번　➔ 받아올림이 3번

06 175+364=539, 856−247=609,
106+353=459

07 148+272=420, 712−329=383
따라서 420>383이므로
148+272>712−329입니다.

08 100이 8개, 10이 6개, 1이 5개인 수는 865입니다.
따라서 865보다 274만큼 더 작은 수는
865−274=591입니다.

09 744−321=423, 744−115=629

10 □+176=651, □=651−176=475

11 예 십의 자리의 계산에서 일의 자리에서 받아올림 한 값을 더하지 않고 계산했습니다.」❶
따라서 바르게 계산하면

$$\begin{array}{r} {\scriptstyle 1} \\ 429 \\ +\,168 \\ \hline 597 \end{array}$$ 입니다.」❷

채점 기준

❶ 잘못 계산한 이유 쓰기	2점
❷ 바르게 계산하기	3점

12 432+396=828(cm)

13 609>528>417>371이므로 가장 큰 수와 가장 작은 수의 합은 609+371=980입니다.

14 ㉠ 649−272=377
㉡ 264+158=422
㉢ 778−435=343
따라서 343<377<422이므로 계산 결과가 가장 작은 것은 ㉢입니다.

15 • 537+817=1354(×)
• 817+161=978(○)
• 537+161=698(×)

16 (㉢에서 ㉣까지의 거리)
=(㉠에서 ㉣까지의 거리)−(㉠에서 ㉢까지의 거리)
=776−531=245(cm)
➔ (㉡에서 ㉢까지의 거리)
=(㉡에서 ㉣까지의 거리)
−(㉢에서 ㉣까지의 거리)
=362−245=117(cm)

17 (이번 주에 온 손님 수)
=(지난주에 온 손님 수)−163
=557−163=394(명)
➔ (지난주에 온 손님 수)+(이번 주에 온 손님 수)
=557+394=951(명)

18 예 찢어진 종이에 적힌 세 자리 수를 □라 하면
613+□=816입니다.」❶
따라서 □=816−613=203입니다.」❷

채점 기준

❶ 찢어진 종이에 적힌 세 자리 수를 구하는 식 만들기	2점
❷ 찢어진 종이에 적힌 세 자리 수 구하기	3점

19 (색 테이프 3장의 길이의 합)
=217+217+217=651(cm)
(겹쳐진 부분의 길이의 합)=53+53=106(cm)
따라서 이어 붙인 색 테이프의 전체 길이는
651−106=545(cm)입니다.

20 세호는 민희보다 붙임딱지를
711−559=152(장) 더 많이 가지고 있습니다.
따라서 76+76=152이므로 세호가 민희에게 붙임딱지를 76장 주면 두 사람이 가지고 있는 붙임딱지의 수가 같아집니다.

15~17쪽 AI가 추천한 단원 평가 4회

01 461　02 365　03 100
04 (　　) (○)　05 267　06 412, 193
07 684　08 <　09 276 cm
10 1019명　11 (왼쪽에서부터) 387, 759
12 633　13 1252
14 풀이 참고, 778　15 1135회
16 (위에서부터) 6, 1, 7
17 풀이 참고, 은우네 학교, 35명
18 252　19 3개　20 90명

07 백 모형 5개, 십 모형 2개, 일 모형 5개이므로 수 모형이 나타내는 수는 525입니다.
따라서 525보다 159만큼 더 큰 수는
525+159=684입니다.

08 614−367=247, 218+103=321
따라서 247<321이므로 614−367<218+103입니다.

09 1 m=100 cm이므로 8 m=800 cm입니다.
(㉮ 끈의 길이)−(㉯ 끈의 길이)
=800−524=276(cm)

10 (동물원에 입장한 어린이의 수)
+(동물원에 입장한 어른의 수)
=692+327=1019(명)

12 758>610>434>125이므로 가장 큰 수와 가장 작은 수의 차는 758−125=633입니다.

13 어떤 수를 □라 하면 □−349=554이므로
□=554+349=903입니다.
따라서 어떤 수는 903이므로 바르게 계산하면
903+349=1252입니다.

14 예 ㉠은 100이 4개, 10이 2개, 1이 3개인 수이므로 423입니다.」❶
㉡은 100이 3개, 10이 4개, 1이 15개인 수이므로 355입니다.」❷
따라서 ㉠+㉡=423+355=778입니다.」❸

채점 기준

❶ ㉠이 나타내는 수 구하기	1점
❷ ㉡이 나타내는 수 구하기	1점
❸ ㉠+㉡ 구하기	3점

15 (오늘 줄넘기한 횟수)=647−159=488(회)
➜ (어제 줄넘기한 횟수)+(오늘 줄넘기한 횟수)
=647+488=1135(회)

16
```
    1
  ㉠ 5 4
+ 3 ㉡㉢
  9 7 1
```
• 4+㉢=11이므로 ㉢=7입니다.
• 1+5+㉡=7에서 6+㉡=7이므로 ㉡=1입니다.
• ㉠+3=9이므로 ㉠=6입니다.

17 예 정희네 학교의 학생 수는
345+318=663(명)입니다.」❶
은우네 학교의 학생 수는 331+367=698(명)입니다.」❷
따라서 663<698이므로 은우네 학교의 학생이
698−663=35(명) 더 많습니다.」❸

채점 기준

❶ 정희네 학교의 학생 수 구하기	2점
❷ 은우네 학교의 학생 수 구하기	2점
❸ 어느 학교의 학생이 몇 명 더 많은지 구하기	1점

18 1<2<5<7이므로 만들 수 있는 가장 작은 세 자리 수는 125이고, 두 번째로 작은 세 자리 수는 127입니다.
➜ 125+127=252

19 76□+172>938을 76□+172=938로 바꾸어 생각해 봅니다.
76□=938−172=766, □=6
76□는 766보다 커야 하므로 □ 안에는 6보다 큰 수가 들어가야 합니다.
따라서 □ 안에 들어갈 수 있는 수는 7, 8, 9로 모두 3개입니다.

20 (야구를 좋아하는 학생 수)
+(탁구를 좋아하는 학생 수)
=503+316=819(명)
➜ (야구와 탁구를 모두 좋아하는 학생 수)
=(야구와 탁구를 좋아하는 학생 수)
−(수아네 학교 전체 학생 수)
=819−729=90(명)

참고 수아네 학교의 전체 학생 수를 표현하면 다음과 같습니다.

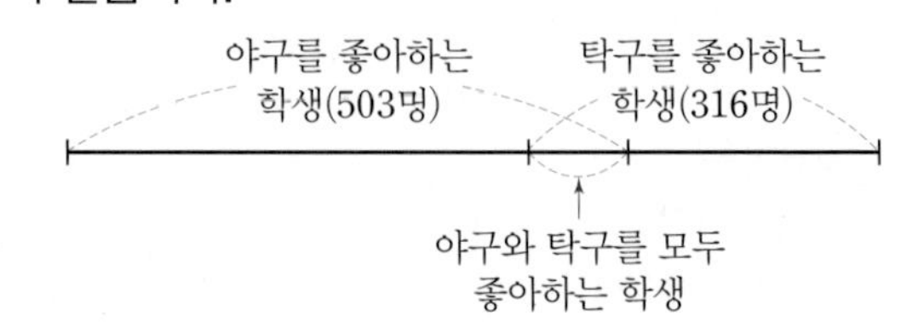

18~23쪽 틀린 유형 다시 보기

유형 1 773 1-1 1023 1-2 415
1-3 759, 515
유형 2 ㉠, ㉢, ㉡
2-1 ㉣, ㉠, ㉡, ㉢
2-2 ㉣, ㉢, ㉠, ㉡ 유형 3 243 cm
3-1 366 cm 3-2 70원 3-3 203명
유형 4 589회 4-1 1177명 4-2 646개
4-3 1182개 유형 5 569 m 5-1 436 m
5-2 133 m
유형 6 554, 409, 963 (또는 409, 554, 963)
6-1 106, 248, 354 (또는 248, 106, 354)
6-2 852, 294, 558
6-3 218, 159, 59 유형 7 733
7-1 739 7-2 213 유형 8 189
8-1 ③ 8-2 695 8-3 1249
유형 9 (위에서부터) 3, 6
9-1 (위에서부터) 3, 2
9-2 (위에서부터) 3, 5, 2
9-3 (위에서부터) 1, 5, 9 유형 10 374
10-1 326 10-2 521 10-3 157
유형 11 910 11-1 618
11-2 1081, 823 유형 12 123명
12-1 33명 12-2 174명

유형 1 554 > 432 > 318 > 219이므로 가장 큰 수와 가장 작은 수의 합은 554 + 219 = 773입니다.

1-1 864 > 672 > 599 > 159이므로 가장 큰 수와 가장 작은 수의 합은 864 + 159 = 1023입니다.

1-2 573 > 435 > 259 > 158이므로 가장 큰 수와 가장 작은 수의 차는 573 − 158 = 415입니다.

1-3 637 > 514 > 145 > 122이므로 가장 큰 수는 637, 가장 작은 수는 122입니다.
따라서 가장 큰 수와 가장 작은 수의 합은 637 + 122 = 759이고, 차는 637 − 122 = 515입니다.

유형 2 ㉠ 503 − 215 = 288 ㉡ 670 − 454 = 216
㉢ 126 + 159 = 285
따라서 288 > 285 > 216이므로 계산 결과가 큰 것부터 차례대로 기호를 쓰면 ㉠, ㉢, ㉡입니다.

2-1 ㉠ 427 + 294 = 721 ㉡ 129 + 535 = 664
㉢ 905 − 254 = 651 ㉣ 883 − 151 = 732
따라서 732 > 721 > 664 > 651이므로 계산 결과가 큰 것부터 차례대로 기호를 쓰면 ㉣, ㉠, ㉡, ㉢입니다.

2-2 ㉠ 165 + 424 = 589 ㉡ 323 + 277 = 600
㉢ 838 − 311 = 527 ㉣ 900 − 378 = 522
따라서 522 < 527 < 589 < 600이므로 계산 결과가 작은 것부터 차례대로 기호를 쓰면 ㉣, ㉢, ㉠, ㉡입니다.

유형 3 1 m = 100 cm이므로 6 m = 600 cm입니다.
(남은 색 테이프의 길이)
= (처음 색 테이프의 길이)
− (사용한 색 테이프의 길이)
= 600 − 357 = 243(cm)

3-1 1 m = 100 cm이므로 5 m = 500 cm입니다.
(남은 털실의 길이)
= (처음 털실의 길이) − (사용한 털실의 길이)
= 500 − 134 = 366(cm)

3-2 (남은 돈)
= (시연이가 가지고 있던 돈)
− (사탕 한 개의 가격)
− (젤리 한 개의 가격)
= 900 − 250 − 580 = 650 − 580 = 70(원)
다른 풀이 (내야 할 돈)
= (사탕 한 개의 가격) + (젤리 한 개의 가격)
= 250 + 580 = 830(원)
→ (남은 돈)
= (시연이가 가지고 있던 돈) − (내야 할 돈)
= 900 − 830 = 70(원)

3-3 (기차에 남아 있는 사람 수)
= (처음 기차에 타고 있던 사람 수)
− (다음 역에서 내린 사람 수)
− (그다음 역에서 내린 사람 수)
= 594 − 243 − 148 = 351 − 148 = 203(명)

유형 4 (세 사람이 넘은 줄넘기 횟수)
=(지은이가 넘은 줄넘기 횟수)
+(현화가 넘은 줄넘기 횟수)
+(경호가 넘은 줄넘기 횟수)
=182+211+196=393+196=589(회)

4-1 (세 학교의 학생 수)
=(가 학교의 학생 수)+(나 학교의 학생 수)
+(다 학교의 학생 수)
=415+388+374=803+374=1177(명)

4-2 (오이의 수)=(무의 수)+176
=235+176=411(개)
따라서 채소 가게에 있는 무와 오이는 모두
235+411=646(개)입니다.

4-3 (오늘 주운 밤의 수)
=(어제 주운 밤의 수)+186
=498+186=684(개)
따라서 정민이가 어제와 오늘 주운 밤은 모두
498+684=1182(개)입니다.

유형 5 (연수네 집에서 공원까지의 거리)
=(연수네 집에서 학교까지의 거리)
−(공원에서 학교까지의 거리)
=374−126=248(m)
→ (연수네 집에서 서점까지의 거리)
=(연수네 집에서 공원까지의 거리)
+(공원에서 서점까지의 거리)
=248+321=569(m)

다른 풀이 (연수네 집에서 서점까지의 거리)
=(연수네 집에서 학교까지의 거리)
+(공원에서 서점까지의 거리)
−(공원에서 학교까지의 거리)
=374+321−126=695−126=569(m)

5-1 (준혁이네 집에서 학교까지의 거리)
=(준혁이네 집에서 은행까지의 거리)
−(학교에서 은행까지의 거리)
=291−162=129(m)
→ (준혁이네 집에서 도서관까지의 거리)
=(준혁이네 집에서 학교까지의 거리)
+(학교에서 도서관까지의 거리)
=129+307=436(m)

5-2 (㉠에서 ㉡까지의 거리)
=(㉠에서 ㉣까지의 거리)
−(㉡에서 ㉣까지의 거리)
=845−542=303(m)
→ (㉡에서 ㉢까지의 거리)
=(㉠에서 ㉢까지의 거리)
−(㉠에서 ㉡까지의 거리)
=436−303=133(m)

유형 6 두 수의 합이 가장 크게 되려면 가장 큰 수와 두 번째로 큰 수를 더해야 합니다.
554>409>342>264이므로
554+409=963입니다.

6-1 두 수의 합이 가장 작게 되려면 가장 작은 수와 두 번째로 작은 수를 더해야 합니다.
106<248<372<703이므로
106+248=354입니다.

6-2 두 수의 차가 가장 크게 되려면 가장 큰 수에서 가장 작은 수를 빼야 합니다.
852>516>301>294이므로
852−294=558입니다.

6-3 두 수의 차가 가장 작은 식을 찾으려면 가까운 두 수의 차를 비교해 봅니다.
764>415>218>159이므로
764−415=349, 415−218=197,
218−159=59입니다.
따라서 두 수의 차가 가장 작은 식은
218−159=59입니다.

유형 7 찢어진 종이에 적힌 세 자리 수를 □라 하면
253+□=986입니다.
따라서 □=986−253=733입니다.

7-1 백의 자리 수를 비교하면 4<7이므로 찢어진 종이에 적힌 수가 415보다 더 큽니다.
찢어진 종이에 적힌 세 자리 수를 □라 하면
□−415=324입니다.
따라서 □=324+415=739입니다.

7-2 찢어진 종이에 적힌 세 자리 수를 □라 하면
□+521=829입니다.
따라서 □=829−521=308이므로 두 수의 차는 521−308=213입니다.

유형 8 어떤 수를 □라 하면 □+378=945이므로 □=945−378=567입니다.
따라서 어떤 수는 567이므로 바르게 계산하면 567−378=189입니다.

8-1 어떤 수를 □라 하면 □+192=634이므로 □=634−192=442입니다.
따라서 어떤 수는 442이므로 바르게 계산하면 442−192=250입니다.

8-2 어떤 수를 □라 하면 □−284=127이므로 □=127+284=411입니다.
따라서 어떤 수는 411이므로 바르게 계산하면 411+284=695입니다.

8-3 어떤 수를 □라 하면 □−434=381이므로 □=381+434=815입니다.
따라서 어떤 수는 815이므로 바르게 계산하면 815+434=1249입니다.

유형 9

$$\begin{array}{r} {\scriptstyle 1\ 1}\quad \\ \text{㉠}\ 3\ 7 \\ +\ 8\ \text{㉡}\ 6 \\ \hline 1\ 2\ 0\ 3 \end{array}$$

• 1+3+㉡=10이므로
4+㉡=10, ㉡=6입니다.
• 1+㉠+8=12이므로
9+㉠=12, ㉠=3입니다.

9-1

$$\begin{array}{r} {\scriptstyle 8\ 10}\quad \\ \text{㉠}\ \not{9}\ 5 \\ -\ 1\ 6\ 8 \\ \hline 2\ \text{㉡}\ 7 \end{array}$$

• 8−6=2이므로 ㉡=2입니다.
• ㉠−1=2이므로 ㉠=3입니다.

9-2

$$\begin{array}{r} {\scriptstyle 1\ 1}\quad \\ \text{㉠}\ 2\ 6 \\ +\ 1\ 9\ \text{㉡} \\ \hline 5\ \text{㉢}\ 1 \end{array}$$

• 6+㉡=11이므로 ㉡=5입니다.
• 1+2+9=12이므로 ㉢=2입니다.
• 1+㉠+1=5이므로
2+㉠=5, ㉠=3입니다.

9-3

$$\begin{array}{r} {\scriptstyle 5\ 10} \\ 7\ \not{6}\ \text{㉠} \\ -\ \text{㉡}\ 6\ 5 \\ \hline 1\ \text{㉢}\ 6 \end{array} \rightarrow \begin{array}{r} {\scriptstyle 6\ 15\ 10} \\ \not{7}\ \not{6}\ \text{㉠} \\ -\ \text{㉡}\ 6\ 5 \\ \hline 1\ \text{㉢}\ 6 \end{array}$$

• ㉠+10−5=6이므로
㉠+5=6, ㉠=1입니다.
• 15−6=9이므로 ㉢=9입니다.
• 6−㉡=1이므로 ㉡=6−1=5입니다.

유형 10 723−□>348을 723−□=348로 바꾸어 생각해 보면 □=723−348=375입니다.
따라서 □ 안에는 375보다 작은 수가 들어가야 하므로 □ 안에 들어갈 수 있는 세 자리 수 중에서 가장 큰 수는 374입니다.

10-1 □+247>572를 □+247=572로 바꾸어 생각해 보면 □=572−247=325입니다.
따라서 □ 안에는 325보다 큰 수가 들어가야 하므로 □ 안에 들어갈 수 있는 세 자리 수 중에서 가장 작은 수는 326입니다.

10-2 896−□<376을 896−□=376으로 바꾸어 생각해 보면 □=896−376=520입니다.
따라서 □ 안에는 520보다 큰 수가 들어가야 하므로 □ 안에 들어갈 수 있는 세 자리 수 중에서 가장 작은 수는 521입니다.

10-3 873−231=642이므로 식을 간단하게 만들면 □+484<642입니다.
□+484<642를 □+484=642로 바꾸어 생각해 보면 □=642−484=158입니다.
따라서 □ 안에는 158보다 작은 수가 들어가야 하므로 □ 안에 들어갈 수 있는 세 자리 수 중에서 가장 큰 수는 157입니다.

유형 11 7>6>4>1이므로 만들 수 있는 가장 큰 세 자리 수는 764이고 가장 작은 세 자리 수는 146입니다.
→ 764+146=910

11-1 8>5>3>2이므로 만들 수 있는 가장 큰 세 자리 수는 853이고, 가장 작은 세 자리 수는 235입니다.
➔ 853−235=618

11-2 9>5>2>1이므로 만들 수 있는 가장 큰 세 자리 수는 952이고, 두 번째로 작은 세 자리 수는 129입니다.
➔ 합: 952+129=1081
차: 952−129=823

유형 12 (축구를 좋아하는 학생 수)
+(농구를 좋아하는 학생 수)
=372+401=773(명)
➔ (축구와 농구를 모두 좋아하는 학생 수)
=(축구와 농구를 좋아하는 학생 수)
−(승호네 학교 전체 학생 수)
=773−650=123(명)

12-1 (배드민턴을 좋아하는 학생 수)
+(배구를 좋아하는 학생 수)
=328+345=673(명)
➔ (배드민턴과 배구를 모두 좋아하는 학생 수)
=(배드민턴과 배구를 좋아하는 학생 수)
−(지영이네 학교 전체 학생 수)
=673−640=33(명)

12-2 (김밥만 좋아하는 학생 수)
=(전체 학생 수)
−(김밥과 라면을 둘 다 좋아하지 않는 학생 수)
−(라면을 좋아하는 학생 수)
=724−104−359=620−359=261(명)
➔ (김밥과 라면을 모두 좋아하는 학생 수)
=(김밥을 좋아하는 학생 수)
−(김밥만 좋아하는 학생 수)
=435−261=174(명)

2단원 평면도형

26~28쪽 AI가 추천한 단원 평가 1회

01 선분
02 (○)( )( )
03 ㉠
04 각 ㄱㄷㄴ (또는 각 ㄴㄷㄱ)
05 나
06 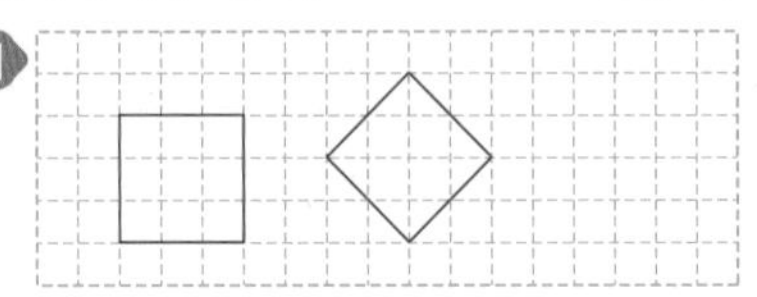

07 (왼쪽에서부터) 5, 3
08 3, 3, 1
09 예
10 ④
11 풀이 참고
12 각 ㅁㅂㄹ (또는 각 ㄹㅂㅁ)
13 44 cm
14 풀이 참고, ㉢, ㉠, ㉡
15 ㉠, ㉢, ㉣
16 6개
17 9
18 24 cm
19 40 cm
20 8개

07 직사각형은 마주 보는 두 변의 길이가 같습니다.

09 네 각이 모두 직각이고 네 변의 길이가 모두 같은 사각형을 2개 그립니다.

10 직각삼각형은 한 각이 직각인 삼각형이므로 주어진 선분의 양 끝과 점 ④를 이으면 직각삼각형을 그릴 수 있습니다.

11 예 반직선 ㄴㄱ이 아닙니다.」❶
반직선 ㄴㄱ은 점 ㄴ에서 시작하여 점 ㄱ을 지나는 반직선인데 주어진 도형은 점 ㄱ에서 시작하여 점 ㄴ을 지나는 반직선 ㄱㄴ이기 때문입니다.」❷

채점 기준

❶ 반직선 ㄴㄱ인지 아닌지 쓰기	2점
❷ ❶의 이유 설명하기	3점

12 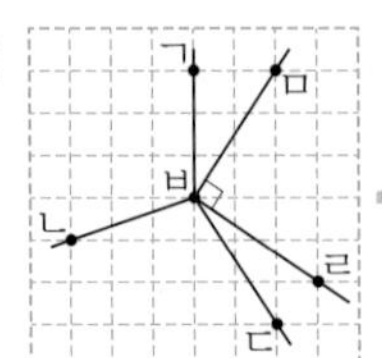

➔ 직각은 각 ㅁㅂㄹ입니다.

13 정사각형은 네 변의 길이가 모두 같으므로 정사각형의 네 변의 길이의 합은
11+11+11+11=44(cm)입니다.

14 예 ㉠ ㉡ ㉢

도형의 각의 수는 ㉠은 3개, ㉡은 0개, ㉢은 5개 입니다.」❶

따라서 5>3>0이므로 각이 많은 도형부터 차례대로 기호를 쓰면 ㉢, ㉠, ㉡입니다.」❷

채점 기준

❶ 각의 수 각각 구하기	3점
❷ 각이 많은 도형부터 차례대로 기호 쓰기	2점

15 ㉠ 네 변으로 둘러싸인 도형이므로 사각형입니다.
㉢ 네 각이 모두 직각인 사각형이므로 직사각형입니다.
㉣ 네 각이 모두 직각이고 네 변의 길이가 모두 같은 사각형이므로 정사각형입니다.

16 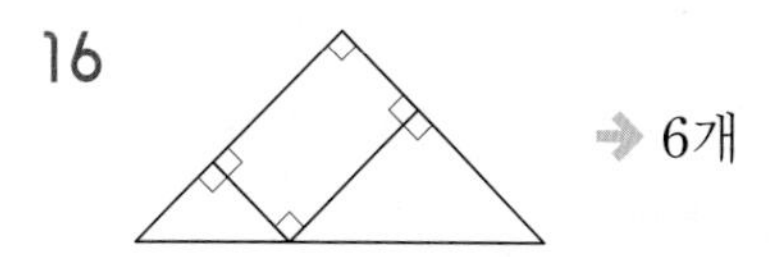
➔ 6개

17 (직사각형 가의 네 변의 길이의 합)
$=12+6+12+6=36$(cm)
정사각형 나의 네 변의 길이의 합도 36 cm이고, $9+9+9+9=36$이므로 정사각형 나의 한 변의 길이는 9 cm입니다.

18 한 번 잘라서 직각삼각형 1개와 직사각형 1개를 만들면 다음과 같습니다.

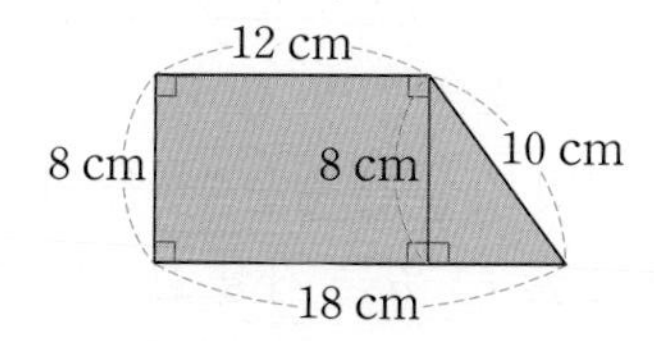

잘라서 만든 직각삼각형의 세 변은 각각 $18-12=6$(cm), 8 cm, 10 cm이므로 세 변의 길이의 합은 $6+8+10=24$(cm)입니다.

19 잘라서 만든 직사각형의 네 변은 각각 12 cm, 8 cm, 12 cm, 8 cm이므로 네 변의 길이의 합은 $12+8+12+8=40$(cm)입니다.

20

①	②	③
④	⑤	⑥

• 정사각형 1개짜리:
①, ②, ③, ④, ⑤, ⑥ ➔ 6개
• 정사각형 4개짜리:
①+②+④+⑤,
②+③+⑤+⑥ ➔ 2개

따라서 도형에서 찾을 수 있는 크고 작은 정사각형은 모두 $6+2=8$(개)입니다.

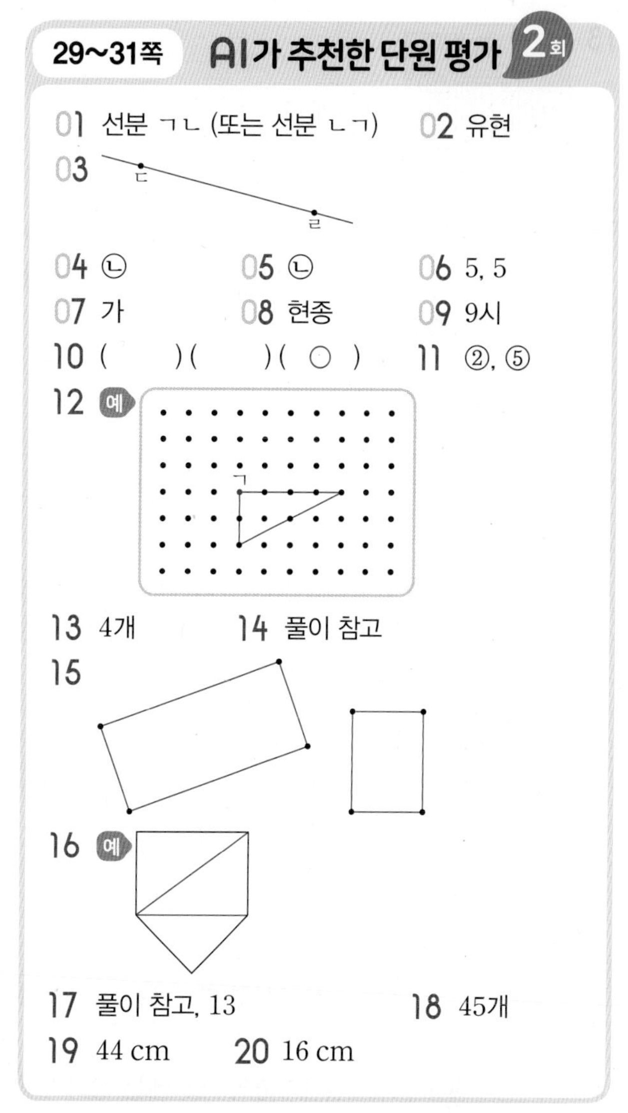

29~31쪽 AI가 추천한 단원 평가 2회

01 선분 ㄱㄴ (또는 선분 ㄴㄱ) 02 유현
03
04 ㉡ 05 ㉡ 06 5, 5
07 가 08 현종 09 9시
10 ( )( )(○) 11 ②, ⑤
12 예
13 4개 14 풀이 참고
15
16 예
17 풀이 참고, 13 18 45개
19 44 cm 20 16 cm

06 정사각형은 네 변의 길이가 모두 같으므로 □ 안에 알맞은 수는 모두 5입니다.

08 연아: 직선은 끝이 없지만 선분은 끝이 있습니다.

09 ➔ 9시

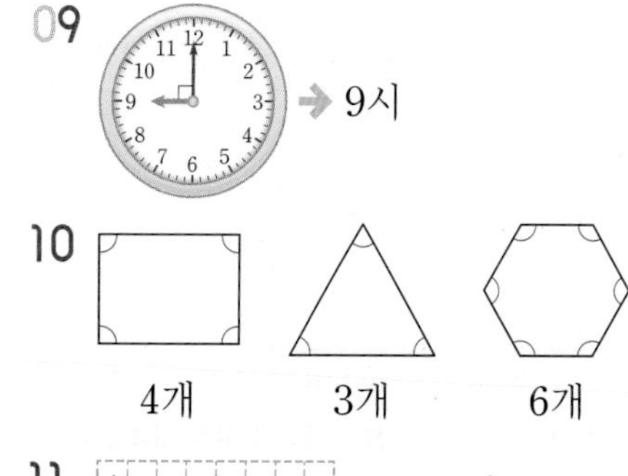

10 4개 3개 6개

11 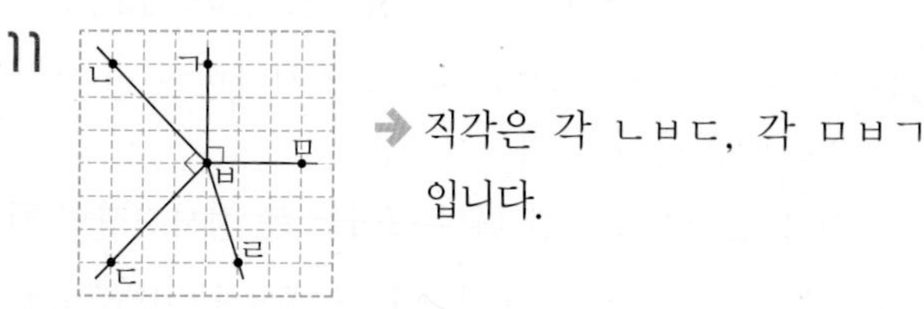
➔ 직각은 각 ㄴㅂㄷ, 각 ㅁㅂㄱ 입니다.

12 점 ㄱ을 각의 꼭짓점이 되도록 직각을 그려서 직각삼각형을 그립니다.

13 → 4개

14 예 직각삼각형은 한 각이 직각인 삼각형입니다.」❶
주어진 도형에는 직각이 없으므로 직각삼각형이 아닙니다.」❷

채점 기준

❶ 직각삼각형 알기	2점
❷ 직각삼각형이 아닌 이유 쓰기	3점

17 예 직사각형은 마주 보는 두 변의 길이가 같으므로 직사각형의 네 변의 길이의 합은
□+8+□+8=42(cm)입니다.」❶
□+□+16=42, □+□=26, □=13이므로 □ 안에 알맞은 수는 13입니다.」❷

채점 기준

❶ 직사각형의 네 변의 길이의 합을 구하는 식 만들기	2점
❷ □ 안에 알맞은 수 구하기	3점

18 15 cm, 27 cm

• $3\times9=27$이므로 직사각형의 가로에는 정사각형을 9개까지 만들 수 있습니다.
• $3\times5=15$이므로 직사각형의 세로에는 정사각형을 5개까지 만들 수 있습니다.

따라서 정사각형은 9개씩 5줄을 만들 수 있으므로 $9\times5=45$(개)까지 만들 수 있습니다.

19 굵은 선을 다음과 같이 옮기면 가로가 $8+6=14$(cm), 세로가 8 cm인 직사각형이 만들어집니다.

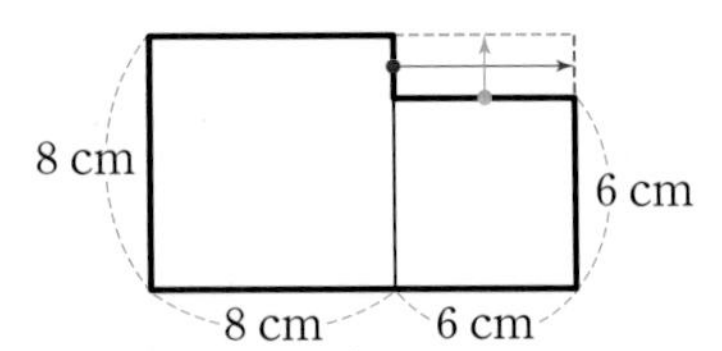

→ (굵은 선의 길이)$=14+8+14+8=44$(cm)

20 $8+8+8+8=32$이므로 큰 정사각형의 한 변의 길이는 8 cm입니다.
작은 정사각형의 한 변의 길이는 큰 정사각형의 한 변의 길이의 반이므로 $4+4=8$에서 4 cm입니다.
따라서 작은 정사각형의 네 변의 길이의 합은 $4+4+4+4=16$(cm)입니다.

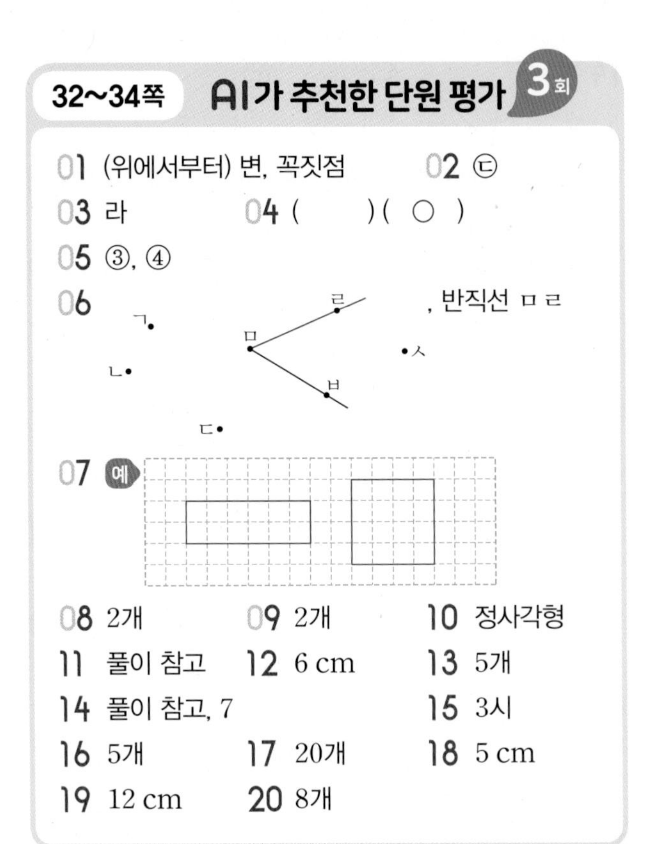

32~34쪽 AI가 추천한 단원 평가 3회

01 (위에서부터) 변, 꼭짓점　02 ㉢
03 라　04 (　　)(　○　)
05 ③, ④
06 , 반직선 ㅁㄹ
07 예
08 2개　09 2개　10 정사각형
11 풀이 참고　12 6 cm　13 5개
14 풀이 참고, 7　15 3시
16 5개　17 20개　18 5 cm
19 12 cm　20 8개

11 예 각은 한 점에서 그은 두 반직선으로 이루어진 도형입니다.」❶
주어진 도형은 굽은 선이 있으므로 각을 잘못 그렸습니다.」❷

채점 기준

❶ 각 알기	2점
❷ 각을 잘못 그린 이유 쓰기	3점

12 직사각형의 짧은 변의 길이를 정사각형의 한 변의 길이로 하면 가장 큰 정사각형을 만들 수 있습니다.
따라서 만들 수 있는 가장 큰 정사각형의 한 변의 길이는 6 cm입니다.

13 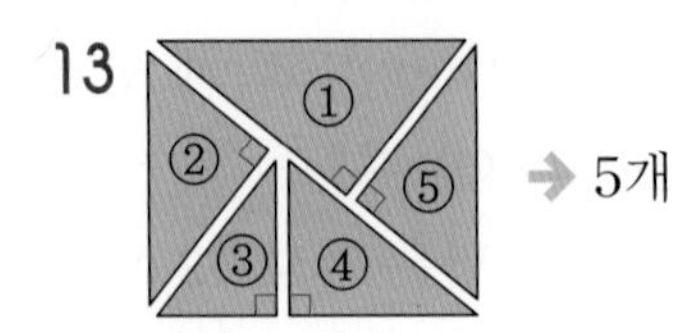

→ 5개

14 예 삼각형은 꼭짓점이 3개이므로 ㉠=3이고, 직각삼각형은 직각이 한 개인 삼각형이므로 ㉡=1이고, 삼각형은 선분 3개로 둘러싸인 도형이므로 ㉢=3입니다.」❶
따라서 ㉠, ㉡, ㉢에 알맞은 수의 합은
$3+1+3=7$입니다.」❷

채점 기준

❶ ㉠, ㉡, ㉢에 알맞은 수 각각 구하기	3점
❷ ㉠, ㉡, ㉢에 알맞은 수의 합 구하기	2점

15 2시와 6시 사이의 시각 중에서 긴바늘이 12를 가리키는 시각은 3시, 4시, 5시입니다.
이 중에서 긴바늘과 짧은바늘이 이루는 작은 쪽의 각이 직각인 시각은 3시입니다.

16 먼저 직각삼각형 조각 6개를 채운 다음 정사각형 조각을 이어서 채워 보면 정사각형 조각은 5개 사용했습니다.

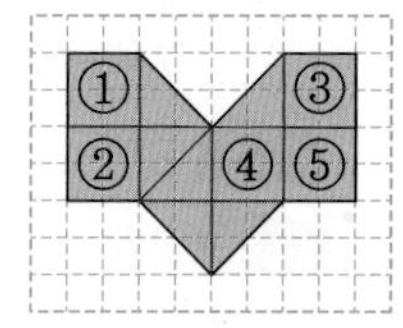

17 한 점에서 그을 수 있는 반직선은 오른쪽과 같이 4개입니다.
따라서 주어진 5개의 점 중에서 2개의 점을 이용하여 그을 수 있는 반직선은 모두 4+4+4+4+4=20(개)입니다.

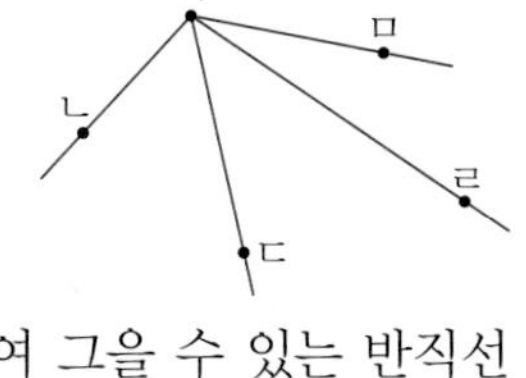

18 (직사각형 ㄱㄴㄷㄹ의 네 변의 길이의 합)
−(정사각형 ㄱㄴㅂㅁ의 네 변의 길이의 합)
=(선분 ㅁㄹ의 길이)+(선분 ㅂㄷ의 길이)
=10(cm)
5+5=10이므로
(선분 ㅁㄹ의 길이)=(선분 ㅂㄷ의 길이)
=5 cm입니다.

19 철사의 길이가 10+10+10+10=40(cm)이므로 직사각형의 네 변의 길이의 합도 40 cm입니다.
직사각형의 긴 변의 길이를 □ cm라 하면 짧은 변의 길이는 (□−4) cm이므로 직사각형의 네 변의 길이의 합은 □+(□−4)+□+(□−4)=40,
□+□+□+□=48입니다.
따라서 12+12+12+12=48이므로 직사각형의 긴 변의 길이는 12 cm입니다.

20

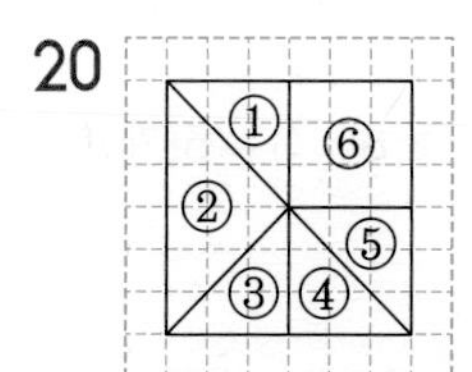

• 도형 1개짜리: ①, ②, ③, ④, ⑤ → 5개
• 도형 2개짜리: ③+④ → 1개
• 도형 3개짜리: ②+③+④, ①+⑥+⑤ → 2개
따라서 도형에서 찾을 수 있는 크고 작은 직각삼각형은 모두 5+1+2=8(개)입니다.

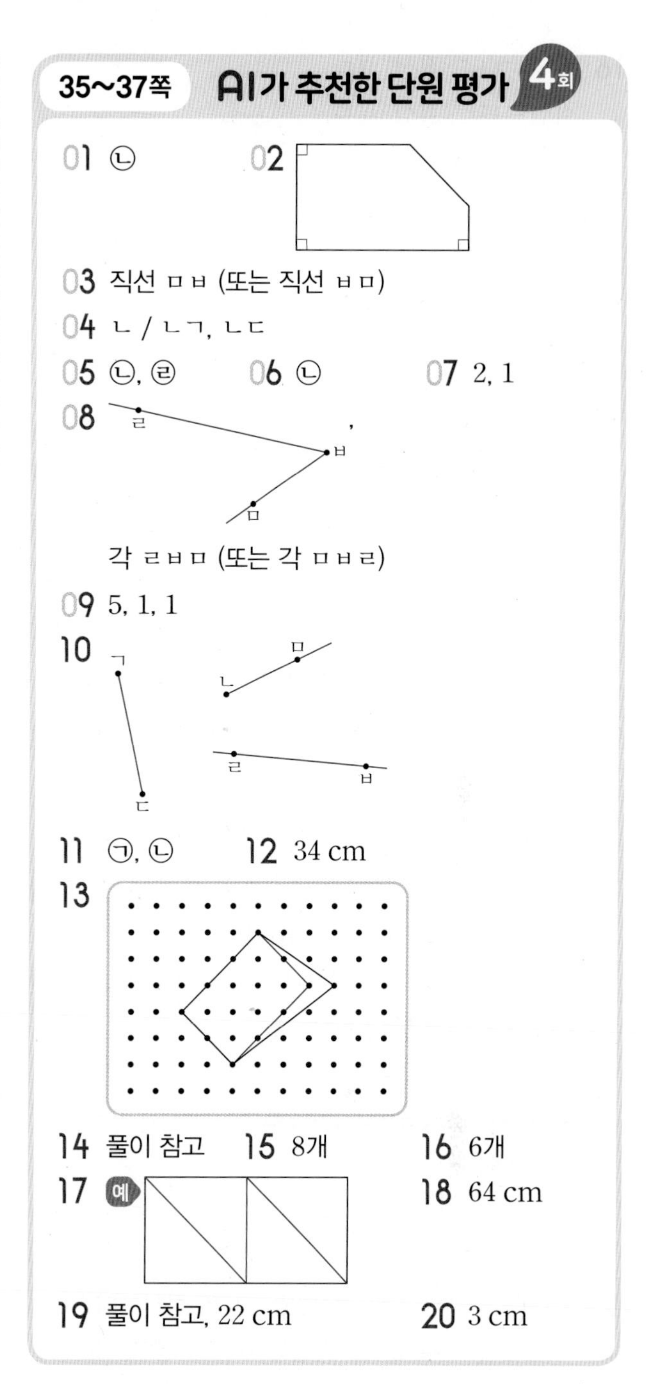

35~37쪽 AI가 추천한 단원 평가 4회

01 ㉡ 02 (도형)
03 직선 ㅁㅂ (또는 직선 ㅂㅁ)
04 ㄴ / ㄴㄱ, ㄴㄷ
05 ㉡, ㉢ 06 ㉡ 07 2, 1
08 (그림) 각 ㄹㅂㅁ (또는 각 ㅁㅂㄹ)
09 5, 1, 1
10 (그림)
11 ㉠, ㉡ 12 34 cm
13 (그림)
14 풀이 참고 15 8개 16 6개
17 예 (그림) 18 64 cm
19 풀이 참고, 22 cm 20 3 cm

14 예 같은 점은 두 삼각형 모두 한 각이 직각입니다.」❶
다른 점은 변의 길이가 서로 다릅니다.」❷

채점 기준	
❶ 같은 점 쓰기	3점
❷ 다른 점 쓰기	2점

15

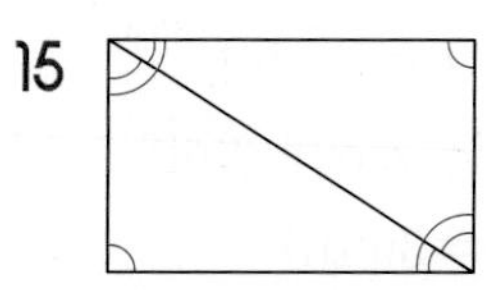

• 각 1개짜리: 6개
• 각 2개짜리: 2개
따라서 도형에서 찾을 수 있는 크고 작은 각은 모두 6+2=8(개)입니다.

16 직선 ㄱㄴ, 직선 ㄱㄷ, 직선 ㄱㄹ, 직선 ㄴㄷ, 직선 ㄴㄹ, 직선 ㄷㄹ
→ 6개

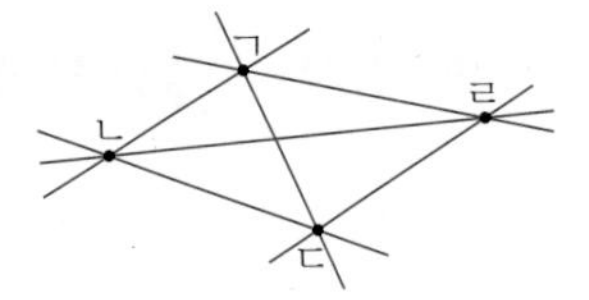

다른 풀이 한 점에서 그을 수 있는 직선은 오른쪽과 같이 3개입니다.

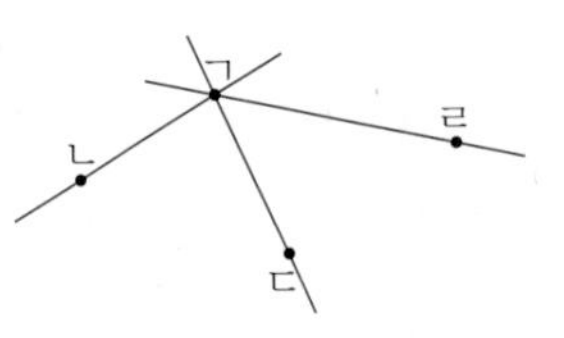

따라서 주어진 4개의 점 중에서 2개의 점을 이용하여 그을 수 있는 직선은 모두 $3+3+3+3=12$(개)이지만 직선 ㄱㄴ과 직선 ㄴㄱ이 같은 직선이므로 그을 수 있는 직선은 12개의 반인 6개입니다.

17 직각삼각형은 직각이 한 개인 삼각형이므로 한 각이 직각이 되도록 삼각형 4개로 나눕니다.

18 굵은 선의 길이는 정사각형의 한 변의 길이의 8배입니다.
→ (굵은 선의 길이)$=8\times8=64$(cm)

19 예 늘인 길이와 줄인 길이가 같으므로 정사각형의 네 변의 길이의 합도 72 cm입니다.
$18+18+18+18=72$이므로 정사각형의 한 변의 길이는 18 cm입니다.」❶
따라서 직사각형의 긴 변의 길이는 $18+4=22$(cm)입니다.」❷

채점 기준

❶ 정사각형의 한 변의 길이 구하기	3점
❷ 직사각형의 긴 변의 길이 구하기	2점

20 • (선분 ㄱㅁ의 길이)=(선분 ㄱㄴ의 길이)=15 cm
• (선분 ㅁㅅ의 길이)=(선분 ㅁㄹ의 길이)
=(선분 ㄱㄹ의 길이)−(선분 ㄱㅁ의 길이)
$=24-15=9$(cm)
• (선분 ㅅㅇ의 길이)=(선분 ㅅㅂ의 길이)
=(선분 ㅁㅂ의 길이)−(선분 ㅁㅅ의 길이)
$=15-9=6$(cm)
• (선분 ㅇㅌ의 길이)=(선분 ㅅㅌ의 길이)−(선분 ㅅㅇ의 길이)
$=9-6=3$(cm)
→ (선분 ㅌㅋ의 길이)=(선분 ㅇㅌ의 길이)
=3 cm

38~43쪽 틀린 유형 다시 보기

유형 1 6개 1-1 8개 1-2 5개
1-3 ㉡, ㉢, ㉠ 유형 2 ㉢ 2-1 ㉠, ㉡
2-2 예 정사각형은 네 각이 모두 직각이므로 직사각형이라고 말할 수 있습니다.
유형 3 8개 3-1 5개 3-2 6개, 5개
유형 4 2개 4-1 5개 4-2 6개
4-3 10개 유형 5 3개 5-1 6개
5-2 6개 5-3 9개 유형 6 6개
6-1 6개 6-2 10개
유형 7 예
7-1 예
7-2 예 7-3
유형 8 28개 8-1 35개 8-2 24개
유형 9 6 9-1 8 9-2 10
9-3 20 cm 유형 10 46 cm 10-1 66 cm
10-2 54 cm 10-3 82 cm 유형 11 6개
11-1 9개 11-2 14개 11-3 7개

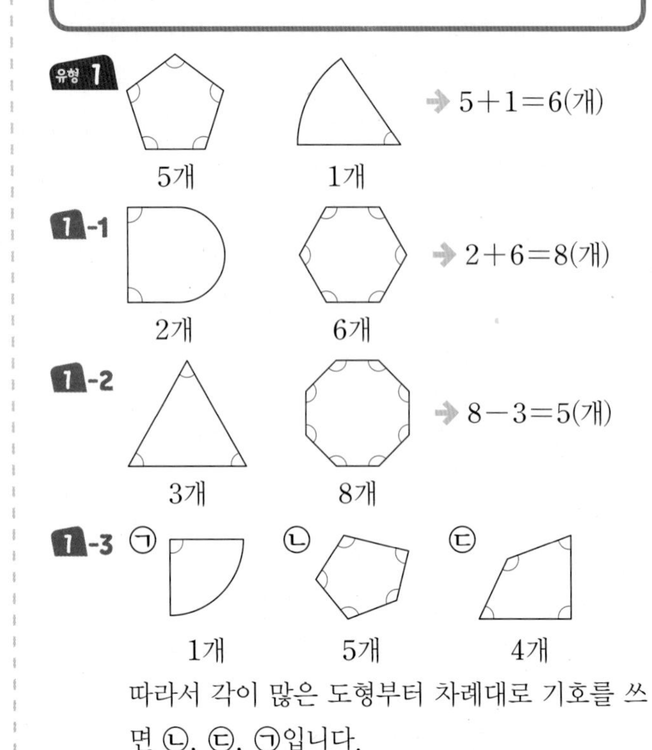

따라서 각이 많은 도형부터 차례대로 기호를 쓰면 ㉡, ㉢, ㉠입니다.

유형 2 ㉢ 정사각형은 네 변의 길이가 모두 같지만 직사각형은 네 변의 길이가 꼭 같다고 할 수 없습니다.

2-1 ㉢ 정사각형은 네 각이 모두 직각이므로 직사각형이라고 말할 수 있지만 직사각형은 네 변의 길이가 꼭 같은 것은 아니므로 정사각형이라고 말할 수 없습니다.

유형 3

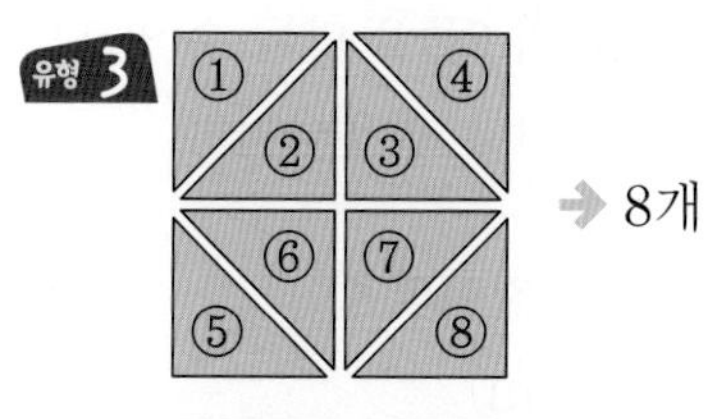

→ 8개

3-1

→ 5개

3-2

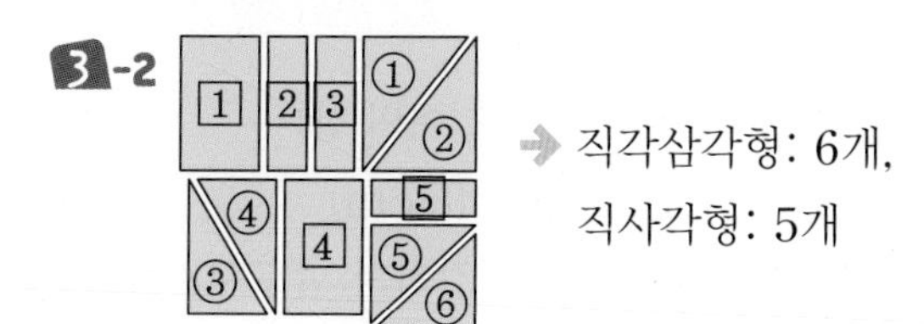

→ 직각삼각형: 6개, 직사각형: 5개

유형 4

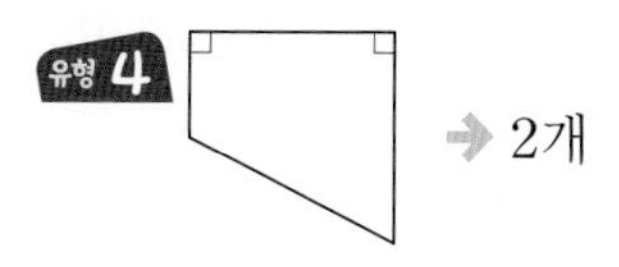

→ 2개

4-1

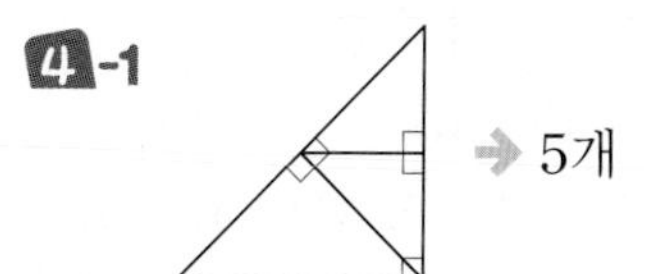

→ 5개

4-2

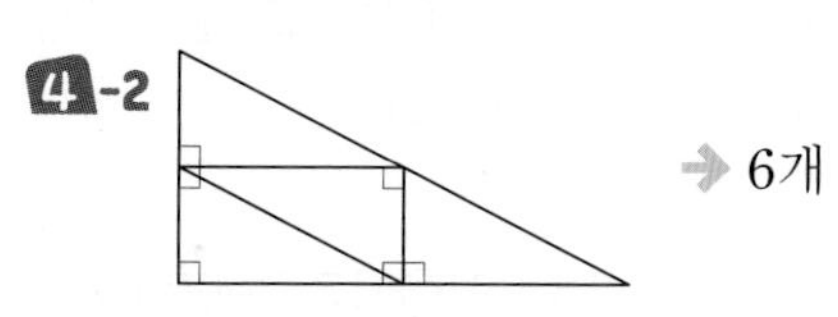

→ 6개

4-3

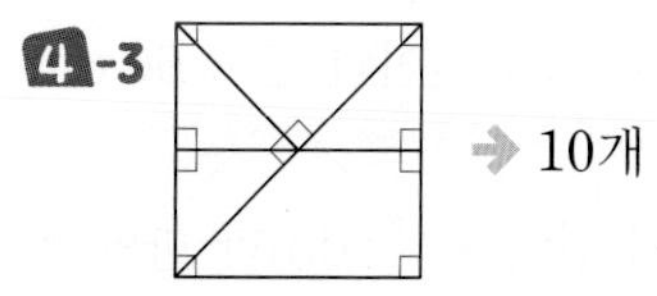

→ 10개

유형 5

• 각 1개짜리: 2개
• 각 2개짜리: 1개

따라서 도형에서 찾을 수 있는 크고 작은 각은 모두 2+1=3(개)입니다.

5-1

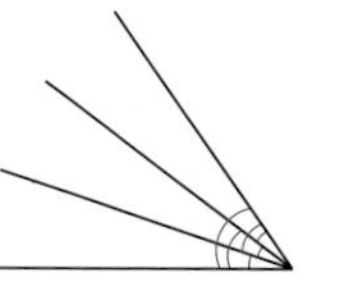

• 각 1개짜리: 3개 • 각 2개짜리: 2개
• 각 3개짜리: 1개

따라서 도형에서 찾을 수 있는 크고 작은 각은 모두 3+2+1=6(개)입니다.

5-2

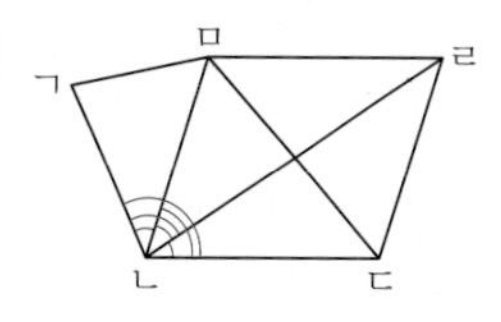

• 각 1개짜리: 3개 • 각 2개짜리: 2개
• 각 3개짜리: 1개

따라서 점 ㄴ을 꼭짓점으로 하는 크고 작은 각은 모두 3+2+1=6(개)입니다.

5-3

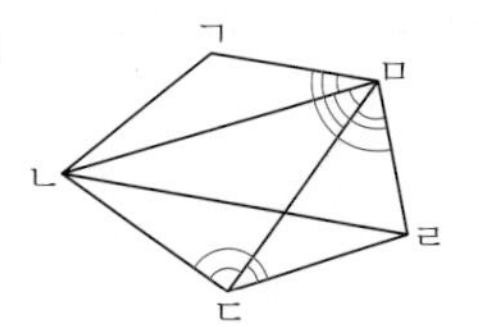

점 ㄷ을 꼭짓점으로 하는 크고 작은 각은 3개이고, 점 ㅁ을 꼭짓점으로 하는 크고 작은 각은 6개이므로 모두 3+6=9(개)입니다.

유형 6 한 점에서 그을 수 있는 선분은 다음과 같이 3개입니다.

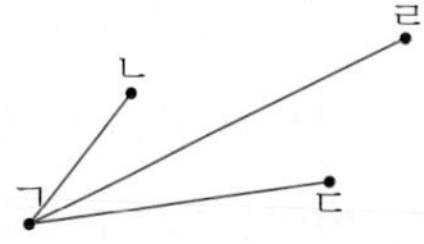

따라서 주어진 4개의 점 중에서 2개의 점을 이용하여 그을 수 있는 선분은 모두
3+3+3+3=12(개)이지만 선분 ㄱㄴ과 선분 ㄴㄱ은 같은 선분이므로 그을 수 있는 선분은 12개의 반인 6개입니다.

6-1 한 점에서 그을 수 있는 반직선은 다음과 같이 2개입니다.

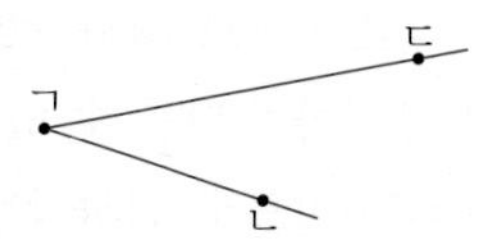

따라서 주어진 3개의 점 중에서 2개의 점을 이용하여 그을 수 있는 반직선은 모두
2+2+2=6(개)입니다.

6-2 한 점에서 그을 수 있는 직선은 다음과 같이 4개입니다.

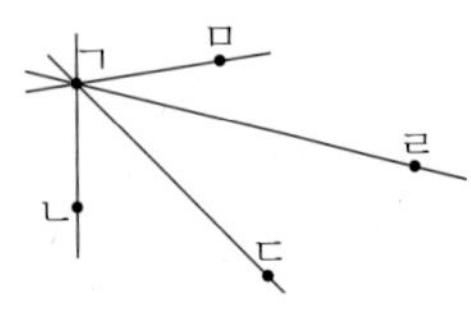

따라서 주어진 5개의 점 중에서 2개의 점을 이용하여 그을 수 있는 직선은 모두 $4+4+4+4+4=20$(개)이지만 직선 ㄱㄴ과 직선 ㄴㄱ은 같은 직선이므로 그을 수 있는 직선은 20개의 반인 10개입니다.

유형 7 정사각형은 네 변의 길이가 모두 같은 사각형이므로 모눈을 따라 사각형을 둘로 나눌 때 한 사각형은 네 변의 길이가 모두 같도록 나눕니다.

7-1 직사각형은 네 각이 모두 직각인 사각형이므로 네 각이 모두 직각이 되도록 도형을 여섯으로 나눕니다.

7-2 직각삼각형은 한 각이 직각인 삼각형이므로 한 각이 직각이 되도록 도형을 넷으로 나눕니다.

7-3 직각삼각형은 한 각이 직각인 삼각형이므로 한 각이 직각이 되도록 도형을 여덟으로 나눕니다.

유형 8

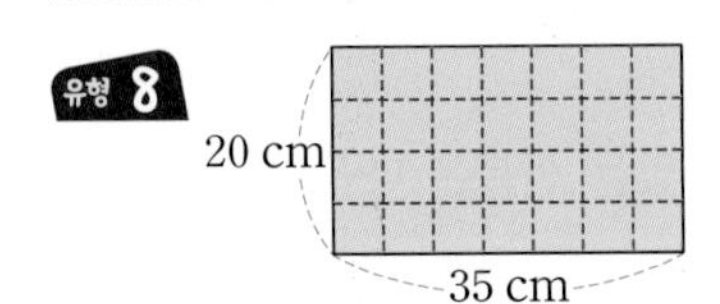

- $5\times7=35$이므로 직사각형의 가로에는 정사각형을 7개까지 만들 수 있습니다.
- $5\times4=20$이므로 직사각형의 세로에는 정사각형을 4개까지 만들 수 있습니다.

따라서 정사각형은 7개씩 4줄을 만들 수 있으므로 $7\times4=28$(개)까지 만들 수 있습니다.

8-1

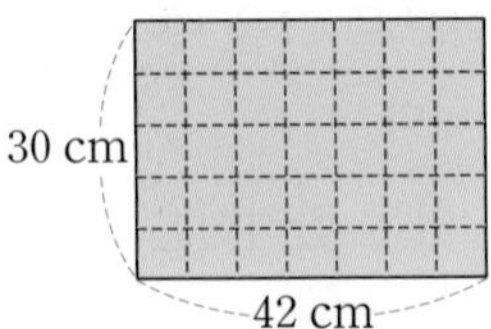

- $6\times7=42$이므로 직사각형의 가로에는 정사각형을 7개까지 만들 수 있습니다.
- $6\times5=30$이므로 직사각형의 세로에는 정사각형을 5개까지 만들 수 있습니다.

따라서 정사각형은 7개씩 5줄을 만들 수 있으므로 $7\times5=35$(개)까지 만들 수 있습니다.

8-2

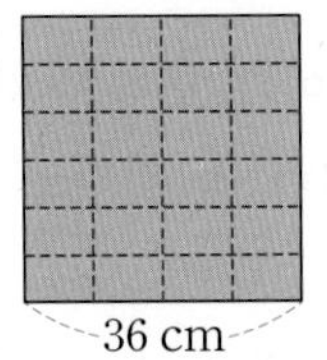

- $9\times4=36$이므로 정사각형의 가로에는 직사각형을 4개까지 만들 수 있습니다.
- $6\times6=36$이므로 정사각형의 세로에는 직사각형을 6개까지 만들 수 있습니다.

따라서 직사각형은 4개씩 6줄을 만들 수 있으므로 $4\times6=24$(개)까지 만들 수 있습니다.

유형 9 (정사각형 가의 네 변의 길이의 합)
$=8+8+8+8=32$(cm)
직사각형 나의 네 변의 길이의 합도 32 cm입니다.
$10+\square+10+\square=32$, $20+\square+\square=32$,
$\square+\square=12$, $\square=6$

9-1 (정사각형 나의 네 변의 길이의 합)
$=12+12+12+12=48$(cm)
직사각형 가의 네 변의 길이의 합도 48 cm입니다.
$\square+16+\square+16=48$, $\square+\square+32=48$,
$\square+\square=16$, $\square=8$

9-2 (직사각형 가의 네 변의 길이의 합)
$=9+11+9+11=40$(cm)
정사각형 나의 네 변의 길이의 합도 40 cm이고, $10+10+10+10=40$이므로 정사각형 나의 한 변의 길이는 10 cm입니다.

9-3 철사의 길이가 $15+15+15+15=60$(cm)이므로 직사각형의 네 변의 길이의 합도 60 cm입니다.
직사각형의 긴 변의 길이를 $\square$ cm라 하면 짧은 변의 길이는 $(\square-10)$ cm이므로 직사각형의 네 변의 길이의 합은
$\square+(\square-10)+\square+(\square-10)=60$,
$\square+\square+\square+\square=80$입니다.
따라서 $20+20+20+20=80$이므로 직사각형의 긴 변의 길이는 20 cm입니다.

유형 10 굵은 선을 다음과 같이 옮기면 가로가 $9+5=14$(cm), 세로가 9 cm인 직사각형이 만들어집니다.

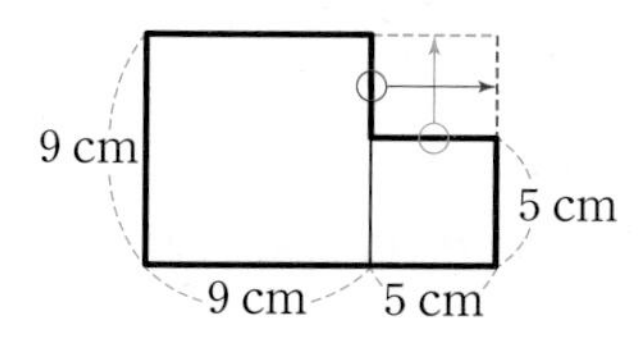

➔ (굵은 선의 길이)$=14+9+14+9$
$=46$(cm)

10-1 굵은 선을 다음과 같이 옮기면 가로가 $13+7=20$(cm), 세로가 13 cm인 직사각형이 만들어집니다.

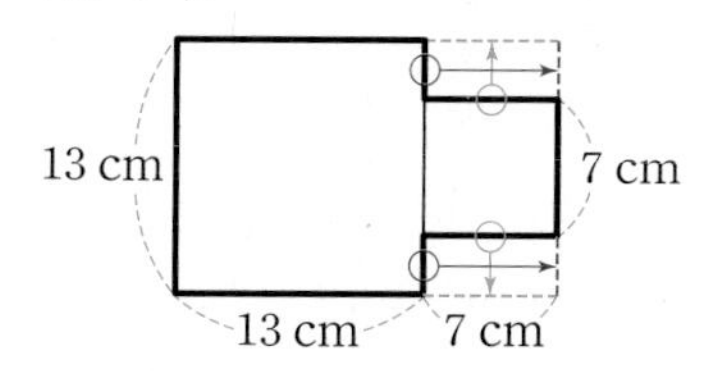

➔ (굵은 선의 길이)$=20+13+20+13$
$=66$(cm)

10-2 굵은 선을 다음과 같이 옮기면 가로가 $10+7=17$(cm), 세로가 10 cm인 직사각형이 만들어집니다.

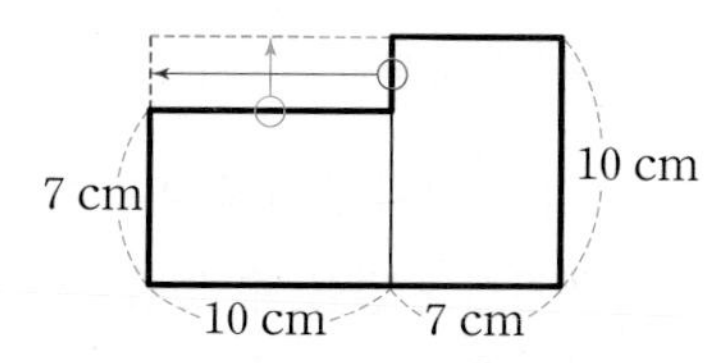

➔ (굵은 선의 길이)$=17+10+17+10$
$=54$(cm)

10-3 정사각형의 한 변의 길이가 $26-11=15$(cm)이므로 굵은 선을 다음과 같이 옮기면 가로가 26 cm, 세로가 15 cm인 직사각형이 만들어집니다.

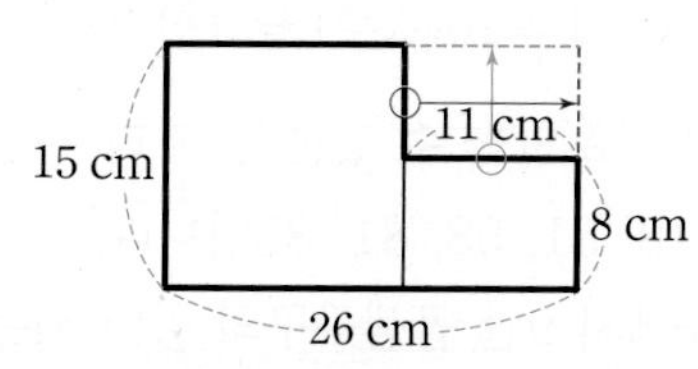

➔ (굵은 선의 길이)$=26+15+26+15$
$=82$(cm)

유형 11

①	②	③
④	⑤	

• 정사각형 1개짜리:
①, ②, ③, ④, ⑤ ➔ 5개
• 정사각형 4개짜리: ①+②+④+⑤ ➔ 1개
따라서 도형에서 찾을 수 있는 크고 작은 정사각형은 모두 $5+1=6$(개)입니다.

11-1

	①	②	③
④	⑤	⑥	⑦

• 정사각형 1개짜리:
①, ②, ③, ④, ⑤, ⑥, ⑦ ➔ 7개
• 정사각형 4개짜리:
①+②+⑤+⑥, ②+③+⑥+⑦ ➔ 2개
따라서 도형에서 찾을 수 있는 크고 작은 정사각형은 모두 $7+2=9$(개)입니다.

11-2

①	②	③
④	⑤	⑥
⑦	⑧	⑨

• 정사각형 1개짜리:
①, ②, ③, ④, ⑤, ⑥, ⑦, ⑧, ⑨ ➔ 9개
• 정사각형 4개짜리:
①+②+④+⑤, ②+③+⑤+⑥,
④+⑤+⑦+⑧, ⑤+⑥+⑧+⑨ ➔ 4개
• 정사각형 9개짜리:
①+②+③+④+⑤+⑥+⑦+⑧+⑨
➔ 1개
따라서 도형에서 찾을 수 있는 크고 작은 정사각형은 모두 $9+4+1=14$(개)입니다.

11-3

① ② ③ ④

• 삼각형 1개짜리: ①, ②, ③, ④ ➔ 4개
• 삼각형 2개짜리: ①+②, ③+④ ➔ 2개
• 삼각형 4개짜리: ①+②+③+④ ➔ 1개
따라서 도형에서 찾을 수 있는 크고 작은 직각삼각형은 모두 $4+2+1=7$(개)입니다.

3단원 나눗셈

46~48쪽 AI가 추천한 단원 평가 1회

01  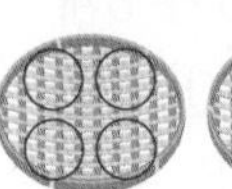 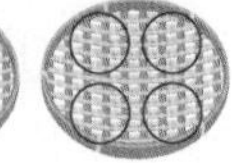

02 4　　03 8, 7　　04 ㉡
05 태준　　06 3　　07 7
08 ③　　09 (위에서부터) 63 / 7, 63
10 >
11 (위에서부터) 3, 5, 15 / 3, 3, 5
12 2개　　13 24, 6, 4 / 4개
14 풀이 참고, ㉡, ㉣　　15 35
16 30　　17 풀이 참고, 8개
18 6, 2　　19 10그루　　20 18, 81

04 ㉠ 나누는 수가 4입니다.
㉡ 몫이 4입니다.

05 $20 \div 5=4$는 20에서 5를 4번 빼면 0이 되는 것과 같으므로 뺄셈식으로 나타내면
$20-5-5-5-5=0$입니다.

08 8단 곱셈구구를 이용하여 몫을 구할 수 있는 것은 나누는 수가 8인 나눗셈입니다.

09 $63 \div 7=9$　　$63 \div 7=9$
$7 \times 9=63$　　$9 \times 7=63$

10 $64 \div 8=8$, $54 \div 9=6$이고, $8>6$이므로
$64 \div 8>54 \div 9$입니다.

11 • 바둑돌이 5개씩 3묶음 있으므로 $5 \times 3=15$(개), 3개씩 5묶음 있으므로 $3 \times 5=15$(개)입니다.
• 바둑돌 15개를 5개씩 묶으면 $15 \div 5=3$(묶음), 바둑돌 15개를 3개씩 묶으면 $15 \div 3=5$(묶음)이 됩니다.

12 지우개 14개를 필통 7개에 똑같이 나누어 담으려면 필통 한 개에 2개씩 담으면 됩니다.
➔ $14 \div 7=2$

13 농구공 24개를 6개씩 묶으면 4묶음이 되므로 보관함 한 개에 6개씩 담으려면 보관함은 4개 필요합니다.
➔ $24 \div 6=4$

14 예 나눗셈의 몫을 각각 구해 보면
㉠ $12 \div 4=3$, ㉡ $14 \div 2=7$, ㉢ $36 \div 6=6$,
㉣ $45 \div 5=9$입니다.」❶
따라서 몫이 6보다 큰 나눗셈은 ㉡, ㉣입니다.」❷

채점 기준

채점 기준	점수
❶ 각각의 몫 구하기	4점
❷ 몫이 6보다 큰 나눗셈 모두 찾기	1점

15 $\square \div 5=7$에서 곱셈과 나눗셈의 관계에 의해
$\square=5 \times 7=35$입니다.

16 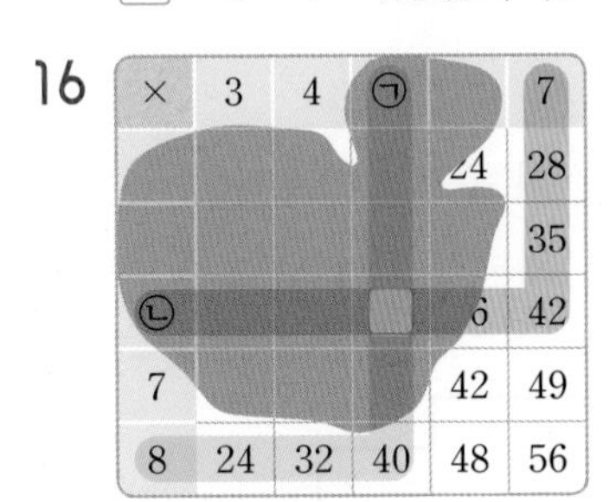

$8 \times ㉠=40$, $㉠=40 \div 8=5$입니다.
$㉡ \times 7=42$, $㉡=42 \div 7=6$입니다.
➔ $\square=㉡ \times ㉠=6 \times 5=30$

17 예 헤미가 산 우유는 모두
$22+10=32$(개)입니다.」❶
따라서 한 봉지에 우유를
$32 \div 4=8$(개)씩 담았습니다.」❷

채점 기준

채점 기준	점수
❶ 헤미가 산 우유의 수 구하기	2점
❷ 한 봉지에 담은 우유의 수 구하기	3점

18 • 사탕 18개를 상자 3개에 똑같이 나누어 담으면 한 상자에 6개씩 담을 수 있습니다.
➔ $18 \div 3=6$
• 사탕 18개를 상자 9개에 똑같이 나누어 담으면 한 상자에 2개씩 담을 수 있습니다.
➔ $18 \div 9=2$

19 길이가 72 m인 길의 한쪽에 8 m 간격으로 나무를 심으면 나무 간격의 수는 $72 \div 8=9$(군데)입니다.
길의 처음과 끝에도 나무를 심어야 하므로 나무는 모두 $9+1=10$(그루) 필요합니다.

20 수 카드로 만들 수 있는 두 자리 수는
15, 18, 51, 58, 81, 85입니다.
이 중에서 9단 곱셈구구의 곱이 되는 수는 18, 81이므로 9로 나누어지는 수도 18, 81입니다.
참고 $18 \div 9=2$, $81 \div 9=9$

49~51쪽 AI가 추천한 단원 평가 2회

01 예 (장미 8송이를 2송이씩 묶은 그림)

02 4　　03 ( )(○)

04 48 나누기 6은 8과 같습니다.　05 6, 6, 6

06 15, 3, 5　　07 ㉠, ㉡

08 (위에서부터) 6, 3

09 (위에서부터) 7, 4 / 7, 7, 7, 7, 0

10 ㉠　　11 8

12 (위에서부터) 8, 16 / $16 \div 2 = 8$, $16 \div 8 = 2$

13 6개

14 (위에서부터) 27 / 3, 27 / 27, 9 / 27, 9, 3

15 ㉡　　16 풀이 참고, 8 cm

17 ㉢　　18 9쪽　　19 7, 8, 9

20 풀이 참고, 5마리

05 초콜릿 18개를 접시 3개에 똑같이 나누어 담으면 접시 한 개에 6개씩 담을 수 있습니다.
$3 \times 6 = 18$ ➜ $18 \div 3 = 6$

10 ㉠ $54 \div 6 = 9$　㉡ $35 \div 5 = 7$　㉢ $63 \div 9 = 7$
따라서 몫이 다른 하나는 ㉠입니다.

11 $56 > 35 > 8 > 7$이므로 가장 큰 수는 56이고, 가장 작은 수는 7입니다.
➜ $56 \div 7 = 8$

12 • 귤은 2개씩 8묶음 있으므로 곱셈식으로 나타내면 $2 \times 8 = 16$입니다.
• 곱셈식을 나눗셈식으로 나타내면 다음과 같습니다.
$2 \times 8 = 16$ ➜ $16 \div 2 = 8$, $16 \div 8 = 2$

13 쿠키 30개를 접시 5개에 똑같이 나누어 담으면 한 접시에 6개씩 담을 수 있습니다.
➜ $30 \div 5 = 6$(개)

14 • 가장 큰 수인 27을 곱으로 하여 곱셈식을 2개 만듭니다.
➜ $3 \times 9 = 27$, $9 \times 3 = 27$
• 가장 큰 수인 27을 나누어지는 수로 하여 나눗셈식을 2개 만듭니다.
➜ $27 \div 3 = 9$, $27 \div 9 = 3$

15 ㉠ 배구공 15개를 상자 4개에 1개씩 번갈아 가면서 넣어 보면 상자 1개에 배구공을 3개씩 넣고, 3개가 남습니다.
㉡ 배구공 15개를 상자 5개에 1개씩 번갈아 가면서 넣어 보면 상자 1개에 배구공을 3개씩 넣고, 남는 배구공이 없습니다.

16 예 정사각형은 네 변의 길이가 모두 같으므로 정사각형의 한 변의 길이를 구하려면 $32 \div 4$를 계산하면 됩니다.」 ❶
따라서 정사각형의 한 변의 길이는
$32 \div 4 = 8$(cm)입니다.」 ❷

채점 기준

채점 기준	점수
❶ 정사각형의 한 변의 길이를 구하는 식 만들기	2점
❷ 정사각형의 한 변의 길이 구하기	3점

17 ㉠ $49 \div 7 = 7$ ➜ □$=7$
㉡ $56 \div$□$=7$에서 곱셈과 나눗셈의 관계에 의해 □$\times 7 = 56$, □$=8$입니다.
㉢ $45 \div 5 = 9$ ➜ □$=9$
따라서 $9 > 8 > 7$이므로 □ 안에 알맞은 수가 가장 큰 것은 ㉢입니다.

18 (남은 과학책의 쪽수)$=105-33=72$(쪽)
따라서 8일 동안 매일 같은 쪽수씩 읽어서 모두 읽으려면 하루에 $72 \div 8 = 9$(쪽)씩 읽어야 합니다.

19 나누는 수가 3이므로 3단 곱셈구구에서 십의 자리 숫자가 2인 경우를 모두 찾아보면
$3 \times 7 = 21$, $3 \times 8 = 24$, $3 \times 9 = 27$입니다.
따라서 몫이 될 수 있는 수는 7, 8, 9입니다.
참고 • $3 \times 7 = 21$ ➜ $21 \div 3 = 7$
• $3 \times 8 = 24$ ➜ $24 \div 3 = 8$
• $3 \times 9 = 27$ ➜ $27 \div 3 = 9$

20 예 닭은 다리가 2개이므로 목장에 있는 닭의 다리 수는 $7 \times 2 = 14$(개)입니다.」 ❶
목장에 있는 소의 다리 수는 전체 다리 수에서 닭의 다리 수를 빼면 되므로 $34-14=20$(개)입니다.」 ❷
따라서 소는 다리가 4개이므로 목장에 있는 소는 $20 \div 4 = 5$(마리)입니다.」 ❸

채점 기준

채점 기준	점수
❶ 목장에 있는 닭의 다리 수 구하기	2점
❷ 목장에 있는 소의 다리 수 구하기	1점
❸ 목장에 있는 소의 수 구하기	2점

52~54쪽 AI가 추천한 단원 평가 3회

01 8, 2, 4　02 3, 8
03 (위에서부터) 8, 24 / 8, 3, 24　04 35, 7, 5
05 5　06 ㉡
07 (풀이 참고)　08 2, 7　09 ㉢, ㉠, ㉡
10 (위에서부터) 4, 24 / $24 \div 6 = 4$, $24 \div 4 = 6$
11 (위에서부터) 6, 9 / 5, 8　12 6, 3
13 풀이 참고　14 42　15 ㉡
16 6명　17 2, 6
18 풀이 참고, 9　19 여학생　20 3일

05 곱셈표에서 곱이 25가 되는 5단 곱셈구구를 찾아 보면 $5 \times 5 = 25$이므로 $25 \div 5$의 몫은 5입니다.

08 $7 \times 2 = 14$ → $14 \div 7 = 2$　$7 \times 2 = 14$ → $14 \div 2 = 7$

09 ㉠ 뺄셈식 $45-9-9-9-9-9=0$을 나눗셈식으로 나타내면 $45 \div 9 = 5$이므로 몫은 5입니다.
㉡ 뺄셈식 $42-6-6-6-6-6-6-6=0$을 나눗셈식으로 나타내면 $42 \div 6 = 7$이므로 몫은 7입니다.
㉢ 뺄셈식 $32-8-8-8-8=0$을 나눗셈식으로 나타내면 $32 \div 8 = 4$이므로 몫은 4입니다.
따라서 $4<5<7$이므로 몫이 작은 것부터 차례대로 쓰면 ㉢, ㉠, ㉡입니다.

10 • 수직선에서 6씩 4번 뛰어 세면 24가 되므로 곱셈식으로 나타내면 $6 \times 4 = 24$입니다.
• 곱셈식을 나눗셈식으로 나타내면 $24 \div 6 = 4$ 또는 $24 \div 4 = 6$입니다.

11 • $30 \div 5$의 몫을 구하려면 5단 곱셈구구를 이용하면 되므로 $5 \times 6 = 30$을 이용합니다.
• $36 \div 4$의 몫을 구하려면 4단 곱셈구구를 이용하면 되므로 $4 \times 9 = 36$을 이용합니다.
• $10 \div 2$의 몫을 구하려면 2단 곱셈구구를 이용하면 되므로 $2 \times 5 = 10$을 이용합니다.
• $56 \div 7$의 몫을 구하려면 7단 곱셈구구를 이용하면 되므로 $7 \times 8 = 56$을 이용합니다.

12 $54 \div 9 = 6$, $6 \div 2 = 3$

13 예 「$18-6-6-6=0$으로 18에서 6을 3번 빼면 0이 되므로 공깃돌을 3명에게 나누어 줄 수 있습니다.」❶
「$18 \div 6 = 3$으로 나눗셈의 몫이 3이므로 공깃돌을 3명에게 나누어 줄 수 있습니다.」❷

채점 기준

❶ 몇 명에게 나누어 줄 수 있는지 뺄셈식으로 구하기	2점
❷ 몇 명에게 나누어 줄 수 있는지 나눗셈식으로 구하기	3점

14 어떤 수를 □라 하면 $□ \div 7 = 6$입니다.
곱셈과 나눗셈의 관계에 의해 $□ = 7 \times 6 = 42$이므로 어떤 수는 42입니다.

15 ㉠ 가위 20개를 3명이 1개씩 번갈아 가면서 가지면 한 명이 6개씩 가지고, 2개가 남습니다.
㉡ 딱지 16장을 4명이 1장씩 번갈아 가면서 가지면 한 명이 4장씩 가지고, 남는 딱지가 없습니다.
㉢ 수첩 24권을 5명이 1권씩 번갈아 가면서 가지면 한 명이 4권씩 가지고, 4권이 남습니다.

16 (연필 2타의 수)$=12+12=24$(자루)
따라서 24자루를 한 명에게 4자루씩 나누어 준다면 $24 \div 4 = 6$(명)에게 나누어 줄 수 있습니다.

17 몫이 가장 크게 되려면 나누는 수가 가장 작아야 합니다.
따라서 $2<3<4<6$이므로 몫이 가장 큰 나눗셈식은 $12 \div 2 = 6$입니다.

18 예 「$27 \div 3 = 9$이므로 식을 간단하게 만들면 $81 \div □ = 9$입니다.」❶
「$81 \div □ = 9$에서 곱셈과 나눗셈의 관계에 의해 $□ \times 9 = 81$, $□ = 81 \div 9 = 9$입니다.」❷

채점 기준

❶ 식을 간단하게 만들기	2점
❷ □ 안에 알맞은 수 구하기	3점

19 (한 줄에 서 있는 남학생 수)$=36 \div 9 = 4$(명)
(한 줄에 서 있는 여학생 수)$=42 \div 7 = 6$(명)
따라서 $4<6$이므로 한 줄에 서 있는 학생 수가 더 많은 쪽은 여학생입니다.

20 다람쥐 한 마리가 하루에 먹는 도토리는 $9 \div 3 = 3$(개)입니다. 다람쥐 한 마리가 먹을 수 있는 도토리는 $72 \div 8 = 9$(개)입니다.
따라서 도토리를 모두 먹는 데 $9 \div 3 = 3$(일)이 걸립니다.

55~57쪽 AI가 추천한 단원 평가 4회

01 5, 5, 5, 5, 4 02 5, 4 03 9, 8
04 36, 4, 9 05 2 06 3
07 2 / 2 / 2, 9 08 1 09 ㉠
10 3, 4, 6, 8 11 (선 잇기)
12 $14 \div 2 = 7$, 7명 13 풀이 참고
14 9모둠 15 21개
16 풀이 참고, 3명 17 2
18 5 19 3개 20 21, 7

03 $■ \div ▲ = ●$
→ ●는 ■를 ▲로 나눈 몫입니다.

04 전체 만두의 수를 나누어지는 수, 접시의 수를 나누는 수, 한 접시에 담을 수 있는 만두의 수를 몫으로 하여 나눗셈식을 완성합니다.
→ $36 \div 4 = 9$

07 • 축구공이 9개씩 2묶음 있으므로 곱셈식으로 나타내면 $9 \times 2 = 18$입니다.
• 곱셈식을 나눗셈식으로 나타내면 다음과 같습니다.
$9 \times 2 = 18$ → $18 \div 9 = 2$, $18 \div 2 = 9$

08 $28 \div 7 = 4$, $25 \div 5 = 5$이므로 나눗셈의 몫의 차는 $5 - 4 = 1$입니다.

09 ㉠ $12 \div 3 = 4$ ㉡ $48 \div 8 = 6$ ㉢ $35 \div 7 = 5$
따라서 $4 < 5 < 6$이므로 몫이 가장 작은 것은 ㉠입니다.

10 6단 곱셈구구를 이용하여 나눗셈의 몫을 구합니다.

×	1	2	3	4	5	6	7	8	9
6	6	12	18	24	30	36	42	48	54

→ $18 \div 6 = 3$, $24 \div 6 = 4$, $36 \div 6 = 6$, $48 \div 6 = 8$

11 $16 \div 4 = 4$, $40 \div 8 = 5$, $72 \div 9 = 8$
$35 \div 7 = 5$, $64 \div 8 = 8$, $36 \div 9 = 4$

12 (나누어 줄 수 있는 사람 수)
=(전체 공책의 수)
÷(한 명에게 나누어 주는 공책의 수)
$= 14 \div 2 = 7$(명)

13 예 나누는 수가 7이므로 7단 곱셈구구에서 곱이 56이 되는 곱셈식을 찾습니다.」 ❶
따라서 $7 \times 8 = 56$에서 $56 \div 7 = 8$이므로 몫은 8입니다.」 ❷

채점 기준

❶ 곱셈식을 이용하는 방법 알기	2점
❷ 곱셈식을 이용하여 몫 구하기	3점

14 (4학년 학생 수)$= 17 + 19 + 18 = 54$(명)
(4학년 학생의 모둠 수)$= 54 \div 6 = 9$(모둠)

15 (1분 동안 접는 종이비행기의 수)$= 12 \div 4 = 3$(개)
(7분 동안 접는 종이비행기의 수)$= 3 \times 7 = 21$(개)

16 예 전체 도넛의 수는 $6 \times 4 = 24$(개)입니다.」 ❶
따라서 도넛 24개를 한 명에게 8개씩 나누어 준다면 $24 \div 8 = 3$(명)에게 나누어 줄 수 있습니다.」 ❷

채점 기준

❶ 전체 도넛의 수 구하기	2점
❷ 몇 명에게 나누어 줄 수 있는지 구하기	3점

17 어떤 수를 □라 하면 $□ \times 4 = 32$입니다.
곱셈과 나눗셈의 관계에 의해 $□ = 32 \div 4 = 8$이므로 어떤 수는 8입니다.
따라서 바르게 계산한 몫은 $8 \div 4 = 2$입니다.

18 • $63 \div ■ = 7$에서 곱셈과 나눗셈의 관계에 의해 $■ \times 7 = 63$, $■ = 63 \div 7 = 9$입니다.
• $45 \div ● = ■$, $45 \div ● = 9$에서 곱셈과 나눗셈의 관계에 의해 $● \times 9 = 45$, $● = 45 \div 9 = 5$입니다.

19 수 카드로 만들 수 있는 두 자리 수는 12, 14, 21, 24, 41, 42입니다.
이 중에서 7단 곱셈구구의 곱이 되는 수는 14, 21, 42이므로 7로 나누어지는 수도 14, 21, 42로 모두 3개입니다.
참고 $14 \div 7 = 2$, $21 \div 7 = 3$, $42 \div 7 = 6$

20 (큰 수)÷(작은 수)$= 3$이므로
(작은 수)$\times 3 =$(큰 수)입니다.
작은 수를 □라 하면 큰 수는 $□ \times 3$입니다.
두 수의 합이 28이므로
$□ \times 3 + □ = 28$, $□ + □ + □ + □ = 28$,
$□ \times 4 = 28$, $□ = 28 \div 4 = 7$입니다.
따라서 작은 수는 7이고, 큰 수는 $7 \times 3 = 21$입니다.

58~63쪽 **틀린 유형 다시 보기**

유형 1 56, 7, 8 　 1-1 ④

1-2 27, 3, 예 필통 한 개에 색연필을 9자루씩 넣을 수 있습니다.

유형 2 ㉡ 　 2-1 (　)(○)(　)

2-2 (선 잇기) 　 2-3 ㉢

유형 3 (위에서부터) 6, 2, 12 / 2, 6, 6, 2

3-1 (위에서부터) 4, 5, 20 / 5, 4, 4, 5

3-2 $9\times3=27$, $3\times9=27$ / $27\div9=3$, $27\div3=9$

유형 4 ㉢ 　 4-1 ㉠

4-2 ㉠, ㉢, ㉡ 　 4-3 ㉠, ㉡

유형 5 지민 　 5-1 ㉡ 　 5-2 희정

유형 6 40 　 6-1 18 　 6-2 8

6-3 3 　 유형 7 9명 　 7-1 6통

7-2 4명 　 7-3 8층 　 유형 8 8, 9

8-1 4 　 8-2 3, 5, 7, 9

8-3 13 　 유형 9 2 　 9-1 5

9-2 6 　 9-3 3 　 유형 10 7개

10-1 6그루 　 10-2 18개

유형 11 24, 42, 54 　 11-1 27, 72

11-2 2개 　 11-3 3개 　 유형 12 3일

12-1 2일 　 12-2 2일 　 12-3 42개

유형 1 나누어지는 수 56을 전체 고구마의 수, 나누는 수 7을 한 묶음에 묶는 고구마의 수, 몫 8을 묶음의 수로 하여 문장으로 나타냅니다.

1-1 나누어지는 수 30을 전체 사탕의 수, 나누는 수 5를 접시의 수, 몫 6을 한 접시에 놓는 사탕의 수로 하여 문장으로 나타낸 것이므로 ㉠은 5, ㉡은 6입니다.

1-2 나누어지는 수 27을 전체 색연필의 수, 나누는 수 3을 필통의 수, 몫 9를 필통 한 개에 넣는 색연필의 수로 하여 문장으로 나타냅니다.

유형 2 $36\div9$의 몫을 구하려면 9단 곱셈구구를 이용해야 하므로 ㉡ $9\times4=36$이 필요합니다.

2-1 $12\div3$의 몫을 구하려면 3단 곱셈구구를 이용해야 하므로 필요한 곱셈식은 $3\times4=12$입니다.

2-2
- $35\div5$의 몫을 구하려면 5단 곱셈구구를 이용해야 하므로 필요한 곱셈식은 $5\times7=35$입니다.
- $16\div2$의 몫을 구하려면 2단 곱셈구구를 이용해야 하므로 필요한 곱셈식은 $2\times8=16$입니다.
- $63\div7$의 몫을 구하려면 7단 곱셈구구를 이용해야 하므로 필요한 곱셈식은 $7\times9=63$입니다.

2-3 $4\times8=32$ → $32\div4=8$ 　 $4\times8=32$ → $32\div8=4$

따라서 곱셈식 $4\times8=32$로 몫을 구할 수 없는 나눗셈식은 ㉢ $8\div4=2$입니다.

유형 3
- 풍선이 2개씩 6묶음 있으므로 $2\times6=12$(개), 6개씩 2묶음 있으므로 $6\times2=12$(개)입니다.
- 풍선 12개를 6개씩 묶으면 $12\div6=2$(묶음), 풍선 12개를 2개씩 묶으면 $12\div2=6$(묶음)이 됩니다.

3-1
- 도넛이 5개씩 4묶음 있으므로 $5\times4=20$(개), 4개씩 5묶음 있으므로 $4\times5=20$(개)입니다.
- 도넛 20개를 5개씩 묶으면 $20\div5=4$(묶음), 도넛 20개를 4개씩 묶으면 $20\div4=5$(묶음)이 됩니다.

3-2
- 쿠키가 9개씩 3묶음 있으므로 $9\times3=27$(개), 3개씩 9묶음 있으므로 $3\times9=27$(개)입니다.
- 쿠키 27개를 9개씩 묶으면 $27\div9=3$(묶음), 쿠키 27개를 3개씩 묶으면 $27\div3=9$(묶음)이 됩니다.

유형 4 ㉠ $28\div4=7$ ㉡ $64\div8=8$ ㉢ $20\div5=4$
따라서 $4<7<8$이므로 몫이 가장 작은 것은 ㉢입니다.

4-1 ㉠ $18\div2=9$ ㉡ $25\div5=5$ ㉢ $48\div6=8$
따라서 $9>8>5$이므로 몫이 가장 큰 것은 ㉠입니다.

4-2 ㉠ $15\div5=3$ ㉡ $24\div4=6$ ㉢ $28\div7=4$
따라서 $3<4<6$이므로 몫이 작은 것부터 차례대로 기호를 쓰면 ㉠, ㉢, ㉡입니다.

4-3 ㉠ $42\div7=6$ 　 ㉡ $14\div2=7$
㉢ $16\div4=4$ 　 ㉣ $30\div6=5$
따라서 몫이 5보다 큰 나눗셈은 ㉠, ㉡입니다.

유형 5 • 윤아: 구슬 45개를 병 7개에 1개씩 번갈아 가면서 넣어 보면 병 1개에 구슬을 6개씩 넣고, 3개가 남습니다.

• 지민: 구슬 45개를 병 5개에 1개씩 번갈아 가면서 넣어 보면 병 1개에 구슬을 9개씩 넣고, 남는 구슬이 없습니다.

따라서 남김없이 똑같이 나누어 담을 수 있는 사람은 지민이입니다.

5-1 ㉠ 인형 30개를 4명이 1개씩 번갈아 가면서 가지면 한 명이 7개씩 가지고, 2개가 남습니다.

㉡ 인형 30개를 6명이 1개씩 번갈아 가면서 가지면 한 명이 5개씩 가지고, 남는 인형이 없습니다.

㉢ 인형 30개를 9명이 1개씩 번갈아 가면서 가지면 한 명이 3개씩 가지고, 3개가 남습니다.

따라서 남김없이 똑같이 나누어 가질 수 있는 경우는 ㉡입니다.

5-2 • 희정: 초콜릿 40개를 8명이 1개씩 번갈아 가면서 가지면 한 명이 5개씩 가지고, 남는 초콜릿이 없습니다.

• 주호: 귤 35개를 4명이 1개씩 번갈아 가면서 가지면 한 명이 8개씩 가지고, 3개가 남습니다.

따라서 남김없이 똑같이 나누어 가지는 경우를 말한 사람은 희정이입니다.

유형 6 어떤 수를 □라 하면 □$\div 5=8$입니다.
곱셈과 나눗셈의 관계에 의해 □$=5\times 8=40$이므로 어떤 수는 40입니다.

6-1 어떤 수를 □라 하면 □$\div 9=2$입니다.
곱셈과 나눗셈의 관계에 의해 □$=9\times 2=18$이므로 어떤 수는 18입니다.

6-2 어떤 수를 □라 하면 $56\div$□$=7$입니다.
곱셈과 나눗셈의 관계에 의해 □$\times 7=56$,
□$=56\div 7=8$이므로 어떤 수는 8입니다.

6-3 어떤 수를 □라 하면 □$\div 6=4$입니다.
곱셈과 나눗셈의 관계에 의해 □$=6\times 4=24$이므로 어떤 수는 24입니다.
따라서 24를 8로 나눈 몫은 $24\div 8=3$입니다.

유형 7 (전체 도토리의 수)$=6\times 6=36$(개)
따라서 도토리 36개를 한 명에게 4개씩 나누어 준다면 $36\div 4=9$(명)에게 나누어 줄 수 있습니다.

7-1 (전체 멜론의 수)$=4\times 3=12$(통)
따라서 멜론 12통을 바구니 2개에 똑같이 나누어 담는다면 바구니 한 개에 $12\div 2=6$(통)씩 담을 수 있습니다.

7-2 (전체 우표의 수)$=8\times 2=16$(장)
따라서 우표 16장을 한 명에게 4장씩 나누어 준다면 $16\div 4=4$(명)에게 나누어 줄 수 있습니다.

7-3 (나누어 주려는 쌓기나무의 수)$=7\times 6=42$(개)
(가지고 있는 쌓기나무의 수)$=42-2=40$(개)
따라서 쌓기나무 40개를 한 층에 5개씩 쌓으면 $40\div 5=8$(층)이 됩니다.

유형 8 나누는 수가 4이므로 4단 곱셈구구에서 십의 자리 숫자가 3인 경우를 모두 찾아보면
$4\times 8=32$, $4\times 9=36$입니다.
따라서 몫이 될 수 있는 수는 8, 9입니다.

참고 • $4\times 8=32$ → $32\div 4=8$
• $4\times 9=36$ → $36\div 4=9$

8-1 나누는 수가 6이므로 6단 곱셈구구에서 십의 자리 숫자가 2인 경우를 찾아보면 $6\times 4=24$입니다.
따라서 몫이 될 수 있는 수는 4입니다.

참고 $6\times 4=24$ → $24\div 6=4$

8-2 나누는 수가 5이므로 5단 곱셈구구에서 일의 자리 숫자가 5인 경우를 모두 찾아보면
$5\times 1=5$, $5\times 3=15$, $5\times 5=25$,
$5\times 7=35$, $5\times 9=45$입니다.
따라서 몫은 1보다 커야 하므로 몫이 될 수 있는 수는 3, 5, 7, 9입니다.

참고 • $5\times 3=15$ → $15\div 5=3$
• $5\times 5=25$ → $25\div 5=5$
• $5\times 7=35$ → $35\div 5=7$
• $5\times 9=45$ → $45\div 5=9$

8-3 나누는 수가 7이므로 7단 곱셈구구에서 십의 자리 숫자가 4인 경우를 모두 찾아보면
$7\times 6=42$, $7\times 7=49$입니다.
따라서 몫이 될 수 있는 수는 6, 7이므로 합은 $6+7=13$입니다.

유형 9 어떤 수를 □라 하면 □$\div 3 = 4$입니다.
곱셈과 나눗셈의 관계에 의해 □$= 3 \times 4 = 12$이므로 어떤 수는 12입니다.
따라서 바르게 계산한 몫은 $12 \div 6 = 2$입니다.

9-1 어떤 수를 □라 하면 □$+ 5 = 45$입니다.
덧셈과 뺄셈의 관계에 의해 □$= 45 - 5 = 40$이므로 어떤 수는 40입니다.
따라서 바르게 계산한 몫은 $40 \div 8 = 5$입니다.

9-2 어떤 수를 □라 하면 □$\div 4 = 9$입니다.
곱셈과 나눗셈의 관계에 의해 □$= 4 \times 9 = 36$이므로 어떤 수는 36입니다.
따라서 바르게 계산한 몫은 $36 \div 6 = 6$입니다.

9-3 어떤 수를 □라 하면 □$\times 3 = 27$입니다.
곱셈과 나눗셈의 관계에 의해 □$= 27 \div 3 = 9$이므로 어떤 수는 9입니다.
따라서 바르게 계산한 몫은 $9 \div 3 = 3$입니다.

유형 10 길이가 54 m인 도로의 한쪽에 9 m 간격으로 가로등을 세우면 가로등 간격의 수는
$54 \div 9 = 6$(군데)입니다.
도로의 처음과 끝에도 가로등을 세워야 하므로 필요한 가로등은 모두 $6 + 1 = 7$(개)입니다.

10-1 길이가 30 m인 길의 한쪽에 6 m 간격으로 가로수를 심으면 가로수 간격의 수는
$30 \div 6 = 5$(군데)입니다.
길의 처음과 끝에도 가로수를 심어야 하므로 필요한 가로수는 모두 $5 + 1 = 6$(그루)입니다.

10-2 길이가 56 m인 도로의 한쪽에 7 m 간격으로 가로등을 세우면 가로등 간격의 수는
$56 \div 7 = 8$(군데)입니다.
도로의 처음과 끝에도 가로등을 세워야 하므로 도로의 한쪽에 필요한 가로등의 수는
$8 + 1 = 9$(개)이고, 도로의 양쪽에 필요한 가로등의 수는 $9 \times 2 = 18$(개)입니다.

유형 11 수 카드로 만들 수 있는 두 자리 수는 24, 25, 42, 45, 52, 54입니다. 이 중에서 6단 곱셈구구의 곱이 되는 수는 24, 42, 54이므로 6으로 나누어지는 수도 24, 42, 54입니다.
참고 $24 \div 6 = 4$, $42 \div 6 = 7$, $54 \div 6 = 9$

11-1 수 카드로 만들 수 있는 두 자리 수는 23, 27, 32, 37, 72, 73입니다. 이 중에서 9단 곱셈구구의 곱이 되는 수는 27, 72이므로 9로 나누어지는 수도 27, 72입니다.
참고 $27 \div 9 = 3$, $72 \div 9 = 8$

11-2 수 카드로 만들 수 있는 두 자리 수는 12, 13, 21, 23, 31, 32입니다. 이 중에서 4단 곱셈구구의 곱이 되는 수는 12, 32이므로 4로 나누어지는 수도 12, 32로 모두 2개입니다.
참고 $12 \div 4 = 3$, $32 \div 4 = 8$

11-3 수 카드로 만들 수 있는 두 자리 수는 20, 24, 26, 40, 42, 46, 60, 62, 64입니다. 이 중에서 8단 곱셈구구의 곱이 되는 수는 24, 40, 64이므로 8로 나누어지는 수도 24, 40, 64로 모두 3개입니다.
참고 $24 \div 8 = 3$, $40 \div 8 = 5$, $64 \div 8 = 8$

유형 12 토끼 한 마리가 하루에 먹는 당근은
$6 \div 3 = 2$(개)입니다.
토끼 한 마리가 먹을 수 있는 당근은
$42 \div 7 = 6$(개)입니다.
따라서 당근을 모두 먹는 데 $6 \div 2 = 3$(일)이 걸립니다.

12-1 원숭이 한 마리가 하루에 먹는 바나나는
$12 \div 4 = 3$(개)입니다.
원숭이 한 마리가 먹을 수 있는 바나나는
$54 \div 9 = 6$(개)입니다.
따라서 바나나를 모두 먹는 데 $6 \div 3 = 2$(일)이 걸립니다.

12-2 다람쥐 한 마리가 하루에 먹는 도토리는
$8 \div 2 = 4$(개)입니다.
다람쥐 한 마리가 먹을 수 있는 도토리는
$40 \div 5 = 8$(개)입니다.
따라서 도토리를 모두 먹는 데 $8 \div 4 = 2$(일)이 걸립니다.

12-3 말 한 마리가 하루에 먹는 사과는
$10 \div 5 = 2$(개)입니다.
말 3마리가 하루에 먹는 사과는 $2 \times 3 = 6$(개)입니다.
따라서 말 3마리가 7일 동안 먹는 데 필요한 사과는 $6 \times 7 = 42$(개)입니다.

4단원 곱셈

66~68쪽 AI가 추천한 단원 평가 1회

01 60　02 3, 123
03 (왼쪽에서부터) 80, 14, 94　04 ㉢
05 246　06 300　07 188
08 (풀이 참고)　09 37×6　10 $45\times3=135$
11 풀이 참고, ㉡　12 3
13 90쪽　14 217분　15 68 cm
16 73장　17 ①, ②　18 128
19 3개　20 풀이 참고, 416

01 수수깡이 20씩 3묶음이면 60입니다.
→ $20\times3=60$

02 수 모형이 41씩 3묶음이면 123입니다.
→ $41\times3=123$

03 $47=40+7$로 생각하여 계산합니다.

06 50의 6배는 $50\times6=300$입니다.

07 $94\times2=188$

08 $27\times6=162$, $30\times5=150$, $24\times4=96$

09 $51\times4=204$, $37\times6=222$이고, $204<222$이므로 계산 결과가 더 큰 것은 37×6입니다.

10 일의 자리의 계산 $5\times3=15$에서 올림한 수를 십의 자리에서 계산한 값에 더하지 않았으므로 잘못 계산했습니다.

$$\begin{array}{r} {}^{1} \\ 4\ 5 \\ \times\ \ \ 3 \\ \hline 1\ 3\ 5 \end{array}$$

11 예 계산 결과를 각각 구해 보면 ㉠ $42\times2=84$, ㉡ $19\times6=114$, ㉢ $34\times3=102$입니다.」❶
따라서 $114>102>84$이므로 계산 결과가 가장 큰 것은 ㉡입니다.」❷

채점 기준

❶ ㉠, ㉡, ㉢을 각각 계산하기	3점
❷ 계산 결과가 가장 큰 것 찾기	2점

12 (몇십)×(몇)은 (몇)×(몇)의 곱에 0을 1개 붙이면 되므로 $40\times\square=120$ → $4\times\square=12$입니다.
따라서 $4\times3=12$이므로 $\square=3$입니다.

13 (매일 읽는 쪽수)×(읽은 날수)$=15\times6=90$(쪽)

14 일주일은 7일이므로 은정이가 일주일 동안 운동하는 시간은 모두 $31\times7=217$(분)입니다.

15 정사각형은 네 변의 길이가 모두 같으므로 사용한 철사의 길이는 $17\times4=68$(cm)입니다.

16 윤진이가 가지고 있는 딱지 수의 3배가 $22\times3=66$(장)이므로 준영이가 가지고 있는 딱지는 $66+7=73$(장)입니다.

17 ① $34\times3=102$　② $34\times4=136$
③ $34\times5=170$　④ $34\times6=204$
⑤ $34\times7=238$
따라서 □ 안에 들어갈 수 있는 수는 ①, ②입니다.

18 32▣$2=32\times2\times2=64\times2=128$
참고 세 수의 곱셈은 앞에서부터 두 수씩 차례대로 계산합니다.

19 (긴 의자 6개에 앉을 수 있는 관람객 수)
$=18\times6=108$(명)
(더 필요한 좌석의 수)$=150-108=42$(석)
따라서 긴 의자 1개에 $18\times1=18$(명), 2개에 $18\times2=36$(명), 3개에 $18\times3=54$(명)이 앉을 수 있으므로 관람객 150명이 모두 앉으려면 긴 의자는 적어도 3개 더 있어야 합니다.
주의 긴 의자가 2개 더 있으면 $108+36=144$(명)으로 150명이 모두 앉을 수 없습니다.

20 예 곱이 가장 크게 되려면 곱하는 수에 가장 큰 수를 놓아야 하므로 8로 하고, 곱해지는 수는 나머지 수로 더 큰 수를 만들어야 하므로 52로 합니다.」❶
따라서 이때의 계산 결과는
$52\times8=416$입니다.」❷

채점 기준

❶ 곱이 가장 클 때의 곱하는 수와 곱해지는 수 각각 구하기	3점
❷ 곱이 가장 클 때의 계산 결과 구하기	2점

69~71쪽 AI가 추천한 단원 평가 2회

01 (　　)(○)　02 9, 90
03 ②　04 153　05 180
06 은주　07 96, 224　08 222
09 ㉡　10 208　11 40세
12 684　13 풀이 참고, 252 m
14 76　15 34권　16 6
17 탁구공, 13개　18 3
19 126대　20 풀이 참고, 160 cm

01 17씩 5번 뛰었으므로 곱셈식으로 나타냅니다.
→ 17×5

02 (몇십)×(몇)은 (몇)×(몇)의 곱에 0을 1개 더 붙입니다.

03 일의 자리의 계산 $8 \times 3 = 24$에서 20을 십의 자리로 올림하여 작게 쓴 것이므로 ②는 20을 나타냅니다.

06 보람: $16 \times 4 = 64$

07 $32 \times 3 = 96$, $32 \times 7 = 224$

08 $29 \times 6 = 174$, $24 \times 2 = 48$이므로 두 곱의 합은 $174 + 48 = 222$입니다.

09 ㉠ $10 \times 8 = 80$　㉡ $41 \times 2 = 82$
따라서 $80 < 82$이므로 계산 결과가 더 큰 것은 ㉡입니다.

10 $52 > 32 > 6 > 4$이므로 가장 큰 수는 52이고, 가장 작은 수는 4입니다.
→ $52 \times 4 = 208$

11 (어머니의 연세)=(재형이의 나이)×4
$= 10 \times 4 = 40$(세)

12 • 10이 7개이면 70, 1이 6개이면 6이므로 76입니다.
• 가장 큰 한 자리 수는 9입니다.
→ $76 \times 9 = 684$

13 예 상우가 달린 거리는 공원의 둘레에 달린 바퀴 수를 곱해야 하므로 84×3을 계산하면 됩니다.」❶
따라서 상우가 달린 거리는 $84 \times 3 = 252$(m)입니다.」❷

채점 기준

❶ 문제에 알맞은 식 만들기	2점
❷ 상우가 달린 거리 구하기	3점

14 어떤 수를 □라 하면 $□ \div 4 = 19$입니다.
곱셈과 나눗셈의 관계에 의해 $□ = 19 \times 4 = 76$입니다.

참고 ■÷▲=● → ▲×●=■, ●×▲=■

15 (수민이네 학교의 3학년 학생 수)
$= 22 \times 3 = 66$(명)
→ (남은 공책 수)
=(전체 공책 수)
−(수민이네 학교의 3학년 학생 수)
$= 100 - 66 = 34$(권)

16 □×6의 일의 자리 숫자가 6이 되는 경우는 $1 \times 6 = 6$, $6 \times 6 = 36$입니다.
• □=1인 경우: $11 \times 6 = 66$(×)
• □=6인 경우: $16 \times 6 = 96$(○)
따라서 □ 안에 알맞은 수는 6입니다.

17 (탁구공의 수)$= 38 \times 2 = 76$(개)
(야구공의 수)$= 21 \times 3 = 63$(개)
따라서 $76 > 63$이므로 탁구공이 $76 - 63 = 13$(개) 더 많습니다.

18 $36 \times 2 = 72$이므로 식을 간단하게 만들면 $24 \times □ = 72$입니다.
4×□의 일의 자리 숫자가 2가 되는 경우는 $4 \times 3 = 12$, $4 \times 8 = 32$입니다.
• □=3인 경우: $24 \times 3 = 72$(○)
• □=8인 경우: $24 \times 8 = 192$(×)
따라서 □ 안에 알맞은 수는 3입니다.

19 (하루에 7시간 동안 만들 수 있는 모니터 수)
$= 6 \times 7 = 42$(대)
(3일 동안 만들 수 있는 모니터 수)
$= 42 \times 3 = 126$(대)

20 예 빨간색 선의 길이는 정사각형의 한 변의 길이의 8배입니다.」❶
따라서 빨간색 선의 길이는 $20 \times 8 = 160$(cm)입니다.」❷

채점 기준

❶ 빨간색 선의 길이는 정사각형의 한 변의 길이의 몇 배인지 알기	2점
❷ 빨간색 선의 길이 구하기	3점

72~74쪽 AI가 추천한 단원 평가 3회

01 2, 80	02 32, 72	03 140
04 405	05 $\begin{array}{r} 4\ 2 \\ \times\ \ 9 \\ \hline 3\ 7\ 8 \end{array}$	06 276
07 (위에서부터) 68, 204		08 20×7
09 >	10 246	11 채린
12 ㉡	13 풀이 참고	14 20원
15 221개	16 4개	
17 풀이 참고, 72개		18 55분
19 4, 9, 2, 98	20 240	

07 $34\times2=68$, $34\times6=204$

08 $15\times8=120$, $30\times4=120$, $20\times7=140$
따라서 계산 결과가 다른 하나는 20×7입니다.

09 • 31의 2배 ➔ $31\times2=62$
• 17과 3의 곱 ➔ $17\times3=51$
따라서 $62>51$이므로 31의 2배>17과 3의 곱입니다.

10 10이 3개이면 30, 1이 11개이면 11이므로 41입니다.
따라서 41을 6배 한 수는 $41\times6=246$입니다.

11 • 정호: $52\times3=52+52+52=156$
• 채린: $52+3=55$
• 윤지: $52=50+2$이므로 십의 자리의 계산 50×3과 일의 자리의 계산 2×3을 각각 구한 다음 더하면 $150+6=156$입니다.
따라서 잘못 계산한 사람은 채린이입니다.

12 ㉠ $51\times6=306$ ㉡ $74\times4=296$
$306-300=6$, $300-296=4$이므로 곱이 300에 더 가까운 것은 두 수의 차가 더 작은 ㉡입니다.

13 예 일의 자리의 계산 $8\times3=24$에서 올림한 수를 십의 자리에서 계산한 값에 더하지 않았습니다.」❶
따라서 바르게 계산하면
$\begin{array}{r} 2\ 8 \\ \times\ \ 3 \\ \hline 8\ 4 \end{array}$ 입니다.」❷

채점 기준

❶ 잘못 계산한 이유 쓰기	2점
❷ 바르게 계산하기	3점

14 (혜수가 산 색종이의 가격)$=80\times6=480$(원)
(혜수가 거슬러 받아야 할 돈)
$=500-480=20$(원)

15 (27개씩 만든 5가지 종류의 떡의 수)
$=27\times5=135$(개)
(43개씩 만든 2가지 종류의 떡의 수)
$=43\times2=86$(개)
➔ (전체 떡의 수)$=135+86=221$(개)

16 $47\times9=423$이므로 식을 간단하게 만들면
$84\times\square>423$입니다.
$\square=5$일 때, $84\times5=420$,
$\square=6$일 때, $84\times6=504$이므로 □ 안에 들어갈 수 있는 수는 5보다 큰 6, 7, 8, 9입니다.
따라서 모두 4개입니다.
참고 어림하여 □ 안에 들어갈 수 있는 수를 생각해 봅니다. 84를 80으로 생각하면 $80\times5=400$이므로 $\square=5$일 때부터 계산해 봅니다.

17 예 팔고 남은 상자는 $40-34=6$(상자)입니다.」❶
복숭아가 한 상자에 12개씩 들어 있으므로 팔고 남은 복숭아는 $12\times6=72$(개)입니다.」❷

채점 기준

❶ 팔고 남은 복숭아 상자의 수 구하기	2점
❷ 팔고 남은 복숭아의 수 구하기	3점

18 나무 막대를 6도막으로 자르려면 5번을 잘라야 합니다.
➔ $11\times5=55$(분)
주의 나무 막대를 ■도막으로 자르려면 (■-1)번 잘라야 합니다. 6번 자르는 것으로 계산하지 않도록 주의합니다.

19 곱이 가장 작게 되려면 곱하는 수에 가장 작은 수를 놓아야 하므로 2로 하고, 곱해지는 수는 나머지 수로 더 작은 수를 만들어야 하므로 49로 합니다.
➔ $49\times2=98$

20 2 ⟶(×1) 2 ⟶(×2) 4 ⟶(×3) 12 ⟶(×4) 48이므로
바로 앞의 수에 1, 2, 3, 4……를 곱하는 규칙입니다.
따라서 48 다음에 올 수는 48에 5를 곱한
$48\times5=240$입니다.

75~77쪽 AI가 추천한 단원 평가 4회

01 60, 60 02 2, 28 03 92
04 40 05 111 06 $11\times6=66$
07 ㉡ 08 (선 잇기) 09 26, 104
10 164, 160, 165 / ㉡, ㉠, ㉢
11 풀이 참고, 95 12 279
13 81번 14 35개
15 (위에서부터) 7, 0
16 풀이 참고, 96개 17 240
18 357 m 19 111 cm 20 155

01 달걀 한 판이 30개이므로 30씩 2번 더하면 60입니다.
$30+30=60$ ➔ $30\times2=60$

02 수직선에서 14씩 2번 뛰어 센 것은 28입니다.
➔ $14\times2=28$

04 일의 자리의 계산 $8\times5=40$에서 십의 자리로 올림하여 4를 작게 쓴 것이므로 40을 나타냅니다.

06 ▲씩 ★묶음 ➔ ▲×★
따라서 11씩 6묶음은 $11\times6=66$입니다.

07 ㉠ 21씩 5번 뛰어 센 수 ➔ $21\times5=105$
㉡ $21+21+5+5=52$
㉢ 21과 5의 곱 ➔ $21\times5=105$
따라서 계산 결과가 다른 하나는 ㉡입니다.

08 $64\times4=256$, $30\times7=210$, $36\times3=108$
$27\times4=108$, $32\times8=256$, $42\times5=210$

09 $13\times2=26$, $26\times4=104$

10 각각을 계산하면 ㉠ 164, ㉡ 160, ㉢ 165입니다.
$160<164<165$이므로 계산 결과가 작은 것부터 차례대로 기호를 쓰면 ㉡, ㉠, ㉢입니다.

11 예 $37>19>8>5$이므로 두 번째로 큰 수는 19이고, 가장 작은 수는 5입니다.」❶
따라서 두 번째로 큰 수와 가장 작은 수의 곱은 $19\times5=95$입니다.」❷

채점 기준

❶ 두 번째로 큰 수와 가장 작은 수 각각 구하기	2점
❷ ❶에서 구한 두 수의 곱 구하기	3점

12 $\square\div9=31$에서 곱셈과 나눗셈의 관계에 의해 $\square=31\times9=279$입니다.

13 연수가 윗몸 일으키기를 한 횟수는 27의 3배이므로 $27\times3=81$(번)입니다.

14 (판 배의 수)$=10\times7=70$(개)
➔ (남은 배의 수)$=105-70=35$(개)

15 $\begin{array}{r} 5\ 8 \\ \times\quad ㉠ \\ \hline 4\ ㉡\ 6 \end{array}$
$8\times$㉠의 일의 자리 숫자가 6이 되는 경우는 $8\times2=16$, $8\times7=56$입니다.
• ㉠$=2$인 경우: $58\times2=116$(×)
• ㉠$=7$인 경우: $58\times7=406$(○)
따라서 ㉠$=7$, ㉡$=0$입니다.

16 예 주머니 한 개에 넣은 구슬의 수는 $5+7=12$(개)입니다.」❶
따라서 주머니 8개에 넣은 구슬은 모두 $12\times8=96$(개)입니다.」❷

채점 기준

❶ 주머니 한 개에 넣은 구슬의 수 구하기	2점
❷ 주머니 8개에 넣은 구슬의 수 구하기	3점

17 어떤 수를 □라 하면 $\square+6=46$입니다.
덧셈과 뺄셈의 관계에 의해 $\square=46-6=40$이므로 어떤 수는 40입니다.
따라서 바르게 계산한 값은 $40\times6=240$입니다.

참고 ■+▲=● ➔ ●−▲=■, ●−■=▲

18 (간격의 수)=(가로수의 수)-1
$=8-1=7$(군데)
➔ (도로 한쪽의 길이)$=51\times7=357$(m)

19 (색 테이프 3장의 길이의 합)$=43\times3=129$(cm)
(겹쳐진 부분의 길이의 합)$=9\times2=18$(cm)
➔ (이어 붙인 색 테이프의 전체 길이)
=(색 테이프 3장의 길이의 합)
−(겹쳐진 부분의 길이의 합)
$=129-18=111$(cm)

20 $11+12+13+14+15+16+17+18+19+20$
(양 끝에서부터 두 수씩 짝지으면 각각 31, 31, 31, 31, 31)
$=31\times5=155$

78~83쪽 틀린 유형 다시 보기

유형 1 72 1-1 160 1-2 64
1-3 378

유형 2

$$\begin{array}{r} 17 \\ \times \quad 3 \\ \hline 51 \end{array}$$

2-1

$$\begin{array}{r} 52 \\ \times \quad 6 \\ \hline 12 \\ 300 \\ \hline 312 \end{array}$$

2-2 예 일의 자리의 계산 $6 \times 2 = 12$에서 올림한 수를 십의 자리에서 계산한 값에 더하지 않았으므로 잘못 계산했습니다. /

$$\begin{array}{r} 66 \\ \times \quad 2 \\ \hline 132 \end{array}$$

유형 3 윤호 3-1 < 3-2 ㉠
3-3 ㉡, ㉣, ㉠, ㉢ 유형 4 80
4-1 126 4-2 78 4-3 364
유형 5 6개 5-1 24개 5-2 112개
5-3 46개 유형 6 3 6-1 7
6-2 (위에서부터) 4, 1 6-3 4
유형 7 171개 7-1 240개 7-2 494 m
7-3 360개 유형 8 1, 2 8-1 8, 9
8-2 2개 8-3 3, 4 유형 9 176
9-1 116 9-2 147 9-3 496
유형 10 60개 10-1 48대 10-2 144개
10-3 70그루 유형 11 72 cm 11-1 138 cm
11-2 8 cm 유형 12 4, 1, 6, 246
12-1 5, 8, 3, 174
12-2 7, 5, 9, 675

유형 1 $24>16>3$이므로 가장 큰 수는 24이고, 가장 작은 수는 3입니다.
➡ $24 \times 3 = 72$

1-1 $40>32>7>4$이므로 가장 큰 수는 40이고, 가장 작은 수는 4입니다.
➡ $40 \times 4 = 160$

1-2 $51>32>5>2$이므로 두 번째로 큰 수는 32이고, 가장 작은 수는 2입니다.
➡ $32 \times 2 = 64$

1-3 $42>25>9>6$이므로 가장 큰 수는 42이고, 두 번째로 작은 수는 9입니다.
➡ $42 \times 9 = 378$

유형 2 일의 자리의 계산 $7 \times 3 = 21$에서 올림한 수를 십의 자리에서 계산한 값에 더하지 않았으므로 잘못 계산했습니다.

2-1 $50 \times 6 = 300$이므로 자리를 잘 맞추어 300을 써서 계산합니다.

유형 3 • 윤호: 23씩 3묶음 ➡ $23 \times 3 = 69$
• 소유: $12+12+12+12+12 = 12 \times 5 = 60$
따라서 $69>60$이므로 계산 결과가 더 큰 사람은 윤호입니다.

3-1 • 19의 6배 ➡ $19 \times 6 = 114$
• 24와 5의 곱 ➡ $24 \times 5 = 120$
따라서 $114<120$이므로
19의 6배 < 24와 5의 곱입니다.

3-2 ㉠ 31과 7의 곱 ➡ $31 \times 7 = 217$
㉡ 46씩 5묶음 ➡ $46 \times 5 = 230$
㉢ $62+62+62+62 = 62 \times 4 = 248$
따라서 $217<230<248$이므로 계산 결과가 가장 작은 것은 ㉠입니다.

3-3 ㉠ 40씩 2묶음 ➡ $40 \times 2 = 80$
㉡ $30+30+30 = 30 \times 3 = 90$
㉢ 20의 3배 ➡ $20 \times 3 = 60$
㉣ 17과 5의 곱 ➡ $17 \times 5 = 85$
따라서 $90>85>80>60$이므로 계산 결과가 큰 것부터 차례대로 기호를 쓰면 ㉡, ㉣, ㉠, ㉢입니다.

유형 4 어떤 수를 □라 하면 $□ \div 4 = 20$입니다.
곱셈과 나눗셈의 관계에 의해
$□ = 20 \times 4 = 80$입니다.

4-1 어떤 수를 □라 하면 $□ \div 3 = 42$입니다.
곱셈과 나눗셈의 관계에 의해
$□ = 42 \times 3 = 126$입니다.

4-2 어떤 수를 □라 하면 $□ \div 2 = 39$입니다.
곱셈과 나눗셈의 관계에 의해
$□ = 39 \times 2 = 78$입니다.

4-3 어떤 수를 □라 하면 $□ \div 7 = 52$입니다.
곱셈과 나눗셈의 관계에 의해
$□ = 52 \times 7 = 364$입니다.

유형 5 (판 장난감의 수)$=36\times4=144$(개)
➜ (남은 장난감의 수)
$=$(생산한 장난감의 수)$-$(판 장난감의 수)
$=150-144=6$(개)

5-1 (판 오이의 수)$=48\times5=240$(개)
➜ (남은 오이의 수)
$=$(수확한 오이의 수)$-$(판 오이의 수)
$=264-240=24$(개)

5-2 (사 온 달걀의 수)$=30\times4=120$(개)
➜ (남은 달걀의 수)
$=$(사 온 달걀의 수)$-$(먹은 달걀의 수)
$=120-8=112$(개)

5-3 (과일 가게에 있던 귤의 수)$=21\times5=105$(개)
➜ (남은 귤의 수)$=$(과일 가게에 있던 귤의 수)
$-$(썩은 귤의 수)
$=105-59=46$(개)

유형 6 $2\times8=16$에서 올림한 1과 $\square\times8$의 계산 결과를 더한 값이 25가 되므로 $\square\times8=24$, $\square=3$입니다.

6-1 $3\times\square$의 일의 자리 숫자가 1이 되는 경우는 $3\times7=21$이므로 $\square$ 안에 알맞은 수는 7입니다.

6-2

$$\begin{array}{r} 6\ ㉠ \\ \times\quad 2 \\ \hline ㉡\ 2\ 8 \end{array}$$

㉠$\times2$의 일의 자리 숫자가 8이 되는 경우는 $4\times2=8$, $9\times2=18$입니다.
• ㉠$=4$인 경우: $64\times2=128$(○)
• ㉠$=9$인 경우: $69\times2=138$(×)
따라서 ㉠$=4$, ㉡$=1$입니다.

6-3 한 자리 수 중에서 같은 수를 곱해서 일의 자리 숫자가 6이 되는 경우는
$4\times4=16$, $6\times6=36$입니다.
• ●$=4$인 경우: $44\times4=176$(○)
• ●$=6$인 경우: $66\times6=396$(×)
따라서 ●에 알맞은 수는 4입니다.

유형 7 (호두 5봉지에 들어 있는 호두의 수)
$=29\times5=145$(개)
➜ (전체 호두의 수)$=145+26=171$(개)

7-1 (빨간색 구슬의 수)$=50\times2=100$(개)
(파란색 구슬의 수)$=70\times2=140$(개)
➜ (전체 구슬의 수)$=100+140=240$(개)

7-2 (1분에 53 m씩 7분 동안 걸어간 거리)
$=53\times7=371$(m)
(1분에 41 m씩 3분 동안 걸어간 거리)
$=41\times3=123$(m)
➜ (수지가 집에서 학교까지 걸어간 거리)
$=371+123=494$(m)

7-3 $5\times7=35$이므로 ㉮ 기계로 35분 동안 만들 수 있는 붕어빵은 35개의 7배인 $35\times7=245$(개)입니다.
$7\times5=35$이므로 ㉯ 기계로 35분 동안 만들 수 있는 붕어빵은 23개의 5배인 $23\times5=115$(개)입니다.
따라서 두 기계를 동시에 사용하여 35분 동안 만들면 만들 수 있는 붕어빵은 모두
$245+115=360$(개)입니다.

유형 8 $31\times\square<88$에서
$\square=2$일 때, $31\times2=62$,
$\square=3$일 때, $31\times3=93$이므로 $\square$ 안에 들어갈 수 있는 수는 3보다 작은 1, 2입니다.

8-1 $56\times\square>415$에서
$\square=6$일 때, $56\times6=336$,
$\square=7$일 때, $56\times7=392$,
$\square=8$일 때, $56\times8=448$,
$\square=9$일 때, $56\times9=504$이므로 $\square$ 안에 들어갈 수 있는 수는 8, 9입니다.

8-2 $32\times3=96$이므로 식을 간단하게 만들면
$47\times\square<96$입니다.
$\square=2$일 때, $47\times2=94$,
$\square=3$일 때, $47\times3=141$이므로 $\square$ 안에 들어갈 수 있는 수는 3보다 작은 1, 2입니다.
따라서 모두 2개입니다.

8-3 $20\times6=120$, $68\times3=204$이므로 식을 간단하게 만들면 $120<41\times\square<204$입니다.
$\square=2$일 때, $41\times2=82$,
$\square=3$일 때, $41\times3=123$,
$\square=4$일 때, $41\times4=164$,
$\square=5$일 때, $41\times5=205$이므로 $\square$ 안에 들어갈 수 있는 수는 3, 4입니다.

유형 9 어떤 수를 □라 하면 □$+8=30$입니다.
덧셈과 뺄셈의 관계에 의해 □$=30-8=22$이므로 어떤 수는 22입니다.
따라서 바르게 계산한 값은 $22\times8=176$입니다.

9-1 어떤 수를 □라 하면 □$-4=25$입니다.
덧셈과 뺄셈의 관계에 의해 □$=25+4=29$이므로 어떤 수는 29입니다.
따라서 바르게 계산한 값은 $29\times4=116$입니다.

9-2 어떤 수를 □라 하면 □$\div7=3$입니다.
곱셈과 나눗셈의 관계에 의해 □$=7\times3=21$이므로 어떤 수는 21입니다.
따라서 바르게 계산한 값은 $21\times7=147$입니다.

9-3 어떤 수를 □라 하면 □$+8=80$입니다.
덧셈과 뺄셈의 관계에 의해 □$=80-8=72$이므로 어떤 수는 72입니다.
따라서 바르게 계산한 값은 $72\times8=576$이므로 바르게 계산한 값과 잘못 계산한 값의 차는 $576-80=496$입니다.
주의 바르게 계산한 값을 구하는 것이 아니라 바르게 계산한 값과 잘못 계산한 값의 차를 구해야 합니다. 이때, 잘못 계산한 값은 문제에 주어진 조건인 80입니다.

유형 10 (하루에 5시간 동안 만들 수 있는 탁자 수)
$=4\times5=20$(개)
→ (3일 동안 만들 수 있는 탁자 수)
$=20\times3=60$(개)

10-1 (하루에 3시간 동안 만들 수 있는 자동차 수)
$=8\times3=24$(대)
→ (2일 동안 만들 수 있는 자동차 수)
$=24\times2=48$(대)

10-2 (하루에 4시간 동안 만들 수 있는 가방 수)
$=6\times4=24$(개)
→ (6일 동안 만들 수 있는 가방 수)
$=24\times6=144$(개)

10-3 (한 시간 동안 가지치기할 수 있는 나무 수)
$=7\times2=14$(그루)
→ (5시간 동안 가지치기할 수 있는 나무 수)
$=14\times5=70$(그루)

유형 11 (색 테이프 3장의 길이의 합)
$=28\times3=84$(cm)
(겹쳐진 부분의 길이의 합)$=6\times2=12$(cm)
→ (이어 붙인 색 테이프의 전체 길이)
=(색 테이프 3장의 길이의 합)
−(겹쳐진 부분의 길이의 합)
$=84-12=72$(cm)
주의 색 테이프 ■장을 겹치게 이어 붙였을 때 겹치는 부분은 (■-1)군데입니다.

11-1 (색 테이프 4장의 길이의 합)
$=42\times4=168$(cm)
(겹쳐진 부분의 길이의 합)$=10\times3=30$(cm)
→ (이어 붙인 색 테이프의 전체 길이)
=(색 테이프 4장의 길이의 합)
−(겹쳐진 부분의 길이의 합)
$=168-30=138$(cm)

11-2 (색 테이프 3장의 길이의 합)
$=31\times3=93$(cm)
이어 붙인 색 테이프의 전체 길이가 77 cm이므로 겹쳐진 부분의 길이의 합은
$93-77=16$(cm)입니다.
따라서 겹치는 부분이 $3-1=2$(군데)이므로
$16\div2=8$(cm)씩 겹치게 붙였습니다.

유형 12 곱이 가장 크게 되려면 곱하는 수에 가장 큰 수를 놓아야 하므로 6으로 하고, 곱해지는 수는 나머지 수로 더 큰 수를 만들어야 하므로 41로 합니다.
→ $41\times6=246$

12-1 곱이 가장 작게 되려면 곱하는 수에 가장 작은 수를 놓아야 하므로 3으로 하고, 곱해지는 수는 나머지 수로 더 작은 수를 만들어야 하므로 58로 합니다.
→ $58\times3=174$

12-2 곱이 가장 크게 되려면 곱하는 수에 가장 큰 수를 놓아야 하므로 9로 하고, 곱해지는 수는 나머지 수로 가장 큰 수를 만들어야 하므로 75로 합니다.
→ $75\times9=675$

5단원 길이와 시간

86~88쪽 AI가 추천한 단원 평가 1회

01 10, 1000　02 5, 31, 13　03 5, 2

04

05 3, 500

06 예 약 4 cm, 4 cm 2 mm

07

08 >

09 53, 39

10 ㉠

11 179 mm

12 4, 30, 40　13 40 m　14 풀이 참고

15 풀이 참고, 선호, 채연, 지민

16 3시간 39분　17 2시 13분 40초

18 꽃 그리기, 책갈피 만들기

19 2시 30분 25초

20 오전 10시 40분

07 40초이므로 초바늘이 숫자 8을 가리키도록 그립니다.

10 ㉡ 기차의 길이와 ㉢ 교실의 긴 쪽의 길이에 알맞은 단위는 m이고, ㉠ 한라산의 높이에 알맞은 단위는 km이므로 1 km보다 더 긴 것은 ㉠입니다.
참고 한라산의 높이는 1950 m=1 km 950 m입니다.

11 1 cm=10 mm이므로
17 cm 9 mm=179 mm입니다.
따라서 재훈이가 사용한 색 테이프의 길이는 179 mm입니다.

12
```
        47   60
  6시간 48분 25초
− 2시간 17분 45초
  4시간 30분 40초
```
참고 초 단위끼리 뺄 수 없으므로 1분=60초로 받아내림하여 계산합니다.

13 5 km 40 m는 5 km보다 40 m 더 긴 거리이므로 채민이가 걸어간 거리는 40 m입니다.

14 예 놀이터에서 병원까지의 거리는 약 1 km입니다.」 ❶

채점 기준

❶ km를 넣어 보기와 같은 방법으로 문장 만들기	5점

15 예 선호가 일기를 쓰는 데 걸린 시간은
517초=480초+37초
=8분+37초=8분 37초입니다.」 ❶
8분 37초>8분 26초>7분 43초이므로 일기를 쓰는 데 오래 걸린 사람부터 차례대로 이름을 쓰면 선호, 채연, 지민이입니다.」 ❷

채점 기준

❶ 선호가 일기를 쓰는 데 걸린 시간을 몇 분 몇 초로 나타내기	2점
❷ 일기를 쓰는 데 오래 걸린 사람부터 차례대로 이름 쓰기	3점

16 (어제 읽은 시간)+(오늘 읽은 시간)
=1시간 26분+2시간 13분=3시간 39분

17 시계가 나타내는 시각은 2시 53분 20초입니다.
2시 53분 20초에서 39분 40초 전의 시각은
2시 53분 20초−39분 40초=2시 13분 40초입니다.

18 • (꽃 그리기)+(화분 만들기)
=35분+50분=85분=1시간 25분
• (꽃 그리기)+(책갈피 만들기)
=35분+14분 20초=49분 20초
• (화분 만들기)+(책갈피 만들기)
=50분+14분 20초=64분 20초
=1시간 4분 20초
따라서 한 시간이 넘지 않아야 하므로 꽃 그리기, 책갈피 만들기 활동을 할 수 있습니다.

19 (피아노 연습을 시작한 시각)
=(피아노 연습이 끝난 시각)−(연습을 한 시간)
=4시 46분 15초−2시간 15분 50초
=2시 30분 25초

20 3교시 수업이 시작하려면 수업 시간이 2번, 쉬는 시간이 2번 지나야 하므로
40분+10분+40분+10분=100분=1시간 40분이 지나야 합니다.
따라서 3교시 수업이 시작하는 시각은
오전 9시+1시간 40분=오전 10시 40분입니다.

89~91쪽 AI가 추천한 단원 평가 2회

01 8 cm 4 mm　02 30, 10
03 5, 400　04 (　　)
(　○　)　05 3, 36
06 ㉠, ㉢　07 ②　08 <
09 9시 50분 45초　10 해인
11 경찰서, 놀이터
12 8 km 850 m　13 가
14 풀이 참고　15 12시 3분 52초
16 2시간 34분 31초
17 풀이 참고, 1분 12초
18 (위에서부터) 39, 16, 4
19 4시 25분 50초
20 11시간 46분 23초

06 자를 사용하여 길이를 재어 보면 각각
㉠ 2 cm 8 mm, ㉡ 3 cm 2 mm,
㉢ 2 cm 8 mm, ㉣ 3 cm 6 mm입니다.
따라서 길이가 같은 것은 ㉠, ㉢입니다.

07 ① 기차의 길이, ④ 학교 건물의 높이는 m 단위를 사용하기에 알맞고, ③ 지리산의 높이, ⑤ 서울에서 대전까지의 거리는 km 단위를 사용하기에 알맞습니다.

08 7020 m=7 km 20 m
➔ 7 km 20 m<7 km 200 m

11 마트에서 영화관까지의 거리의 2배 정도 되는 곳을 찾으면 경찰서, 놀이터입니다.

13 • 가: 4 cm 4 mm
• 나: 큰 눈금 3칸보다 작은 눈금 8칸만큼 더 긴 길이이므로 3 cm 8 mm입니다.
따라서 4 cm 4 mm>3 cm 8 mm이므로 길이가 더 긴 것은 가입니다.

14 예 같은 단위끼리 계산하지 않았으므로 잘못 계산했습니다.」❶
따라서 바르게 계산하면

　2시 54분
+　　9분 40초
　3시　3분 40초 입니다.」❷

채점 기준

❶ 잘못 계산한 이유 쓰기	2점
❷ 바르게 계산하기	3점

15 현재 시각은 11시 47분 12초입니다. 6541번 버스는 16분 40초 후에 도착하므로 예상 도착 시각은 11시 47분 12초+16분 40초=12시 3분 52초입니다.

16 • 봉사 활동을 시작한 시각: 4시 15분 38초
• 봉사 활동을 끝낸 시각: 6시 50분 9초
➔ (봉사 활동을 한 시간)
=6시 50분 9초−4시 15분 38초
=2시간 34분 31초

17 예 태연이네 모둠의 이어달리기 기록은
348초=300초+48초=5분+48초=5분 48초입니다.」❶
5분 15초<5분 48초<6분 27초이므로 1등 모둠의 기록은 5분 15초이고, 3등 모둠의 기록은 6분 27초입니다.」❷
따라서 1등 모둠과 3등 모둠의 기록의 차는
6분 27초−5분 15초=1분 12초입니다.」❸

채점 기준

❶ 태연이네 모둠의 기록을 몇 분 몇 초로 나타내기	2점
❷ 1등 모둠과 3등 모둠의 기록 알기	1점
❸ 1등 모둠과 3등 모둠의 기록의 차 구하기	2점

18
　　5 시간 ㉠분 45초
− 1 시간 11분 ㉡초
　　㉢시간 28분 29초

• 초 단위 계산: 45−㉡=29, ㉡=45−29=16
• 분 단위 계산: ㉠−11=28, ㉠=28+11=39
• 시 단위 계산: 5−1=4, ㉢=4

19 윤후가 태권도 연습을 시작한 시각은 2시 53분 20초입니다.
➔ (태권도 연습을 끝낸 시각)
=(태권도 연습을 시작한 시각)+92분 30초
=2시 53분 20초+92분 30초
=2시 53분 20초+1시간 32분 30초
=4시 25분 50초

20 (낮의 길이)=(해가 진 시각)−(해가 뜬 시각)
=18시 32분 26초−6시 18분 49초
=12시간 13분 37초
하루는 24시간입니다.
➔ (밤의 길이)=24시간−12시간 13분 37초
=11시간 46분 23초
참고 오후 6시 32분 26초는 18시 32분 26초입니다.

92~94쪽 AI가 추천한 단원 평가 3회

01 7　　02 (　　)(○)
03 ④　　04 초
05 7 cm, 220 mm　　06 ㉡
07 　　08 나은　　09 7, 43, 58
10 6, 22, 21　　11 1, 8, 18
12 420초　　13 예 약 330 km
14 풀이 참고, 도연　　15 11분 44초
16 4시간 16분 50초
17 (시계 그림)
18 풀이 참고, 2 km 600 m
19 (위에서부터) 12, 3, 14　　20 정후

06 ㉡ 6 km보다 30 m 더 긴 거리 → 6 km 30 m
㉢ 6300 m=6 km 300 m
따라서 길이가 다른 하나는 ㉡입니다.

08 • 진영: 4분 30초=4분+30초
=240초+30초=270초
• 나은: 5분 40초=5분+40초
=300초+40초=340초

11 큰 눈금 1칸보다 작은 눈금 8칸만큼 긴 길이이므로 사탕의 길이는 1 cm 8 mm=18 mm입니다.

12 초바늘이 시계를 한 바퀴 돌면 60초이므로 7바퀴를 도는 데 걸리는 시간은 60×7=420(초)입니다.

13 서울에서 부산까지의 거리는 서울에서 충주까지의 거리의 3배 정도 되는 거리이므로
약 110+110+110=330(km)로 어림할 수 있습니다.

14 예 도연이가 가지고 있는 리본의 길이는
30 cm 6 mm=306 mm입니다.」❶
따라서 306 mm<316 mm<360 mm이므로 길이가 가장 짧은 리본을 가지고 있는 사람은 도연이입니다.」❷

채점 기준

채점 기준	점수
❶ 도연이가 가지고 있는 리본의 길이를 몇 mm로 나타내기	2점
❷ 길이가 가장 짧은 리본을 가지고 있는 사람 구하기	3점

15 (의사 체험을 한 시간)−(소방관 체험을 한 시간)
=33분 26초−21분 42초
=11분 44초

16 (윤진이가 학교에 있었던 시간)
=(하교한 시각)−(등교한 시각)
=12시 41분 30초−8시 24분 40초
=4시간 16분 50초

17 (아침 식사를 끝낸 시각)
=(아침 식사를 시작한 시각)+35분 15초
=7시 45분 23초+35분 15초=8시 20분 38초
따라서 시계의 짧은바늘이 8과 9 사이를 가리키고, 긴바늘이 4를 지난 곳을 가리키고, 초바늘이 7에서 작은 눈금 3칸만큼 더 간 곳을 가리키도록 그립니다.

18 예 집에서 우체국까지 가는 가장 빠른 길은 오른쪽으로 600 m씩 3번, 위쪽으로 400 m씩 2번 가면 됩니다.」❶
따라서 집에서 우체국까지 가려면 적어도
600 m+600 m+600 m+400 m+400 m
=2600 m=2 km 600 m를 가야 합니다.」❷

채점 기준

채점 기준	점수
❶ 집에서 우체국까지 가는 가장 빠른 길 알기	2점
❷ 집에서 우체국까지 가려면 적어도 몇 km 몇 m를 가야 하는지 구하기	3점

19
　　1 시간 ㉠분 42초
+ ㉡시간 24분 32초
　　4 시간 37분 ㉢초

• 초 단위 계산: 42+32=74, 74초=1분 14초이므로 ㉢=14입니다.
• 분 단위 계산: 1+㉠+24=37, ㉠+25=37, ㉠=37−25=12
• 시 단위 계산: 1+㉡=4, ㉡=4−1=3

주의 분 단위의 계산을 할 때 초 단위의 계산에서 받아올림한 수를 빠뜨리지 않도록 주의합니다.

20 수학 숙제를 한 시간을 각각 구하면 승아는
2시 12분 26초−1시 24분 35초=47분 51초이고, 정후는
4시 22분 40초−3시 38분 13초=44분 27초입니다.
따라서 47분 51초>44분 27초이므로 수학 숙제를 한 시간이 더 짧은 사람은 정후입니다.

95~97쪽 AI가 추천한 단원 평가 4회

01 35, 45, 55　02 4 킬로미터 700 미터
03 (　　)
(　　)
(○)
04
05 cm　06
07 ④　08 <　09 색연필
10 5410 m　11 ㉡　12 약국
13 풀이 참고　14 43초
15 병원, 경찰서, 볼링장　16 8분 10초
17 2시간 43분　18 10시 50분 8초
19 풀이 참고, 11시간 31분 29초
20 오전 11시 1분 24초

06 시계의 짧은바늘이 9와 10 사이, 긴바늘이 2를 지난 곳, 초바늘이 4에서 작은 눈금 4칸만큼 더 간 곳을 가리키도록 그립니다.

07 초끼리 더하면 40초+27초=67초=1분 17초로 1분을 받아올림했으므로 1이 실제로 나타내는 시간은 1분=60초입니다.

08 425초=420초+5초=7분+5초=7분 5초이고, 7분 5초<7분 50초이므로 425초<7분 50초입니다.

09 풀의 길이는 147 mm=14 cm 7 mm입니다.
따라서 14 cm 7 mm<15 cm 4 mm이고,
15 cm 4 mm<17 cm 8 mm이므로 연필꽂이에 똑바로 넣었을 때 보이는 물건은 연필꽂이의 길이보다 긴 색연필입니다.

10 학교에서 도서관을 지나 병원까지 가는 거리는
5 km보다 410 m 더 긴 거리이므로
5 km 410 m=5410 m입니다.

11 ㉠
　　1
　1시간 40분
+ 2시간 25분 37초
　4시간 5분 37초

12 은행에서 편의점까지의 거리의 2배 정도 되는 곳을 찾으면 약국입니다.

13 예 야구 경기를 하는 데 걸린 시간을 나타내기에 알맞은 단위는 시간이므로 단위를 잘못 말한 사람은 수영이입니다.」❶
따라서 바르게 고쳐 보면 "야구 경기를 하는 데 3시간이 걸렸습니다."와 같이 고칠 수 있습니다.」❷

채점 기준

❶ 잘못 말한 사람 찾기	2점
❷ 단위를 바르게 고쳐 보기	3점

14 초바늘이 8을 가리키면 40초이고, 40초에서 작은 눈금 3칸만큼 더 간 곳을 가리키면 3초가 늘어난 43초를 나타냅니다.

15 동진이네 집에서 경찰서까지의 거리는
3100 m=3 km 100 m입니다.
3 km 70 m<3 km 100 m<3 km 120 m이므로 동진이네 집에서 가까운 곳부터 차례대로 쓰면 병원, 경찰서, 볼링장입니다.

16 (줄넘기를 한 시간)+(달리기를 한 시간)
=3분 20초+4분 50초=8분 10초

17 (서울역에서 부산역까지 가는 데 걸린 시간)
=(도착한 시각)−(출발한 시각)
=오후 2시 9분−오전 11시 26분
=14시 9분−11시 26분=2시간 43분

18 혜진이가 집에서 나온 시각: 10시 20분 15초
➜ (시은이네 집에 도착한 시각)
=(혜진이가 집에서 나온 시각)+29분 53초
=10시 20분 15초+29분 53초
=10시 50분 8초

19 예 하루는 24시간이므로 밤의 길이는 24시간에서 낮의 길이를 빼면 됩니다.」❶
따라서 이날 밤의 길이는
24시간−12시간 28분 31초
=11시간 31분 29초입니다.」❷

채점 기준

❶ 밤의 길이를 구하는 방법 알기	2점
❷ 밤의 길이 구하기	3점

20 (시계가 빨라지는 시간)=12×7=84(초)
84초=60초+24초=1분+24초=1분 24초가 빨라지므로 7일 후 오전 11시에 시계가 가리키는 시각은 오전 11시 1분 24초입니다.

98~103쪽 **틀린 유형 다시 보기**

유형 1 4, 8
1-1 성준
1-2 4, 3, 43
유형 2 ㉡
2-1 ㉠
2-2 세훈
2-3 ㉢, 예 자동차의 길이는 약 4 m입니다.
유형 3 볼펜
3-1 사슴벌레
3-2 동물원
3-3 병원, 은행, 도서관
유형 4 세수하기
4-1 가방 싸기
4-2 재윤
4-3 가야금 연주곡
유형 5 1 km 750 m
5-1 3 km 400 m
5-2 320 m
5-3 800 m

유형 6

	3시	40분	
+		5분	15초
	3시	45분	15초

6-1

	7시	29분	
−		4분	20초
	7시	24분	40초

6-2 예 같은 단위끼리 계산하지 않았으므로 잘못 계산했습니다. /

	9시	52분	
−		2분	40초
	9시	49분	20초

유형 7 1시 15분 4초
7-1 7시 45분 43초
7-2 4시 56분 7초
7-3

유형 8 2시간 4분 30초
8-1 3시간 15분 10초
8-2 1시간 54분
유형 9 (위에서부터) 3, 23
9-1 (위에서부터) 27, 6
9-2 (위에서부터) 11, 22, 4
9-3 (위에서부터) 5, 45, 57
유형 10 (위에서부터) 41, 4
10-1 (위에서부터) 8, 16
10-2 (위에서부터) 7, 59, 22
10-3 (위에서부터) 9, 31, 44
유형 11 오전 10시 20분
11-1 오전 10시 50분
11-2 오전 11시 20분
11-3 오전 8시 45분
유형 12 10시간 41분 30초
12-1 12시간 37분 35초
12-2 13시간 35분 41초
12-3 10시간 48분 19초

유형 1 큰 눈금 4칸보다 작은 눈금 8칸만큼 더 긴 길이이므로 물감의 길이는 4 cm 8 mm입니다.
다른 풀이 물감의 오른쪽 끝이 가리키는 눈금에서 왼쪽 끝이 가리키는 눈금을 뺍니다.
5 cm 8 mm−1 cm=4 cm 8 mm

1-1 큰 눈금 3칸보다 작은 눈금 6칸만큼 더 긴 길이이므로 머리핀의 길이는 3 cm 6 mm입니다.
따라서 바르게 말한 사람은 성준이입니다.

1-2 큰 눈금 4칸보다 작은 눈금 3칸만큼 더 긴 길이이므로 열쇠의 길이는 4 cm 3 mm=43 mm입니다.
다른 풀이 열쇠의 오른쪽 끝이 가리키는 눈금에서 왼쪽 끝이 가리키는 눈금을 뺍니다.
7 cm 3 mm−3 cm=4 cm 3 mm
=43 mm

유형 2 ㉡ 교과서의 짧은 쪽의 길이는 약 25 cm입니다.

2-1 ㉠ 점심을 30분 동안 먹었습니다.

2-2 세훈: 동화책의 두께는 약 7 mm입니다.

2-3 자동차의 길이는 m 단위를 사용하기에 알맞습니다.

유형 3 가위의 길이는 12 cm 9 mm=129 mm입니다.
따라서 129 mm<136 mm이므로 길이가 더 긴 물건은 볼펜입니다.
다른 풀이 볼펜의 길이는
136 mm=13 cm 6 mm입니다.
따라서 12 cm 9 mm<13 cm 6 mm이므로 길이가 더 긴 물건은 볼펜입니다.

3-1 장수풍뎅이의 몸길이는
82 mm=8 cm 2 mm입니다.
따라서 8 cm 2 mm>7 cm 6 mm이므로 몸길이가 더 짧은 곤충은 사슴벌레입니다.
다른 풀이 사슴벌레의 몸길이는
7 cm 6 mm=76 mm입니다.
따라서 82 mm>76 mm이므로 몸길이가 더 짧은 곤충은 사슴벌레입니다

3-2 경호네 집에서 동물원까지의 거리는
9320 m=9 km 320 m입니다.
따라서 9 km 320 m>9 km 40 m이므로 경호네 집에서 더 먼 곳은 동물원입니다.
다른 풀이 경호네 집에서 놀이동산까지의 거리는
9 km 40 m=9040 m입니다.
따라서 9320 m>9040 m이므로 경호네 집에서 더 먼 곳은 동물원입니다.

3-3 지하철역에서 은행까지의 거리는
2 km 410 m=2410 m입니다.
따라서 2037 m<2410 m<2750 m이므로 지하철역에서 가까운 곳부터 차례대로 쓰면 병원, 은행, 도서관입니다.

유형 4 일기 쓰기를 하는 데 걸린 시간은
4분 24초=4분+24초
=240초+24초=264초입니다.
따라서 264초<278초이므로 더 오래 걸린 일은 세수하기입니다.
다른 풀이 세수하기에 걸린 시간은
278초=240초+38초=4분+38초=4분 38초입니다.
따라서 4분 24초<4분 38초이므로 더 오래 걸린 일은 세수하기입니다.

4-1 이불 정리하기에 걸린 시간은
135초=120초+15초=2분+15초=2분 15초입니다.
따라서 2분 15초>2분 12초이므로 더 짧게 걸린 일은 가방 싸기입니다.
다른 풀이 가방 싸기에 걸린 시간은
2분 12초=2분+12초
=120초+12초=132초입니다.
따라서 135초>132초이므로 더 짧게 걸린 일은 가방 싸기입니다.

4-2 세진이의 오래 매달리기 기록은
1분 23초=1분+23초=60초+23초=83초입니다.
따라서 83초<85초이므로 더 오래 매달린 사람은 재윤이입니다.
다른 풀이 재윤이의 오래 매달리기 기록은
85초=60초+25초=1분+25초=1분 25초입니다.
따라서 1분 23초<1분 25초이므로 더 오래 매달린 사람은 재윤이입니다.

4-3 가야금 연주곡의 재생 시간은
194초=180초+14초=3분+14초=3분 14초입니다.
따라서 3분 14초<3분 59초<4분 17초이므로 재생 시간이 가장 짧은 것은 가야금 연주곡입니다.

유형 5 지은이가 학교에서 도서관까지 가는 데 움직인 거리는 1 km보다 750 m 더 긴 거리이므로 1 km 750 m입니다.

5-1 주혁이가 집에서 영화관까지 가는 데 움직인 거리는 3 km보다 400 m 더 긴 거리이므로
3 km 400 m입니다.

5-2 7 km 320 m는 7 km보다 320 m 더 긴 거리이므로 보미가 걸어간 거리는 320 m입니다.

5-3 2800 m=2 km 800 m입니다.
2 km 800 m는 2 km보다 800 m 더 긴 거리이므로 800 m를 더 가야 합니다.

유형 6 시는 시끼리, 분은 분끼리, 초는 초끼리 맞추어 써서 계산해야 하는데 같은 단위끼리 계산하지 않았습니다.

6-1

	28	60
7시	~~29~~분	
−	4분	20초
7시	24분	40초

참고 같은 단위끼리 뺄 수 없을 때에는
1시간=60분, 1분=60초로 받아내림하여 계산합니다. 이때 7시 29분을 7시 28분 60초로 생각하여 계산합니다.

6-2

	51	60
9시	~~52~~분	
−	2분	40초
9시	49분	20초

유형 7 시계가 나타내는 시각은 1시 40분 14초입니다. 따라서 1시 40분 14초에서 25분 10초 전의 시각은 1시 40분 14초−25분 10초=1시 15분 4초입니다.

7-1 시계가 나타내는 시각은 7시 30분 9초입니다. 따라서 7시 30분 9초에서 15분 34초 후의 시각은 7시 30분 9초+15분 34초=7시 45분 43초입니다.

7-2 시계가 나타내는 시각은 3시 14분 27초입니다. 따라서 3시 14분 27초에서 1시간 41분 40초 후의 시각은
3시 14분 27초+1시간 41분 40초
=4시 56분 7초입니다.

7-3 오른쪽 시계가 나타내는 시각은 6시 49분 35초입니다. 6시 49분 35초에서 2시간 52분 15초 전의 시각은
6시 49분 35초−2시간 52분 15초
=3시 57분 20초입니다.
따라서 짧은바늘은 3과 4 사이를 가리키고, 긴바늘은 11에서 작은 눈금 2칸만큼을 더 지난 곳을 가리키고, 초바늘은 4를 가리키도록 그립니다.

유형 8
- 서윤이가 수영을 시작한 시각: 5시 9분 32초
- 서윤이가 수영을 끝낸 시각: 7시 14분 2초

➜ (서윤이가 수영을 한 시간)
=(수영을 끝낸 시각)−(수영을 시작한 시각)
=7시 14분 2초−5시 9분 32초
=2시간 4분 30초

8-1
- 관람을 시작한 시각: 1시 30분 10초
- 관람을 끝낸 시각: 4시 45분 20초

➜ (관람한 시간)
=(관람을 끝낸 시각)
−(관람을 시작한 시각)
=4시 45분 20초−1시 30분 10초
=3시간 15분 10초

8-2 (영화의 상영 시간)
=(영화가 끝난 시각)−(영화가 시작한 시각)
=오후 1시 29분−오전 11시 35분
=13시 29분−11시 35분=1시간 54분

유형 9

	㉠시	15분
+	3 시간	㉡분
	6 시	38분

- 분 단위 계산: 15+㉡=38,
  ㉡=38−15=23
- 시 단위 계산: ㉠+3=6, ㉠=6−3=3

9-1

	5 시간	㉠분
+	㉡시간	29분
	11시간	56분

- 분 단위 계산: ㉠+29=56,
  ㉠=56−29=27
- 시 단위 계산: 5+㉡=11, ㉡=11−5=6

9-2

	3 시	27분	㉠초
+	1 시간	㉡분	41초
	㉢시	49분	52초

- 초 단위 계산: ㉠+41=52,
  ㉠=52−41=11
- 분 단위 계산: 27+㉡=49,
  ㉡=49−27=22
- 시 단위 계산: 3+1=4, ㉢=4

9-3

	㉠시간	39분	㉡초
+	5 시간	17분	42초
	10시간	㉢분	27초

- 초 단위 계산: ㉡+42=87,
  ㉡=87−42=45
- 분 단위 계산: 1+39+17=57, ㉢=57
- 시 단위 계산: ㉠+5=10, ㉠=10−5=5

주의 초 단위끼리의 계산에서 받아올림이 있는 것에 주의합니다.

유형 10

	7 시	㉠분
−	㉡시간	24분
	3 시	17분

- 분 단위 계산: ㉠−24=17,
  ㉠=17+24=41
- 시 단위 계산: 7−㉡=3, ㉡=7−3=4

10-1

	㉠시간	51분
−	2 시간	㉡분
	6 시간	35분

• 분 단위 계산: 51−㉡=35,
㉡=51−35=16
• 시 단위 계산: ㉠−2=6, ㉠=6+2=8

10-2

	㉠시	39분	㉡초
−	5 시간	17분	32초
	2 시	㉢분	27초

• 초 단위 계산: ㉡−32=27,
㉡=27+32=59
• 분 단위 계산: 39−17=22, ㉢=22
• 시 단위 계산: ㉠−5=2, ㉠=2+5=7

10-3

	㉠시	23분	51초
−	3 시	39분	㉡초
	5 시간	㉢분	20초

• 초 단위 계산: 51−㉡=20,
㉡=51−20=31
• 분 단위 계산: 60+23−39=44, ㉢=44
• 시 단위 계산: ㉠−1−3=5,
㉠=5+3+1=9

유형 11 2교시 수업이 끝나려면 수업 시간이 2번, 쉬는 시간이 1번 지나야 하므로
40분+10분+40분=90분=1시간 30분이 지나야 합니다.
➜ (2교시 수업이 끝나는 시각)
=오전 8시 50분+1시간 30분
=오전 10시 20분

다른 풀이 • 1교시 수업이 끝나는 시각:
오전 8시 50분+40분=오전 9시 30분
• 2교시 수업이 시작하는 시각:
오전 9시 30분+10분=오전 9시 40분
• 2교시 수업이 끝나는 시각:
오전 9시 40분+40분=오전 10시 20분

11-1 3교시 수업이 시작하려면 수업 시간이 2번, 쉬는 시간이 2번 지나야 하므로
40분+15분+40분+15분
=110분=1시간 50분이 지나야 합니다.
➜ (3교시 수업이 시작하는 시각)
=오전 9시+1시간 50분=오전 10시 50분

11-2 둘째 행사가 끝나려면 행사 시간이 2번, 쉬는 시간이 1번 지나야 하므로
35분+10분+35분=80분=1시간 20분이 지나야 합니다.
➜ (둘째 행사가 끝나는 시각)
=오전 10시+1시간 20분
=오전 11시 20분

11-3 3교시 수업이 끝나려면 수업 시간이 3번, 쉬는 시간이 2번 지나야 하므로
45분+10분+45분+10분+45분
=155분=2시간 35분이 지나야 합니다.
따라서 3교시가 11시 20분에 끝났으므로 1교시 수업을 시작한 시각은
오전 11시 20분−2시간 35분
=오전 8시 45분입니다.

유형 12 하루는 24시간이므로 밤의 길이는 24시간에서 낮의 길이를 빼면 됩니다.
➜ (밤의 길이)=24시간−(낮의 길이)
=24시간−13시간 18분 30초
=10시간 41분 30초

12-1 (밤의 길이)=24시간−(낮의 길이)
=24시간−11시간 22분 25초
=12시간 37분 35초

12-2 해가 진 시각은 오후 6시 11분 43초이므로 18시 11분 43초입니다.
(낮의 길이)
=(해가 진 시각)−(해가 뜬 시각)
=18시 11분 43초−7시 47분 24초
=10시간 24분 19초
➜ (밤의 길이)=24시간−10시간 24분 19초
=13시간 35분 41초

12-3 해가 진 시각은 오후 7시 29분 16초이므로 19시 29분 16초입니다.
(낮의 길이)
=(해가 진 시각)−(해가 뜬 시각)
=19시 29분 16초−6시 17분 35초
=13시간 11분 41초
➜ (밤의 길이)=24시간−13시간 11분 41초
=10시간 48분 19초

6단원 분수와 소수

106~108쪽 AI가 추천한 단원 평가 1회

01 4, 2　02 나

03 (　)(○)(　)

04 (위에서부터) $\frac{3}{10}$, 0.7　05 작습니다

06 예

07 ③

08 <

09 $\frac{3}{5}$, $\frac{2}{5}$　10

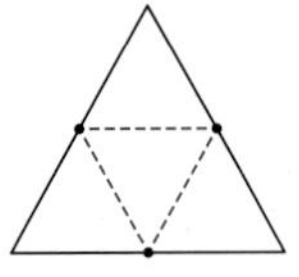

11 $\frac{2}{7}$　12 $\frac{3}{8}$　13 7.9 cm

14 풀이 참고　15 ㉠, ㉢

16 풀이 참고, 재형　17 8, 9

18 1조각　19 $\frac{1}{7}$　20 4.2, 6.3

09 • 전체를 똑같이 5로 나눈 것 중의 3을 색칠했으므로 색칠한 부분은 전체의 $\frac{3}{5}$입니다.
• 전체를 똑같이 5로 나눈 것 중의 2를 색칠하지 않았으므로 색칠하지 않은 부분은 전체의 $\frac{2}{5}$입니다.

10 네 조각의 크기와 모양이 같도록 나눕니다.

11 분모가 같은 분수는 분자가 작을수록 작은 수입니다.
따라서 $\frac{2}{7}<\frac{3}{7}<\frac{5}{7}<\frac{6}{7}$이므로 가장 작은 수는 $\frac{2}{7}$입니다.

12 식빵 한 개를 똑같이 8조각으로 나눈 것 중의 3조각이므로 $\frac{3}{8}$입니다.

13 색 테이프의 길이는 7 cm보다 9 mm 더 긴 길이이므로 7 cm 9 mm입니다.
따라서 색 테이프의 길이를 소수로 나타내면
7 cm 9 mm=7.9 cm입니다.

14 예 틀립니다.」❶
똑같이 셋으로 나누지 않았기 때문입니다.」❷

채점 기준

❶ 설명이 맞는지 틀린지 알맞은 말에 ○표 하기	2점
❷ ❶의 이유 쓰기	3점

15 ㉠ 0.1이 49개인 수는 4.9입니다.
㉡ $\frac{1}{10}$(=0.1)이 58개인 수는 5.8입니다.
㉢ 5와 0.1만큼인 수는 5.1입니다.
따라서 5.4보다 작은 소수는 ㉠, ㉢입니다.

16 예 상희가 가지고 있는 연필의 길이는
84 mm=8.4 cm입니다.」❶
9.2 cm>8.6 cm>8.4 cm이므로 가장 긴 연필을 가지고 있는 사람은 재형이입니다.」❷

채점 기준

❶ 상희가 가지고 있는 연필의 길이를 소수로 나타내기	2점
❷ 가장 긴 연필을 가지고 있는 사람 구하기	3점

17 분모가 모두 12로 같은 분수이므로 분자를 비교합니다.
따라서 분자의 크기를 비교하면 7<□<10이므로 □ 안에 들어갈 수 있는 수는 8, 9입니다.

18 보미가 먹은 조각은 전체 6조각을 똑같이 2로 나눈 것 중의 1이므로 3조각이고, 은성이가 먹은 조각은 전체 6조각을 똑같이 3으로 나눈 것 중의 1이므로 2조각입니다.
따라서 보미는 은성이보다 3−2=1(조각) 더 많이 먹었습니다.

19 만들 수 있는 단위분수는 $\frac{1}{2}$, $\frac{1}{4}$, $\frac{1}{7}$이고,
$\frac{1}{7}<\frac{1}{4}<\frac{1}{2}$이므로 이 중에서 가장 작은 분수는 $\frac{1}{7}$입니다.
참고 단위분수는 분모가 클수록 더 작은 분수입니다.

20 ●.◆가 4보다 크고 7보다 작으므로 ●에 들어갈 수 있는 수는 4, 5, 6입니다.
●가 ◆의 2배이므로
• ●=4인 경우: ◆=2이므로 4.2입니다.
• ●=5인 경우: ◆를 만족하는 수가 없습니다.
• ●=6인 경우: ◆=3이므로 6.3입니다.
따라서 만족하는 소수는 4.2, 6.3입니다.

109~111쪽 AI가 추천한 단원 평가 2회

01 6　　02 0.3, 1.3, 일 점 삼

03 $\frac{1}{6}$

04 예 | $\frac{1}{7}$ | $\frac{1}{7}$ | $\frac{1}{7}$ | $\frac{1}{7}$ | $\frac{1}{7}$ | $\frac{1}{7}$ | $\frac{1}{7}$ |, 4

05 $<$　　06 7, 0.7

07 (위에서부터) 0.8, $\frac{9}{10}$　　08 5, $\frac{3}{8}$

09 나, 라　　10 다　　11 ㉠

12 0.6　　13 5.7 cm　　14 풀이 참고

15 4, 5　　16 3배　　17 0.3

18 학교　　19 풀이 참고, 은서

20 20 km

04 $\frac{4}{7}$는 $\frac{1}{7}$이 4개이므로 4칸만큼 색칠합니다.

05 색칠한 부분의 넓이를 비교하면 $\frac{3}{6}<\frac{5}{6}$입니다.

07 $\frac{8}{10}=0.8$, $0.9=\frac{9}{10}$

08 • 남은 부분은 전체를 똑같이 8로 나눈 것 중의 5이므로 $\frac{5}{8}$입니다.
• 먹은 부분은 전체를 똑같이 8로 나눈 것 중의 3이므로 $\frac{3}{8}$입니다.

09 가, 다: 전체가 5칸이 아닙니다.

10 • 가: 전체를 똑같이 6으로 나눈 것 중의 4를 색칠했으므로 $\frac{4}{6}$입니다.
• 나: 전체를 똑같이 6으로 나눈 것 중의 3을 색칠했으므로 $\frac{3}{6}$입니다.
• 다: 전체를 똑같이 6으로 나눈 것 중의 5를 색칠했으므로 $\frac{5}{6}$입니다.

11 ㉠ 2.9　㉡ 3.9　㉢ 3.9
따라서 나타내는 수가 다른 하나는 ㉠입니다.

12 $\frac{7}{10}=0.7$이고, $0.6<0.7$이므로 더 작은 수는 0.6입니다.

13 크레파스의 길이는 5 cm 7 mm입니다.
따라서 크레파스의 길이를 소수로 나타내면
5 cm 7 mm=5.7 cm입니다.

14 예 나누어진 조각의 크기와 모양이 다르므로 똑같이 나누어진 도형이 아닙니다.」❶

채점 기준	
❶ 똑같이 나누어진 도형이 아닌 이유 쓰기	5점

15 $1.3<1.\square<1.6$에서 소수점 왼쪽의 수가 1로 모두 같으므로 소수점 오른쪽의 수를 비교하면
$3<\square<6$입니다.
따라서 □ 안에 들어갈 수 있는 수는 4, 5입니다.

16 $\frac{3}{4}$은 $\frac{1}{4}$이 3개이므로 현수가 마신 음료수는 영주가 마신 음료수의 3배입니다.

17 지훈이와 현지가 먹고 남은 조각은
$10-3-4=3$(조각)입니다.
따라서 남은 백설기의 양은 전체를 똑같이 10으로 나눈 것 중의 3이므로 $\frac{3}{10}=0.3$입니다.

18 $1.2>1.1>0.9$이므로 버스 정류장에서 가장 먼 곳은 학교입니다.

19 예 은서가 먹고 남은 과자는 전체를 똑같이 7로 나눈 것 중의 $7-6=1$이므로 $\frac{1}{7}$입니다.」❶
지우가 먹고 남은 과자는 전체를 똑같이 9로 나눈 것 중의 $9-8=1$이므로 $\frac{1}{9}$입니다.」❷
따라서 $\frac{1}{7}>\frac{1}{9}$이므로 과자가 더 많이 남은 사람은 은서입니다.」❸

채점 기준	
❶ 은서가 먹고 남은 과자의 양 구하기	2점
❷ 지우가 먹고 남은 과자의 양 구하기	2점
❸ 과자가 더 많이 남은 사람 구하기	1점

20 기차를 타고 간 거리가 전체의 0.9이므로 버스를 타고 간 거리는 전체의 0.1입니다.

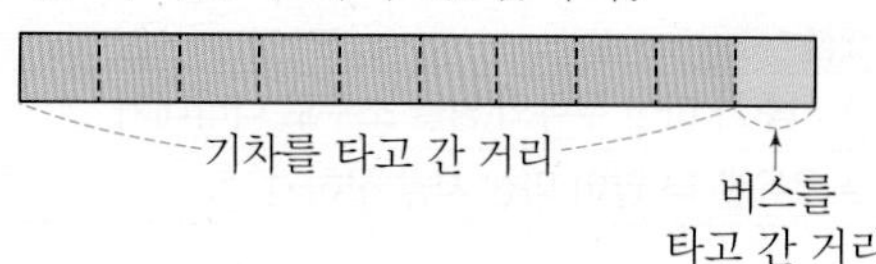

따라서 전체의 $0.1\left(=\frac{1}{10}\right)$이 2 km이므로 윤지네 집에서 할머니 댁까지의 거리는
$2\times10=20$(km)입니다.

112~114쪽 AI가 추천한 단원 평가 3회

01 가　　02 5, 3, $\frac{3}{5}$　　03 ④

04 2, 5, 작습니다　　05 $<$

06　　07 $\frac{7}{10}$, 0.7　　08 1.2, 2.6

09 (　　)
(　△　)　　10 가　　11 3칸

12 예　　13 ㉠

14 풀이 참고, 시후　　15 30

16 3개　　17 풀이 참고, 4조각

18 초록색　　19 1.2　　20 36초

09 $\frac{1}{11}$이 7개인 수: $\frac{7}{11}$, $\frac{1}{11}$이 4개인 수: $\frac{4}{11}$

따라서 $\frac{7}{11} > \frac{4}{11}$이므로 더 작은 분수는 $\frac{4}{11}$입니다.

10 부분이 $\frac{1}{6}$이므로 전체가 6칸인 것을 찾으면 가입니다.

11 $\frac{6}{8}$은 전체를 똑같이 8로 나눈 것 중의 6인데 색칠된 부분이 3칸이므로 $6-3=3$(칸)을 더 색칠해야 합니다.

12 도형을 똑같이 5로 나누고 그중 2를 색칠합니다.

13 $2.6 > 1.4 > 0.8$이므로 가장 큰 수는 ㉠입니다.

14 예 시후가 마신 우유의 양을 소수로 나타내면 $\frac{7}{10}=0.7$입니다.」❶

따라서 $0.7 > 0.5$이므로 우유를 더 많이 마신 사람은 시후입니다.」❷

채점 기준

❶ 시후가 마신 우유의 양을 소수로 나타내기	2점
❷ 우유를 더 많이 마신 사람 구하기	3점

15 • 2.4는 0.1이 24개인 수이므로 ㉠$=24$입니다.

• $0.6=\frac{6}{10}$은 $\frac{1}{10}$이 6개인 수이므로 ㉡$=6$입니다.

따라서 ㉠$+$㉡$=24+6=30$입니다.

16 분모가 같은 분수는 분자가 클수록 큰 수이므로 $\frac{3}{6} > \frac{1}{6}$입니다.

단위분수는 분모가 작을수록 큰 수이므로 $\frac{1}{2} > \frac{1}{4} > \frac{1}{6} > \frac{1}{8} > \frac{1}{9}$입니다.

따라서 $\frac{1}{6}$보다 큰 분수는 $\frac{3}{6}$, $\frac{1}{2}$, $\frac{1}{4}$로 모두 3개입니다.

17 예 피자를 똑같이 10조각으로 나누었을 때 전체의 $\frac{1}{5}$은 2조각입니다.」❶

주영이가 먹은 피자는 전체의 $\frac{2}{5}$이므로 $2\times2=4$(조각)입니다.」❷

채점 기준

❶ 피자 전체의 $\frac{1}{5}$이 몇 조각인지 구하기	2점
❷ 주영이가 먹은 피자의 조각 수 구하기	3점

참고 10조각의 $\frac{1}{5}$은 10조각을 똑같이 5로 나눈 것 중의 1이므로 $10\div5=2$(조각)입니다.

18 정민이가 파란색을 칠한 부분은 전체를 똑같이 15로 나눈 것 중의 $15-4-6=5$이므로 $\frac{5}{15}$입니다.

따라서 $\frac{6}{15} > \frac{5}{15} > \frac{4}{15}$이므로 가장 넓은 부분을 색칠한 것은 초록색입니다.

19 ■.▲가 가장 작은 수가 되려면 ■에 가장 작은 수를 놓고, ▲에 두 번째로 작은 수를 놓아야 합니다.

따라서 만들 수 있는 가장 작은 소수는 1.2입니다.

20 자전거를 타고 돈 거리와 남은 거리를 그림으로 나타내면 다음과 같습니다.

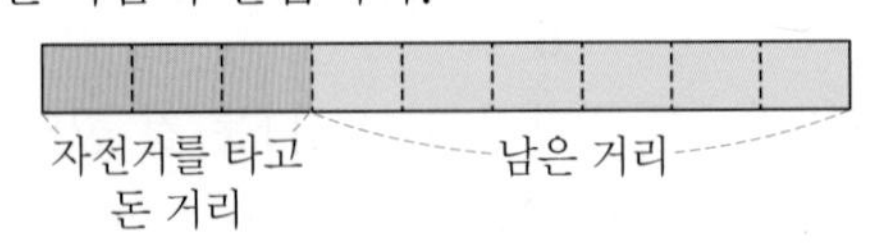

$\frac{3}{9}$은 $\frac{1}{9}$이 3개인 수이므로 운동장 한 바퀴의 $\frac{1}{9}$만큼을 도는 데 $18\div3=6$(초)가 걸렸습니다.

따라서 남은 거리는 전체의 $\frac{6}{9}$이고, $\frac{6}{9}$은 $\frac{1}{9}$이 6개인 수이므로 남은 거리를 도는 데에는 $6\times6=36$(초)가 걸립니다.

115~117쪽 AI가 추천한 단원 평가 4회

01 영 점 육 02 6, 5

03 (   )(○)(   ) 04 2, 6, $\frac{2}{7}$

05 2.7 06 (   )(○)

07 $\frac{1}{7}$, $\frac{1}{4}$, $\frac{1}{2}$

08 예

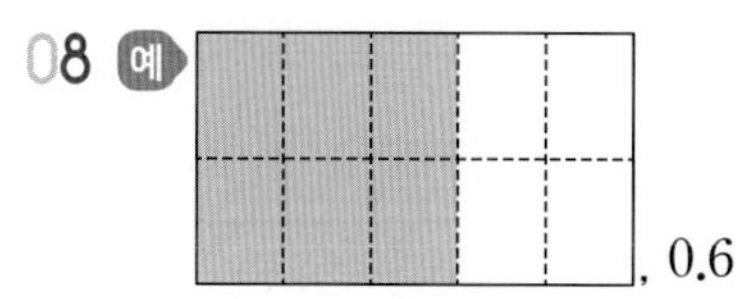

, 0.6

09 ㉠ 10 ㉠ 11 $\frac{1}{3}$

12 예

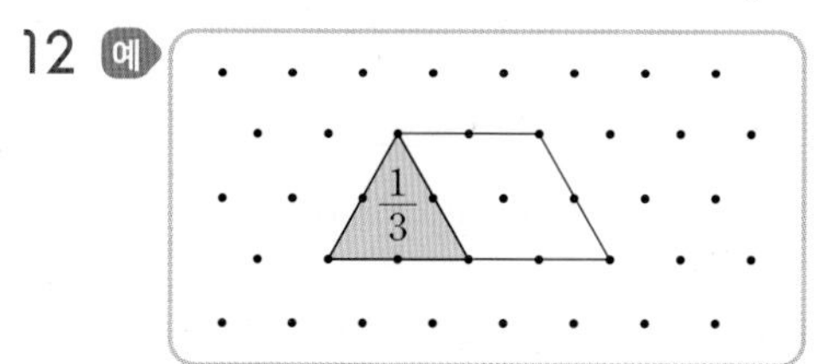

13 $\frac{4}{6}$ 14 서연

15 풀이 참고, ㉢

16 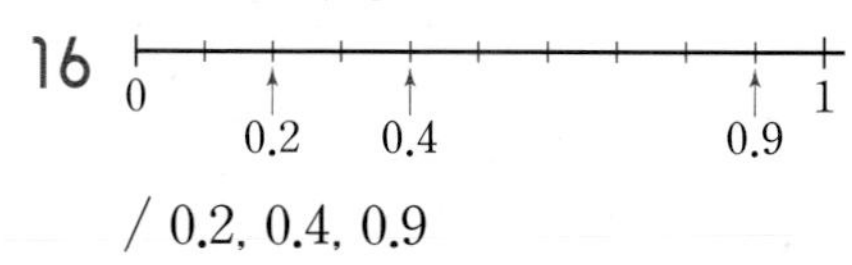

/ 0.2, 0.4, 0.9

17 4, 5 18 풀이 참고, 0.1

19 $\frac{1}{7}$, $\frac{1}{8}$, $\frac{1}{9}$ 20 4일

09 ㉡ 주어진 피자를 똑같이 6조각으로 나눈 것 중의 2조각입니다.

11 단위분수는 분모가 작을수록 더 큰 수이므로 $\frac{1}{3}>\frac{1}{9}$입니다.

12 $\frac{1}{3}$은 전체를 똑같이 3으로 나눈 것 중의 1이므로 전체를 똑같이 3으로 나눈 것 중의 $3-1=2$만큼 더 그립니다.

13 도형을 똑같이 나누면 오른쪽과 같습니다.
따라서 색칠하지 않은 부분은 전체를 똑같이 6으로 나눈 것 중의 4이므로 $\frac{4}{6}$입니다.

14 $9.8<10.2$이므로 더 빨리 달린 사람은 서연이입니다.

15 예 ㉠ 0.1이 34개인 수는 3.4이고, ㉢ 3과 0.9만큼인 수는 3.9입니다.」 ❶
따라서 $3.9>3.4>2.6$이므로 나타내는 수가 가장 큰 것은 ㉢입니다.」 ❷

채점 기준

❶ ㉠, ㉢을 각각 소수로 나타내기	2점
❷ 나타내는 수가 가장 큰 것 구하기	3점

16 1을 똑같이 10칸으로 나누었으므로 눈금 한 칸은 0.1을 나타냅니다. 0.4는 눈금 4칸만큼, 0.9는 눈금 9칸만큼, 0.2는 눈금 2칸만큼 간 곳에 나타냅니다.
수직선에서는 왼쪽에 있을수록 작은 수이므로 작은 소수부터 차례대로 쓰면 0.2, 0.4, 0.9입니다.

17 • $\frac{\square}{8}<\frac{6}{8}$에서 분모가 같은 분수는 분자가 클수록 더 큰 수이므로 분자를 비교하면 $\square<6$으로 $\square$ 안에 들어갈 수 있는 수는 1, 2, 3, 4, 5입니다.
• $\frac{1}{\square}<\frac{1}{3}$에서 단위분수는 분모가 작을수록 더 큰 수이므로 분모를 비교하면 $\square>3$으로 $\square$ 안에 들어갈 수 있는 수는 4, 5, 6, 7, 8, 9입니다.
따라서 $\square$ 안에 공통으로 들어갈 수 있는 수는 4, 5입니다.

18 예 튤립은 전체의 $0.5=\frac{5}{10}$에 심었습니다.」 ❶
따라서 아무것도 심지 않은 부분은 전체를 똑같이 10으로 나눈 것 중의 $10-4-5=1$이므로 $\frac{1}{10}$이고, 소수로 나타내면 0.1입니다.」 ❷

채점 기준

❶ 튤립을 심은 부분은 전체의 얼마인지 분수로 나타내기	2점
❷ 아무것도 심지 않은 부분을 소수로 나타내기	3점

19 단위분수는 분모가 클수록 작은 수이므로 $\frac{1}{6}$보다 작은 분수는 $\frac{1}{7}$, $\frac{1}{8}$, $\frac{1}{9}$, $\frac{1}{10}$……입니다. 이 중에서 분모가 10보다 작은 분수는 $\frac{1}{7}$, $\frac{1}{8}$, $\frac{1}{9}$입니다.

20 준우가 하루에 읽는 동화책의 양은 전체의 $\frac{1}{7}$입니다. 오늘까지 동화책 전체의 $\frac{3}{7}$을 읽었고, $\frac{3}{7}$은 $\frac{1}{7}$이 3개인 수이므로 3일 동안 읽은 것입니다.
따라서 앞으로 $7-3=4$(일)을 더 읽어야 합니다.

118~123쪽 틀린 유형 다시 보기

유형 1 다 / 1-1 (○)(　)(○)
1-2 다 / 유형 2 $\frac{7}{8}$ / 2-1 $\frac{1}{10}$
2-2 $\frac{8}{9}$에 ○표, $\frac{1}{9}$에 △표 / 2-3 민주
유형 3 6.3 cm / 3-1 4.5 cm / 3-2 3.7 cm
3-3 22.5 cm / 유형 4 2칸 / 4-1 4칸
4-2 2칸
유형 5 예 $\frac{1}{3}$
5-1 예 $\frac{1}{4}$
5-2 예 $\frac{2}{6}$
유형 6 ㉡ / 6-1 $\frac{1}{10}$이 63개인 수
6-2 ㉠ / 6-3 ㉠, ㉢, ㉡
유형 7 예 / 7-1 예 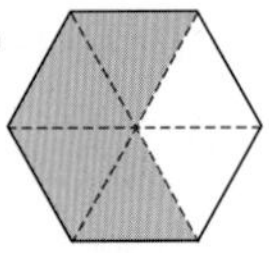
7-2 예 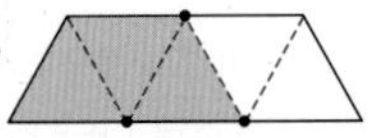
7-3 예 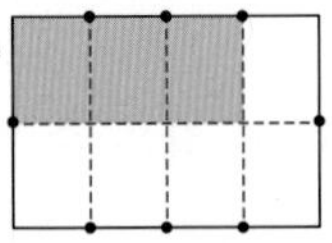 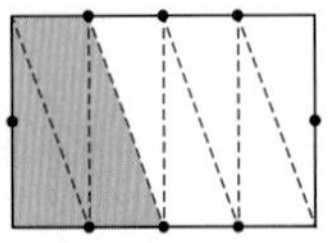
유형 8 3조각 / 8-1 2조각 / 8-2 6조각
유형 9 4, 5, 6 / 9-1 3, 4 / 9-2 3개
9-3 4, 5 / 유형 10 0.7 m / 10-1 0.4
10-2 0.5 / 10-3 0.2 / 유형 11 $\frac{1}{5}$, $\frac{1}{6}$
11-1 $\frac{5}{9}$, $\frac{6}{9}$ / 11-2 4개 / 유형 12 9.5
12-1 0.6 / 12-2 4개

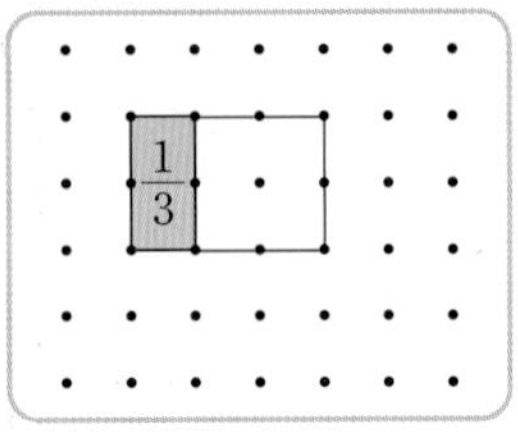

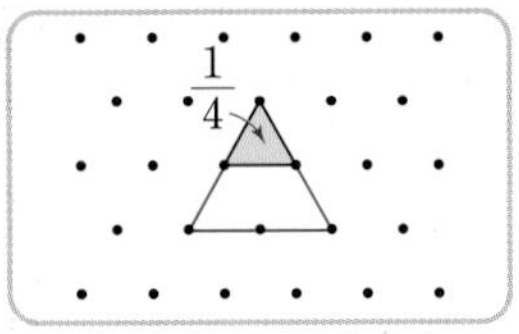

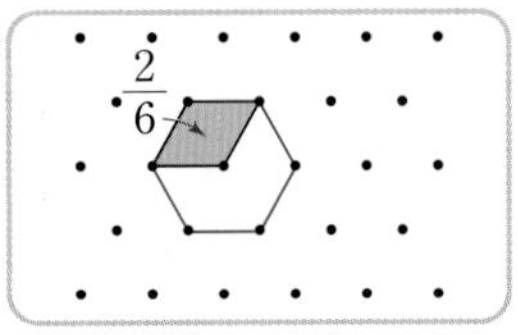

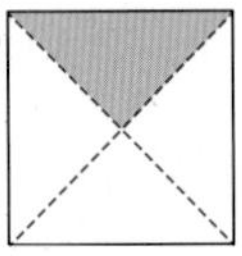

유형 1 • 가: 전체를 똑같이 3으로 나눈 것 중의 2를 색칠했으므로 $\frac{2}{3}$입니다.
• 나: 전체를 똑같이 5로 나눈 것 중의 1을 색칠했으므로 $\frac{1}{5}$입니다.
• 다: 전체를 똑같이 3으로 나눈 것 중의 1을 색칠했으므로 $\frac{1}{3}$입니다.
따라서 색칠한 부분이 나타내는 분수가 $\frac{1}{3}$인 것은 다입니다.

1-1 전체를 똑같이 6으로 나눈 것 중의 4를 색칠한 것을 찾으면 첫 번째 그림과 세 번째 그림입니다. 두 번째 그림은 전체를 똑같이 6으로 나눈 것 중의 5를 색칠했으므로 $\frac{5}{6}$입니다.

1-2 • 가: 전체를 똑같이 8로 나눈 것 중의 5를 색칠했으므로 $\frac{5}{8}$입니다.
• 나: 전체를 똑같이 8로 나눈 것 중의 5를 색칠했으므로 $\frac{5}{8}$입니다.
• 다: 전체를 똑같이 8로 나눈 것 중의 4를 색칠했으므로 $\frac{4}{8}$입니다.
따라서 색칠한 부분이 나타내는 분수가 다른 하나는 다입니다.

유형 2 분모가 같은 분수이므로 분자의 크기를 비교합니다.
따라서 $7>5>2>1$이므로 가장 큰 분수는 $\frac{7}{8}$입니다.

2-1 단위분수이므로 분모의 크기를 비교합니다.
따라서 $10>7>6>3$이므로 가장 작은 분수는 $\frac{1}{10}$입니다.

2-2 분모가 같은 분수이므로 분자의 크기를 비교합니다.
따라서 $8>6>4>1$이므로 가장 큰 분수는 $\frac{8}{9}$이고, 가장 작은 분수는 $\frac{1}{9}$입니다.

2-3 단위분수이므로 분모의 크기를 비교합니다.
따라서 $\frac{1}{5}>\frac{1}{8}>\frac{1}{16}$이므로 가지고 있는 리본의 길이가 가장 긴 사람은 민주입니다.

유형 3 $1\text{ mm}=\frac{1}{10}\text{ cm}=0.1\text{ cm}$이므로
$3\text{ mm}=0.3\text{ cm}$입니다.
따라서 왕사슴벌레의 몸길이는
$6\text{ cm }3\text{ mm}=6.3\text{ cm}$입니다.

3-1 못의 길이는 4 cm보다 5 mm 더 긴 길이이므로 4 cm 5 mm입니다.
따라서 못의 길이를 소수로 나타내면
$4\text{ cm }5\text{ mm}=4.5\text{ cm}$입니다.

3-2 비가 3 cm보다 7 mm 더 많이 내렸으므로 어제 내린 비의 양은 3 cm 7 mm입니다.
따라서 어제 내린 비의 양을 소수로 나타내면
$3\text{ cm }7\text{ mm}=3.7\text{ cm}$입니다.

3-3 $225\text{ mm}=22\text{ cm }5\text{ mm}=22.5\text{ cm}$입니다.
따라서 우정이의 발 길이는 22.5 cm입니다.

유형 4 $\frac{5}{8}$는 전체를 똑같이 8로 나눈 것 중의 5인데 색칠된 부분이 3칸이므로 $5-3=2$(칸)을 더 색칠해야 합니다.

4-1 $\frac{7}{9}$은 전체를 똑같이 9로 나눈 것 중의 7인데 색칠된 부분이 3칸이므로 $7-3=4$(칸)을 더 색칠해야 합니다.

4-2 도형을 와 같은 모양으로 나누면 전체를 똑같이 4로 나눌 수 있으므로 전체의 $\frac{1}{4}$은 4칸입니다.
따라서 이 중 2칸에 색칠되어 있으므로
$4-2=2$(칸)을 더 색칠해야 합니다.

유형 5 $\frac{1}{3}$은 전체를 똑같이 3으로 나눈 것 중의 1이므로 전체를 똑같이 3으로 나눈 것 중의 $3-1=2$만큼 더 그립니다.

5-1 $\frac{1}{4}$은 전체를 똑같이 4로 나눈 것 중의 1이므로 전체를 똑같이 4로 나눈 것 중의 $4-1=3$만큼 더 그립니다.

5-2 $\frac{2}{6}$는 전체를 똑같이 6으로 나눈 것 중의 2이므로 전체를 똑같이 6으로 나눈 것 중의 $6-2=4$만큼 더 그립니다.

유형 6 ㉠ 0.1이 27개인 수는 2.7입니다.
㉡ $\frac{1}{10}(=0.1)$이 32개인 수는 3.2입니다.
따라서 $3.2>2.7$이므로 더 큰 수는 ㉡입니다.

6-1 $\frac{1}{10}(=0.1)$이 63개인 수는 6.3이고, 0.1이 51개인 수는 5.1입니다.
따라서 $6.3>5.1$이므로 더 큰 수는 $\frac{1}{10}$이 63개인 수입니다.

6-2 ㉠ $\frac{1}{10}(=0.1)$이 46개인 수는 4.6입니다.
㉡ 0.1이 48개인 수는 4.8입니다.
따라서 $4.6<4.8$이므로 더 작은 수는 ㉠입니다.

6-3 ㉠ 0.1이 55개인 수는 5.5입니다.
㉡ $\frac{1}{10}(=0.1)$이 62개인 수는 6.2입니다.
㉢ 5와 0.8만큼인 수는 5.8입니다.
따라서 $5.5<5.8<6.2$이므로 작은 수부터 차례대로 기호를 쓰면 ㉠, ㉢, ㉡입니다.

유형 7 도형을 똑같이 4로 나누고 그중 1을 색칠합니다.

7-1 도형을 똑같이 6으로 나누고 그중 4를 색칠합니다.

7-2 도형을 똑같이 5로 나누고 그중 3을 색칠합니다.

7-3 도형을 똑같이 8로 나누고 그중 3을 색칠합니다.

유형 8 전체 6조각을 똑같이 2로 나눈 것 중의 1은 3조각입니다.

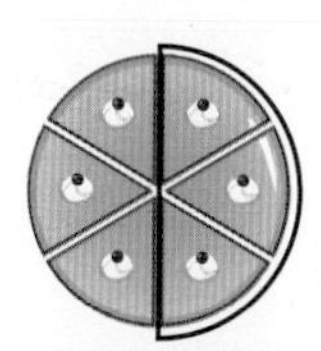

8-1 전체 8조각을 똑같이 4로 나눈 것 중의 1은 2조각입니다.

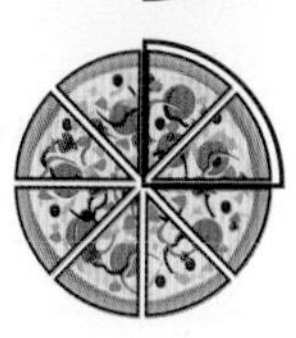

8-2 전체 9조각을 똑같이 3으로 나눈 것 중의 1은 3조각이므로 2는 6조각입니다.

유형 9 분모가 모두 9로 같은 분수이므로 분자를 비교합니다.
따라서 $3<\square<7$이므로 □ 안에 들어갈 수 있는 수는 4, 5, 6입니다.

9-1 $2.2<2.\square<2.5$에서 소수점 왼쪽의 수가 2로 모두 같으므로 소수점 오른쪽의 수를 비교하면 $2<\square<5$입니다.
따라서 □ 안에 들어갈 수 있는 수는 3, 4입니다.

9-2 단위분수이므로 분모를 비교합니다.
따라서 $4<\square<8$이므로 □ 안에 들어갈 수 있는 수는 5, 6, 7로 모두 3개입니다.

9-3 • $\square.7<6.1$에서 소수점 오른쪽의 수가 $7>1$이므로 소수점 왼쪽의 수는 $\square<6$으로 □ 안에 들어갈 수 있는 수는 1, 2, 3, 4, 5입니다.
• $2.3<2.\square$에서 소수점 왼쪽의 수가 같으므로 소수점 오른쪽의 수를 비교하면 $3<\square$로 □ 안에 들어갈 수 있는 수는 4, 5, 6, 7, 8, 9입니다.
따라서 □ 안에 공통으로 들어갈 수 있는 수는 4, 5입니다.

유형 10 (남은 색 테이프의 도막 수)$=10-3=7$(도막)
1 m를 똑같이 10도막으로 자른 것 중의 한 도막은 0.1 m입니다.
따라서 남은 색 테이프의 길이는 7도막이므로 0.7 m입니다.

10-1 (남은 녹두전의 조각 수)$=10-6=4$(조각)
녹두전을 똑같이 10조각으로 나눈 것 중의 한 조각은 0.1이고, 남은 녹두전은 4조각이므로 전체의 0.4입니다.

10-2 도화지를 똑같이 10으로 나눈 다음 0.4만큼 파란색으로 칠하고, $\frac{1}{10}$만큼 빨간색으로 칠하면 다음과 같습니다.

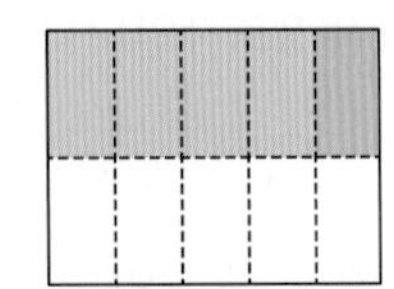

따라서 도화지에 아무 색도 칠하지 않은 부분은 전체의 $\frac{5}{10}=0.5$입니다.

10-3 밭을 똑같이 10으로 나눈 다음 $\frac{3}{10}$만큼 오이로 나타내고, 0.5만큼 무로 나타내면 다음과 같습니다.

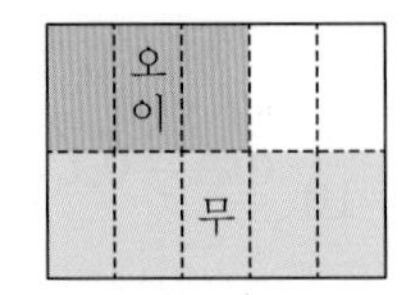

따라서 아무것도 심지 않은 부분은 밭 전체의 $\frac{2}{10}=0.2$입니다.

유형 11 단위분수는 분모가 작을수록 큰 수이므로 $\frac{1}{7}$보다 큰 분수는 $\frac{1}{2}$, $\frac{1}{3}$, $\frac{1}{4}$, $\frac{1}{5}$, $\frac{1}{6}$입니다.
따라서 이 중 분모가 4보다 큰 분수는 $\frac{1}{5}$, $\frac{1}{6}$입니다.

11-1 분모가 같은 분수는 분자가 클수록 큰 수이므로 $\frac{4}{9}$보다 큰 분수는 $\frac{5}{9}$, $\frac{6}{9}$, $\frac{7}{9}$, $\frac{8}{9}$……입니다.
따라서 이 중 분자가 7보다 작은 분수는 $\frac{5}{9}$, $\frac{6}{9}$입니다.

11-2 단위분수는 분모가 작을수록 큰 수이므로 $\frac{1}{6}$보다 큰 분수는 $\frac{1}{2}$, $\frac{1}{3}$, $\frac{1}{4}$, $\frac{1}{5}$입니다.
따라서 ★이 될 수 있는 수는 2, 3, 4, 5로 모두 4개입니다.

유형 12 ■.▲가 가장 큰 수가 되려면 ■에 가장 큰 수를 놓고, ▲에 두 번째로 큰 수를 놓아야 합니다.
따라서 수의 크기를 비교하면 $9>5>3>1$이므로 만들 수 있는 가장 큰 소수는 9.5입니다.

12-1 수의 크기를 비교하면 $0<4<6<8$이므로 만들 수 있는 가장 작은 소수는 0.4이고, 두 번째로 작은 소수는 0.6입니다.

12-2 수의 크기를 비교하면 $0<2<5<7$이므로 만들 수 있는 소수는 0.2, 0.5, 0.7, 2.5, 2.7, 5.2, 5.7, 7.2, 7.5입니다.
이 중에서 2.1보다 크고 6.8보다 작은 소수는 2.5, 2.7, 5.2, 5.7로 모두 4개입니다.

아이스크림
더
실전